"十四五"职业教育国家规划教材

"十四五"时期水利类专业重点建设教材（职业教育）

水文化教育导论

（第二版）

主　编　蒋　涛　秦素粉　胡红梅
副主编　杨发军　王乃芳　刘　立
　　　　张更元　李将将　冯　琳

中国水利水电出版社
www.waterpub.com.cn
·北京·

内 容 提 要

本书为水利部2021—2022年水文化工作重点任务，基于重庆市社会科学规划项目（2015YBGL116）阶段性成果编写而成。全书以人类文明发展和流域文化变迁为线索，以“水”为核心，提炼展示中华文明的精神标识与文化精髓，将人与自然和谐共生理念纳入优秀水文化传承与发展，对推动绿色生产生活方式，具有普适性教育意义。

本书同步配套在线精品课程“文明在水之洲”和一体化数字资源，适合高等院校开设跨校、跨专业通识教育课程使用，以及行业企业职工职业素养培训使用。

图书在版编目（CIP）数据

水文化教育导论 / 蒋涛，秦素粉，胡红梅主编. -- 2版. -- 北京 : 中国水利水电出版社，2022.5(2024.6重印).
全国水利行业“十四五”规划教材 高等职业教育新形态一体化教材
ISBN 978-7-5226-0522-7

Ⅰ. ①水… Ⅱ. ①蒋… ②秦… ③胡… Ⅲ. ①水－文化－中国－高等职业教育－教材 Ⅳ. ①K928.4

中国版本图书馆CIP数据核字(2022)第032196号

书　　名	“十四五”职业教育国家规划教材 “十四五”时期水利类专业重点建设教材（职业教育） **水文化教育导论（第二版）** SHUIWENHUA JIAOYU DAOLUN
作　　者	主　编　蒋　涛　秦素粉　胡红梅 副主编　杨发军　王乃芳　刘　立　张更元　李将将　冯　琳
出版发行	中国水利水电出版社 （北京市海淀区玉渊潭南路1号D座　100038） 网址：www.waterpub.com.cn E-mail：sales@mwr.gov.cn 电话：（010）68545888（营销中心）
经　　售	北京科水图书销售有限公司 电话：（010）68545874、63202643 全国各地新华书店和相关出版物销售网点
排　　版	中国水利水电出版社微机排版中心
印　　刷	河北鑫彩博图印刷有限公司
规　　格	184mm×260mm　16开本　18.5印张　350千字
版　　次	2019年12月第1版第1次印刷 2022年5月第2版　2024年6月第3次印刷
印　　数	11501—21500册
定　　价	**69.50**元

第二版前言

《史记》有载，秦国因得郑国渠引水灌溉，“关中为沃野，无凶年，秦以富强，卒并诸侯。”又载，“昔伊、洛竭而夏亡，河竭而商亡。”“水则载舟，水则覆舟”，人类文明因水而生，因水而兴，同样也可能因水而衰。随着人类对水资源的需求不断增加，以及对水资源的不合理开采和利用，水旱灾害与水污染问题成为危及人类社会可持续发展的致命瓶颈。大量研究表明，虽然科技以其无可匹敌的力量建造水工程、改造水问题、塑造水环境，但是人类所面临的水问题与水危机却没有得到根本性解决，其中一个重要原因是水文化教育滞后，使科技这一理性工具游离于文化教育之外。

本书共包括 8 章 29 节，微课 400 分钟以上，内容在第一版的基础上进行修改和补充：

一是对教材原有第 1 至 6 章进行凝练与升级，进一步明确教材导学、导读的重点、难点，丰富对应的平台资源，不断提高教材的思想性、体验性、实用性，以及与中国式现代化建设的适配性。

二是围绕生态文明建设，“节水优先、空间均衡、系统治理、两手发力”十六字治水思路，以及“坚定教育自信，弘扬我国优秀教育传统”等主题，增加第 7 章“新时代谱写节水型社会建设新篇章”和第 8 章“上善若水育德才兼备时代新人”共 6 节文字资源，并增补配套数字资源 16 个。

全书以人类文明发展和流域文化变迁为线索，以“水”为核心，汲取了包括历史学、哲学、地理学、资源环境学、生物学、工程学和交叉学科等多学科最新研究成果，将人与自然和谐共生精神内涵，以及人类可持续生存发展理念、生命共同体理念，纳入优秀水文化传承的“文化自信”与人水和谐的现代化建设“文化反思”教育范畴，具有普适性教育意义。在修订本书的过程中编者参考借鉴了国内外许多论文、论著、视频资源等，在此谨向原作者表示感谢！

课件

1.0–1
《水文化教育导论》课程推介（1）

1.0–2
《水文化教育导论》课程推介（2）

编者

2023 年 6 月修订

第一版前言

为深入贯彻水利部《水文化建设规划纲要（2011—2020年）》，落实“在水利院校加强水文化教育，要在水利院校开设水文化选修课或必修课，并争取开设‘水文化’专业，培养既掌握专业技能、又具有文化素养的新一代水利事业建设者”的精神，充分发挥水利类高校文化研究、文化传承与文化引领作用。本书于2016年开始着手准备资料，收集整理了大量数字资源，并针对核心内容按章节逐一制作与教材内容配套的微课，旨在通过文字、图例与慕课、数字资源相结合，突出“生命和生活自水边起源，在水边展开”的历史脉络，揭秘“大地上的水系，与生命里的水系紧密相连，与人类的文化谱系息息相通，一一对应”，诠释流域文明起源、兴衰与水文化发生、发展的密切关系。

本书基于重庆市社会科学规划项目“巴渝特色水文化遗产整理研究”（2015YBGL116）阶段性成果编写而成，共包括6章23节，微课25集。它以人类文明发展和流域文化变迁为线索，以“水”为核心，重点梳理了水文化遗产中对人类社会发展具有里程碑意义的文化现象和文化符号，将人类可持续生存发展的理念纳入水文化遗产收集整理及现代化建设反思，具有普适性教育意义。本书吸纳了包括历史学、哲学、地理学、资源环境学、生物学、工程学以及交叉学科等多学科的最新研究成果，并将整理过程中的发现与所持观点毫无保留地与读者分享。在编写本书的过程中编者参考借鉴了国内外许多论文、论著、视频资源等，在此谨向原作者表示感谢！

编者

2019年4月

“行水云课”数字教材使用说明

“行水云课”水利职业教育服务平台是中国水利水电出版社立足水电、整合行业优质资源全力打造的“内容”+“平台”的一体化数字教学产品。平台包含高等教育、职业教育、职工教育、专题培训、行水讲堂五大版块，旨在提供一套与传统教学紧密衔接、可扩展、智能化的学习教育解决方案。

本套教材是整合传统纸质教材内容和富媒体数字资源的新型教材，它将大量图片、音频、视频、3D动画等教学素材与纸质教材内容相结合，用以辅助教学。读者可通过扫描纸质教材二维码查看与纸质内容相对应的知识点多媒体资源，完整数字教材及其配套数字资源可通过移动终端APP、“行水云课”微信公众号或中国水利水电出版社“行水云课”平台查看。

内页二维码具体标识如下：

· ▶为知识点视频

· Ⓣ为试题

· ▣为课件

线上教学与配套数字资源获取途径：

手机端：关注“行水云课”公众号→搜索“图书名”→封底激活码激活→学习或下载

PC端：登录“xingshuiyun.com”→搜索“图书名”→封底激活码激活→学习或下载

多媒体知识点索引

续表

续表

序号	码号	资 源 名 称	类型	页码
63	6.3	“黄金水道”领跑世界经济贸易	▶	192
64		课后习题 6.3	Ⓣ	201
65		课后习题 6.3 答案	Ⓣ	201
66	6.4	两大工程助推母亲河奔向未来	▶	202
67		课后习题 6.4	Ⓣ	211
68		课后习题 6.4 答案	Ⓣ	211
69	6.5	“驭水之道”守护城市之魂	▶	212
70		课后习题 6.5	Ⓣ	224
71		课后习题 6.5 答案	Ⓣ	224
72	7.1–1、7.1–2	治水新理念新思路（上、下）	▶	229
73	7.1–3	工业节水减排	▶	234
74	7.1–4	农业高效节水	▶	234
75		课后习题 7.1	Ⓣ	237
76		课后习题 7.1 答案	Ⓣ	237
77	7.2–1、7.2–2	幸福河湖建设（上、下）	▶	238
78		课后习题 7.2	Ⓣ	249
79		课后习题 7.2 答案	Ⓣ	249
80	7.3	合同节水管理	▶	250
81		课后习题 7.3	Ⓣ	256
82		课后习题 7.3 答案	Ⓣ	256
83	8.1–1	夫水者，君子比德焉	▶	259
84	8.1–2	智者乐水——以水论德行	▶	260
85	8.1–3	盈科而进——以水论为学	▶	263
86	8.1–4	水满则溢——以水明理	▶	265
87		课后习题 8.1	Ⓣ	267
88		课后习题 8.1 答案	Ⓣ	267
89	8.2–1	水善利万物而不争——以水论善性	▶	268
90	8.2–2	积厚负大舟——以水论成才	▶	272
91		课后习题 8.2	Ⓣ	274
92		课后习题 8.2 答案	Ⓣ	274
93	8.3–1	兼爱犹水——以水论大爱	▶	276
94	8.3–2	水具材也——以水喻人	▶	279
95		课后习题 8.3	Ⓣ	281
96		课后习题 8.3 答案	Ⓣ	281

第1章 水孕育地球生命

“关关雎鸠，在河之洲。窈窕淑女，君子好逑。”河、洲、人，生活开始了，文学开始了，文明开启了。生命和生活自水边起源，在水边展开。人体内遍布血脉，那是生命中的水系；山野间遍布河脉，那是大地上的水系。大地上的水系，与人类的生命谱系、文化谱系息息相通，一一对应。

科学界普遍认为，液态水是生命存在的最直接条件。最不可思议的是，宇宙在漫长的时间中完成了从物质到精神的飞跃，最初孕育于海洋中的原始生命形态，历经数十亿年的旅程演化出了人类。

1.1 原始生命在液态水中诞生

1. 水从哪里来。
2. 生命的起源与水、海洋的关系。
3. 原始生命的化学进化过程。

1.1

原始生命在液态水中诞生

学习思考

1. 从生命起源、生物进化对水的依赖，领悟人与自然和谐共生的意义。
2. 水是生命之源、生产之要、生态之基。通过学习，尝试描述水在美丽中国建设中的现实作用。

46亿年前，在地球刚刚诞生的时候，没有河流，也没有海洋，更没有生命，它的表面是干燥的，大气层中也很少有水分，地球被暗红色的岩浆包裹着。今天，当我们打开世界地图时，当我们面对地球仪时，当我们从太空俯瞰地球时，呈现在眼前的大部分面积却是鲜艳的蓝色。水是从哪里来的，地球上的生命是从哪里来的，生命究竟是怎样产生的，这些是科学家感兴趣的问题，也是普通人都感兴趣的问题，它困扰了人类几千年。然而由于生命现象的复杂性质，直到20世纪初，生命起源的研究才成为科学研究中的重要领域。

早在远古时代，人类对世界的千姿百态、纷繁复杂，特别是对人类自身及其他生物从何而来，充满深深的困惑。因此，远古人类将大千世界中未知的神秘现象，编成了各种神话和传说。我国有女娲造人的上古神话，在古埃及、古印度、古巴比伦都有类似的传说。但古希腊学者亚里士多德坚信，低等生物是在雨、空气和太阳的共同作用下，从黏液和泥土中产生的。他还编制了名录，认为：晨露同黏液或粪土相结合，会产生萤火虫、蠕虫、蜂类等；正在腐烂的尸体和人的排泄物可形成绦虫；黏液则能产生蟹类、鱼类、蛙类等；老鼠是从潮湿的土壤中产生的，等等。亚里士多德被认为是古代最博学的人之一，他的看法无疑给“自然发生论”增加了分量，这种理论认为生命是从无生命物质或死的有机物中突然发生的。直到17世纪，绝大多数人都对自然发生论深信不疑。而我国古代，则有“白石化羊”“腐草化萤”“腐肉生蛆”的说法。

1.1.1 水从哪里来

地球上水的来源在学术界存在很大分歧，但无论哪一种学说都必须从最原始的宇宙说起。有科学研究表明，宇宙的形成起源于137亿年前的一场大爆炸。大爆炸之后，宇宙是炽热、致密的。随着时间的推移，大爆炸使物质四散，宇宙迅速膨胀，宇宙的温度也迅速下降。这时的宇宙是由质子、中子和电子形成的“一锅基本粒子汤”。随着这锅汤继续变冷，核反应开始发生，宇宙中的元素越来越丰富，组成水的必要元素氢（H）和氧（O）也随之形成（图1.1和图1.2）。

地球是太阳系八大行星之中唯一被液态水所覆盖的星球。关于地球的水源说在学术上目前有几十种。例如：

观点一：在地球形成初期，原始大气中的氢、氧化合形成水，水蒸气逐步凝结并形成海洋。

观点二：形成地球的星云物质中原先就存在水的成分。

观点三：原始地壳中硅酸盐等物质受火山影响而发生反应，析出水分。

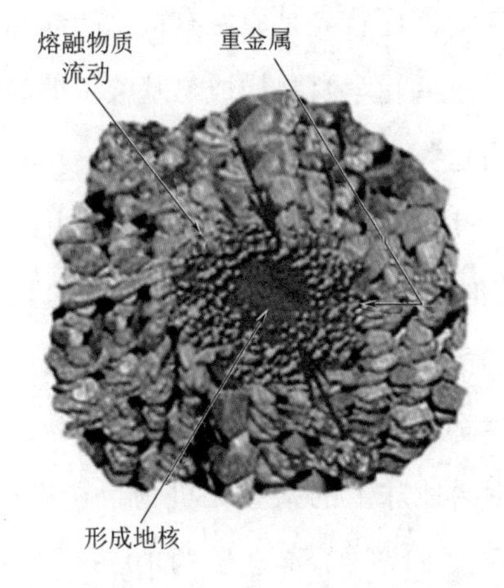

图1.1　地球分层过程

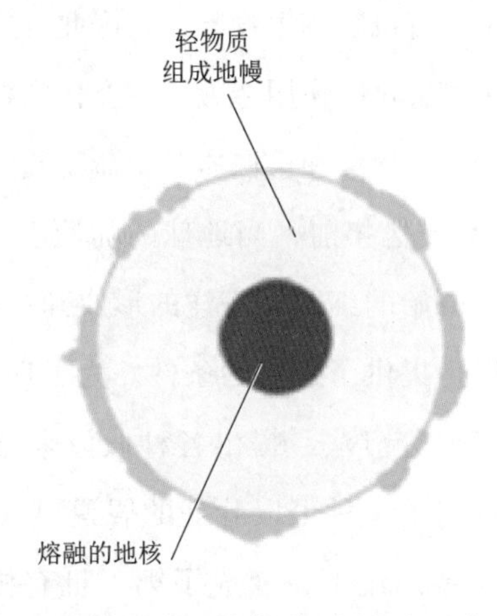

图1.2　地核与地幔的形成

观点四：被地球吸引的彗星和陨石是地球上水的主要来源，甚至现在地球上的水还在不停增加。

1.1.2　蛋白质分子产生

由于受到技术和方法的限制，人类对于生命起源的研究到近代才形成了科学的认识和方法，并确认生命活动是物质运动的形式之一，它的物质基础是碳、氢、氧、氮，此外还有少量的硫、钙、磷和其他二十几种微量元素，以及由这些元素在地球环境中自发产生的蛋白质、核酸、糖类、脂类、水和无机盐等。其中，蛋白质与核酸是生物体最重要的组成部分，也是区别生命和非生命的基本依据。蛋白质的分子量很大，由几千个甚至数万个氨基酸分子构成，具有十分复杂的化学结构和空间结构，是一切生命的基础。

在生命活动中，蛋白质起着极为重要的作用，如构成生物体的骨架，催化生物化学过程，调节生长、发育、生殖等生理机能。核酸同蛋白质一样，也是生物大分子化合物，基本单元是核苷酸，由磷酸和核糖分子连成长链。核酸有两大类：一种是脱氧核糖核酸（Deoxyribonucleic Acid，DNA），是遗传基因的化学实体，存在于细胞核中，具有特殊的双螺旋结构；另一种叫核糖核酸（Ribonucleic Acid，RNA），存在于细胞质中。

1.1.3　生物化学进化在原始海洋中展开

核酸和蛋白质等生物分子是生命的物质基础，生命的起源关键就在于这些生命

物质的起源，即在没有生命的原始地球上，由于自然的原因，非生命物质通过化学作用，产生出有机物和生物分子。因此，生命起源问题首先是原始有机物的起源与早期演化。化学进化的作用造就了一类化学材料，这些化学材料构成氨基酸、糖等通用的“结构单元”，核酸和蛋白质等生命物质就来自这类“结构单元”的组合。

大约38亿年前，当地球的陆地上还是一片荒芜时，在咆哮的海洋中已开始孕育生命最原始的细胞。海洋的形成和一些其他物质（甲烷、硫化铁、二氧化碳）为生命的诞生提供了必要的条件。为了证明生命起源于原始海洋，人类不断运用实验和推测等研究方法，提出各种假设来解释生命诞生。1922年，生物化学家奥巴林第一个提出了一种可以验证的假说，认为原始地球上的某些无机物，在来自闪电、太阳的能量作用下，变成了第一批有机分子。时隔31年之后的1953年，美国化学家米勒（Miller）首次通过实验证明了奥巴林的这一假说。米勒在实验室用充有甲烷（CH_4）、氨气（NH_3）、氢气（H_2）和水（H_2O）的密闭装置，以放电、加热方式模拟原始地球的环境条件，合成了氨基酸、有机酸和尿素等物质，轰动了科学界（图1.3）。这个实验的结果表明，早期地球完全有能力孕育生命体，原始生命物质可以在没有生命的自然条件下产生。一些有机物质在原始海洋中，经过长期而又复杂的化学变化，逐渐形成了更大、更复杂的分子，直到形成构建生物体的基本物质——蛋白质。

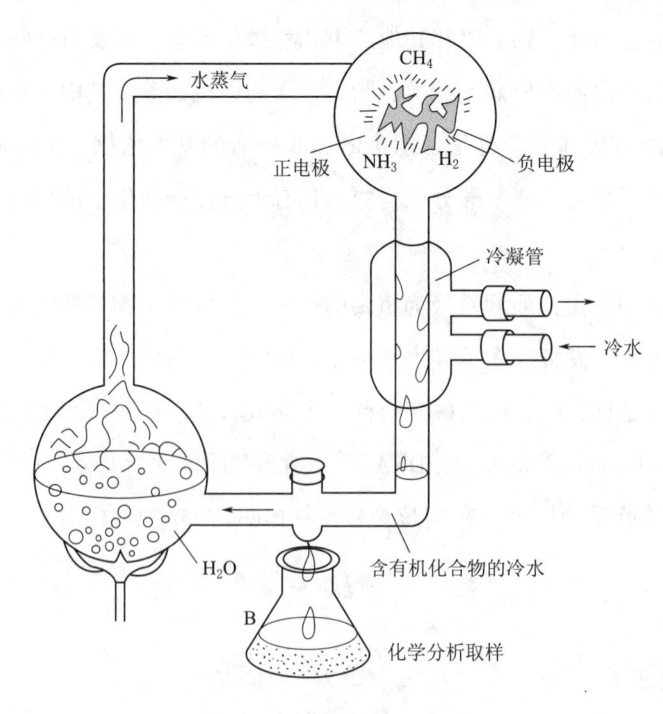

图1.3　米勒实验示意图

继米勒之后，许多通过模拟原始地球条件的实验，又合成出了其他组成生命体的重要的生物分子，如嘌呤、嘧啶、核糖、脱氧核糖、核苷、核苷酸、脂肪酸、卟啉和脂质等。1965 年和 1981 年，中国又在世界上首次人工合成胰岛素和酵母丙氨酸转移核糖核酸。蛋白质和核酸的形成是由无生命到有生命的转折点，上述两种生物分子的人工合成成功，开启了通过人工合成生命物质去研究生命起源的新时代。

1.1.4 原始生命形态形成

生命的化学进化过程包括四个阶段：无机小分子—有机小分子—有机大分子—多分子体系—原始生命。

第一个阶段：从无机小分子物质形成有机小分子物质。原始海洋中的氮、氢、氨、一氧化碳、二氧化碳、硫化氢、氯化氢、甲烷和水等无机物，在紫外线、电离辐射、高温、高压等一定条件影响和作用下，形成了氨基酸、核苷酸及单糖等有机化合物。

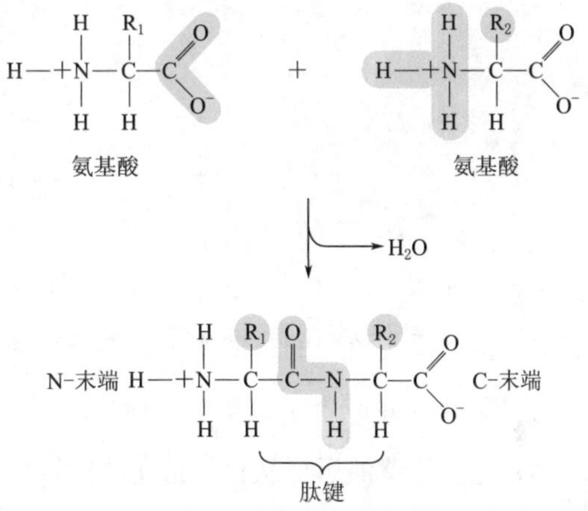

第二个阶段：从有机小分子物质生成生物大分子物质。在原始海洋中，氨基酸、核苷酸等有机小分子物质，经过长期积累，相互作用，在适当条件下（如黏土的吸附作用），通过缩合作用或聚合作用形成了原始的蛋白质和核酸等“生物大分子”（图 1.4）。

图1.4 蛋白质化学结构示意图

第三个阶段：从有机大分子物质形成多分子体系。许多生物大分子聚集、浓缩形成以蛋白质和核酸为基础的多分子体系，它既能从周围环境中吸取营养，又能将废物排到体系之外，构成原始的物质交换活动。这一过程是怎样形成的呢？苏联学者奥巴林提出了团聚体假说，他通过实验表明，将蛋白质、多肽、核酸和多糖等放在合适的溶液中，它们能自动地浓缩聚集为分散的球状小滴，这些小滴就是团聚体。奥巴林等人认为，团聚体可以表现出合成、分解、生长、生殖等生命现象。例如，团聚体具有类似于膜结构的边界，其内部的化学特征显著地区别于外部的溶液环境。团聚体能从外部溶液中吸入某些分子作为反应物，还能在酶的催化作用下发生特定的生化反应，反应的产物也能从团聚体中释放出去。另外，有的学者还提出了微球体和脂球体等其

他的一些假说，以解释有机大分子物质形成多分子体系的过程（图 1.5）。

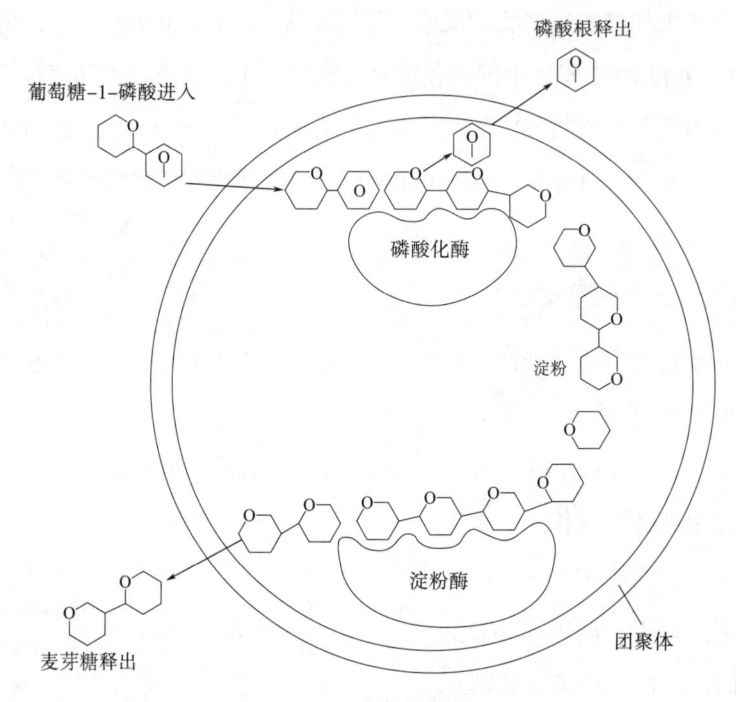

图1.5　团聚体简单代谢示意图

第四个阶段：有机多分子体系演变为原始生命。在原始的海洋中，多分子体系的界膜内，蛋白质与核酸的长期作用，终于将物质交换活动演变成新陈代谢作用并能够进行自身繁殖，并产生了最初的生命物质“原生体”。这种原生体的出现使地球产生了生命，它将地球的历史从化学进化阶段推向生物进化阶段，对于生物界而言是开天辟地的。

生命区别于非生命物质的基本特征：

（1）新陈代谢。

生命物质能从环境中吸收自己生活过程中所需要的物质，排放出自己生活过程中不需要的物质，这个过程被称作新陈代谢。

（2）繁殖。

任何有生命的个体都具有繁殖新个体的本领，无论繁殖形式有多么千差万别。

（3）遗传与变异。

生命物质具有遗传能力，能把上一代生命个体的特性传递给下一代，使下一代的新个体能够与上一代个体具有相同或者相似的特性。这个相似的现象最有意义，最值得我们注意。因为这说明它多少有一点与上一代不一样的特点，这种与上一代不一样的特点叫变异。这种变异的特性如果能够适应环境而生存，它就会一代又一代地把这种变异的特性加强并成为新个体所固有的特征。生物体不断周而复始地遗传与变异，具有新特征的新个体随之不断涌现，使生物体逐渐由简单走向复杂，构成生物体的系统演化（图 1.6）。

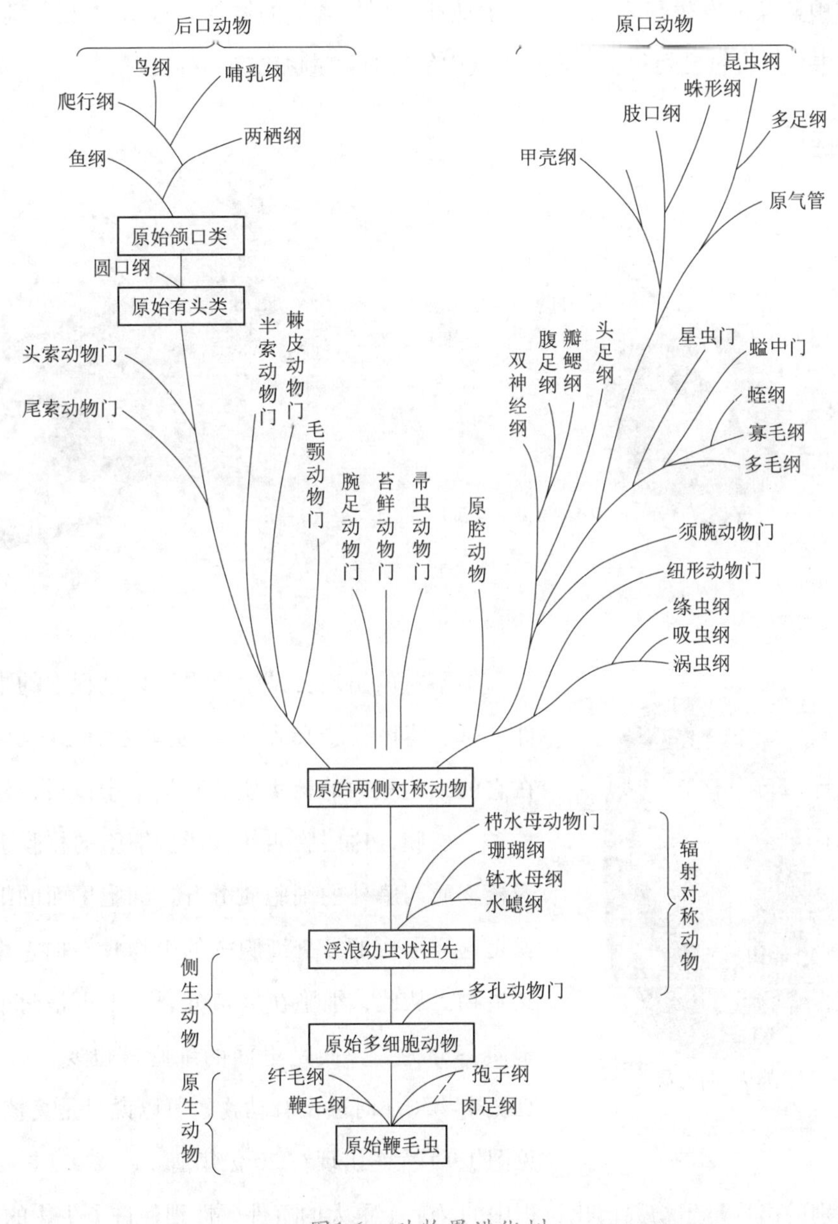

图1.6　动物界进化树

原始海洋中最早的生命形态很简单，一个细胞就是一个个体，它没有细胞核，我们称之为原核生物。原核生物靠细胞表面直接吸收周围环境中的养料维持生活，这种生活方式叫作异养。当时它们的生活环境是缺乏氧气的，这种缺乏氧气的生活环境叫厌氧环境。地球上最早的原核生物是异养、厌氧的，它的形态最初是圆球形，后来变

成椭圆形、弧形、江米条状的杆形，进而变成螺旋状、细长的丝状等。从形态变化的发展方向来看，原核生物在进化过程中不断增加身体与外界接触的表面积和增大自身的体积。现在仍然生活在地球上的蓝藻和细菌都属于原核生物（图 1.7、图 1.8）。原始海洋中蓝藻的发生与发展，加速了地球上氧气含量的增加，从 20 多亿年前开始，不仅水中氧气含量已经很多，而且大气中氧气的含量也已经不少。

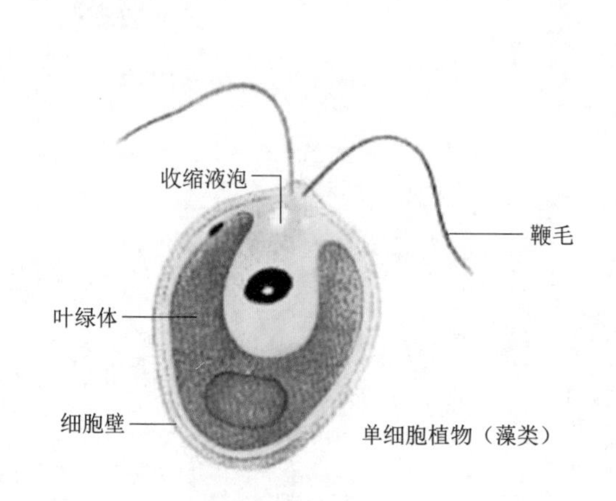

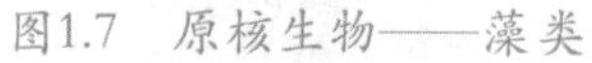
图1.7　原核生物——藻类

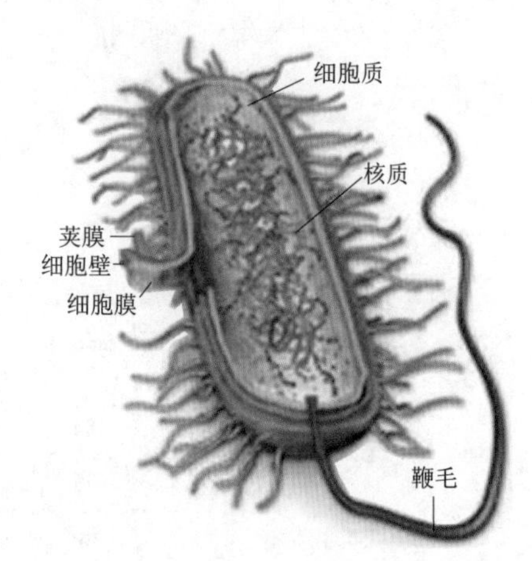

图1.8　原核生物——细菌

细胞核的出现，是生物界演化过程中的重大事件。原核植物经过 15 亿多年的演变，原来均匀分散在它的细胞里面的核物质相对地集中以后，外面包裹了一层膜，这层膜叫作核膜。细胞的核膜把膜内的核物质与膜外的细胞质分开，细胞里面的细胞核就是这样形成的。有细胞核的生物我们把它称为真核生物。从此，细胞在繁殖分裂时不再是简单的细胞质一分为二，而是里面的细胞核也要一分为二。真核生物（那时还没有动物，可以说只是真核植物，见图 1.9）大约出现在 20 亿年前。

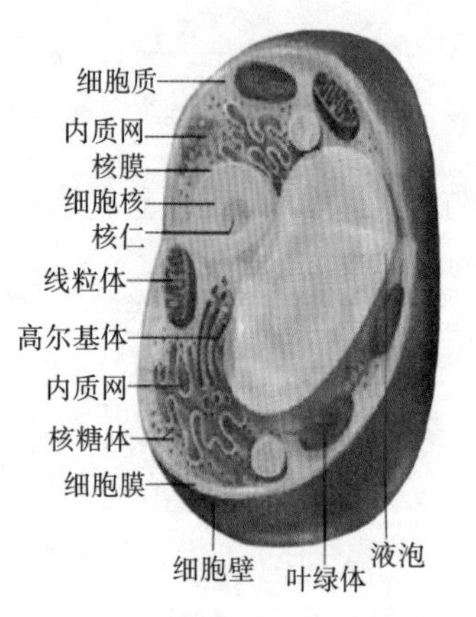

图1.9　真核植物细胞

性别的出现是生物界演化过程中的又一个重大的事件，性别促进了生物的优生，加速了生物向更复杂的方向发展，真核的单细胞植物出现以后没有几亿年就出现了真核多细胞植物。真核多细胞的植物出现没多久就出现了植物体的分工，植物体中有一群细胞主要负责固定植物体的功能，成了固着的器官，也就是现代藻类植物固着器的由来。之后，器官分化开始了，不同功能部分其内部细胞的形态也随之分化。细胞核和性别出现以后，大大地加速了生物本身形态和功能的发展（表 1.1）。

表 1.1　　　　地质年代与生物进化对照表

宙	代	纪	同位素年龄 / 百万年		生物进化阶段	
			距今年龄	持续时间	植物	动物
显生宙	新生代	第四纪	2.5	2.5		人类出现
		第三纪	67	64.5		哺乳动物
	中生代	白垩纪	137	70	被子植物	鸟类
		侏罗纪	195	58		
		三叠纪	230	35	裸子植物	
	古生代	二叠纪	285	55		爬行动物
		石炭纪	350	65	蕨类植物	
		泥盆纪	400	50		两栖动物
		志留纪	440	40	裸蕨植物	鱼类
		奥陶纪	500	60		
		寒武纪	570	70		无脊椎动物
隐生宙	元古代	震旦纪	2400	1830		
	太古代		4500	2100	菌藻类	

课后习题 1.1

课后习题 1.1 答案

1.2 人类生活自水边展开

1.2

人类生活自水边展开

❶ 大河源头的形成发展，为人类生存及其文明形成不断积累条件。

❷ 河流与古代文明的依傍关系。

学习思考

❶ 黄河流域文明启蒙与文明发展的历史追溯，描绘了中华文化、文明波澜壮阔的冰山一角。

❷ 从文明与河流的关系，思考人与自然和谐共生的理论价值和实践意义。

人类文明的第一行脚印，踩踏在湿漉漉的河边。通过逐水而居，原始人获得了简朴的生活方式和初级生产方式，并对河流产生亲和、依赖和畏惧的感情。

1.2.1 岩浆活动促进大河水系源头形成

大河水系及其源头的形成究竟开始于何时？从地壳形成发展演化历史可知，太古宙时期主要形成了陆核、变质深成岩和变质表壳岩，古元古代时期主要形成了变质深成岩和变质表壳岩，上述时期河流形成及其源头在何处确实难以确定。进入中元古代至早古生代时期，全球大多属于海相沉积，此时均无河流形成及其源头可言。至晚古生代晚期即晚二叠世，伴随地壳运动发展演化，产生了海陆分异，海水逐渐退去，陆地面积逐渐扩大，因而产生了河流及其源头和相关的陆相沉积。进入中生代，地壳活动强烈，火山喷发和岩浆侵入作用频繁，河流沉积作用加强。

现代河流水系大多是伴随第四系形成以来不断变化、不断迁徙而保存下来的河流。一般来看，它们的形成取决于地势的高低、岩石含水层、构造破碎带以及泉水的分布。实际上更主要的因素是岩浆作用，包括火山熔浆喷发和地下岩浆的侵入，进而形成了高大险峻的山脉或分水岭或岩浆隆起带，为形成大河水系源头提供了先决条件。我国是大江大河水系广布的国家，其形成、发展及其演化都与岩浆作用有关。

中国的长江、黄河和澜沧江的发源地——青藏高原的地质史中岩浆活动频繁，随着板块构造的演化，形成一系列构造岩浆带。滦河水系源头、白河水系源头和辽河水系源头，其形成机制也主要与不同时期的岩浆的喷发作用和侵入作用有关。相关地质学资料表明，第三纪末和第四纪初喜马拉雅运动最强烈的第三幕发生了，这次新构造运动的持续作用使青藏高原隆起性上升，逐渐形成了现在的高度。例如黄河上、中游流域，受喜马拉雅运动的影响，地势都有不同程度的抬升，形成由西向东依次降低的阶梯状地形。西部的青藏高原为地势最高的第一台阶，中部的黄土高原和鄂尔多斯高原为第二台阶，东部的华北平原下沉为最低的第三台阶。在青藏高原强烈隆起、中部黄土高原等地缓慢抬升及华北陆缘盆地持续沉降的过程中，使以上地区的湖盆逐渐萎缩，三大台阶上的古水系发生了溯源侵蚀并相互袭夺，将上、中、下游的湖盆串通起来，终于形成绵延万里、贯穿统一、奔腾到海的大河。

1.2.2 原始人类沿河而居

近现代考古学研究表明，距今 10000 ~ 7000 年的旧石器文化遗址、7000 ~ 3700 年的新石器文化遗址、3700 ~ 2700 年的青铜器文化遗址和出现于公元前 770 年的铁器文化遗址等，几乎遍布黄河流域。至中石器时代起，黄河流域已成为中国远古文化的发展中心之一。燧人氏、伏羲氏、神农氏等创造发明了人工取火技术、原始畜牧业和原始农业，从此拉开黄河文明发生与发展的序幕。

从生态学的角度看，生物进化和迁徙活动遵循“自然选择、适者生存”规律，一方面，生物总是尽量选择适合生长繁衍的生态环境；另一方面，生物的生长发育总是在与环境因素协调的前提下获得生存和繁衍。人在由猿向人转化的童年时期，也具有一般生物所具有的依赖自然、顺从自然的特性，需要在茫茫大地中找寻适合生存的自然环境。

从更新世以来黄河中下游地区生态环境的变迁与旧石器时代人类文明的产生和发展轨迹来看，这里具备适合人类繁衍生息和生产劳动的生态环境。目前我们已知的旧石器时代早期的西侯度文化、蓝田文化，旧石器文化中期的许家窑文化、丁村文化和旧石器时代晚期的峙峪文化、小南海文化及其形成环境的遗迹，大致反映了黄河中下游地区生态环境演变及早期人类在黄河岸边繁衍成长及创造文化的概况（图 1.10）。

考古学研究表明，黄河中下游地区及其所在的华北地区也是中国旧石器时代人类化石及其文化发现最集中且最系统的地区之一，而黄河中下游地区又是其中的中心地带。这看似是一种历史的巧合，但决非偶然。

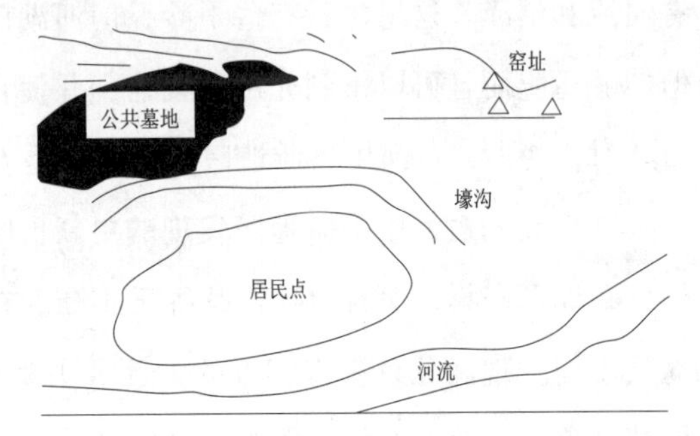

图1.10　原始居民村落聚居与河流

从遥远的古生代、中生代到新生代的漫长年代，尽管有冰期寒冷气候的出现，但因黄河中下游地区所处的海陆交替或河湖的生态环境，对动植物的生长并未造成多大影响。而大部分时间里，气候温暖湿润，植物葱郁，森林密布，动物繁盛，地质史上的三次重要的聚煤期在这里都表现得非常充分。山西号称“煤海”，河南及陕西也是今天我国重要的产煤区，南方则较少煤田，这与地质史上黄河中下游地区的森林茂盛有着直接的关系。因为每次地球上出现大规模的煤炭形成期也正是对应的地球上森林大发展的时期，煤炭是反映古地质时期一个地域具有潮湿气候及大面积森林生态环境的“指示剂”。适宜的环境、暖湿的气候，自然成了动物喜欢栖息的家园，当然也是古人类繁衍生息的场所。

黄河中下游相当于更新世早期的旧石器文化遗址，有山西芮城的西侯度、陕西境内的蓝田、河北阳原盆地的小长梁等地点；更新世中期的旧石器文化遗址，有陕西蓝

田人文化地点、山西芮城匼河文化地点、陕西大荔人遗址、山西阳高许家窑遗址、河南三门峡地区旧石器地点群、河南南召猿人遗址、山东沂源猿人遗址；晚更新世的旧石器时代文化遗址，有山西襄汾丁村人遗址、山西朔州峙峪遗址、山西沁水下川遗址、河南安阳小南海遗址等。在这些旧石器文化中，尤以黄河中游山西省境内最为丰富。山西为代表的旧石器文化在我国旧石器时代文化中占有绝对优势，这与当地的生态环境和早期人类的主动选择有关。

至晚更新世末期，黄河中下游地区总的气候特点是由湿热逐渐转为干冷。如在河南郑州及豫东地区均发现大面积的较厚黄土沉积物，以及喜干旱的动物化石。同时，在这里发现有大面积的河流相堆积物，表明这里河网纵横，水域广大。此外，在此地区发现有象化石，另在豫西的洛阳、嵩山等地也发现多处大象化石地点。从安阳小南海考古发掘的组成看，其附近曾有大片的森林草原、水牛化石的存在，说明局部地区有河流和沼泽。这里尽管有些干冷，但河湖广阔、森林草原连绵的生态环境，人类不但能够适应而且可以得到充足的食物，并使自己的体格得到锻炼。这说明，即使在旧石器时代晚期，黄河中下游地区基本上都是人类喜欢的栖息之地。

在广袤的黄河中下游地区发现的更新世时期旧石器时代的人类及其文化，不但空间分布地点密集，而且时代连续绵延不断。在陕西省境内除发现蓝田猿人外，还在大荔县境内发现和北京猿人相近的大荔人头骨化石，在靖边无定河两岸和小桥畔附近、榆林县鱼河堡及横山县油坊头、吴堡县等地发现与北京猿人文化稍晚的旧石器时代遗址。在大荔县发现大荔人头骨化石及大量的石制品，时代相当于旧石器时代中期（图1.11 ~图1.13）。在长武、黄龙和韩城禹门口都发现有旧石器时代人类化石或洞穴遗迹。在山西省境内发现的旧石器时代遗迹居全国之冠，已发现的地点达300余处，经

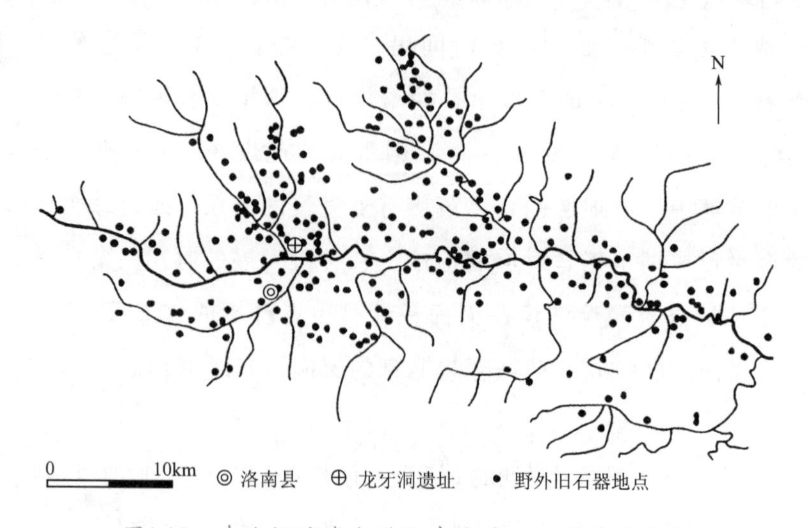

图1.11　南洛河流域上游洛南盆地旧石器遗址分布

图1.12　南洛河流域黄土层中埋藏的石制品

（a）南洛河上游洛南盆地张豁口旧石器遗址发掘现场；（b）张豁口地点出土的手斧；（c）乔家窑地点发现的旧石器

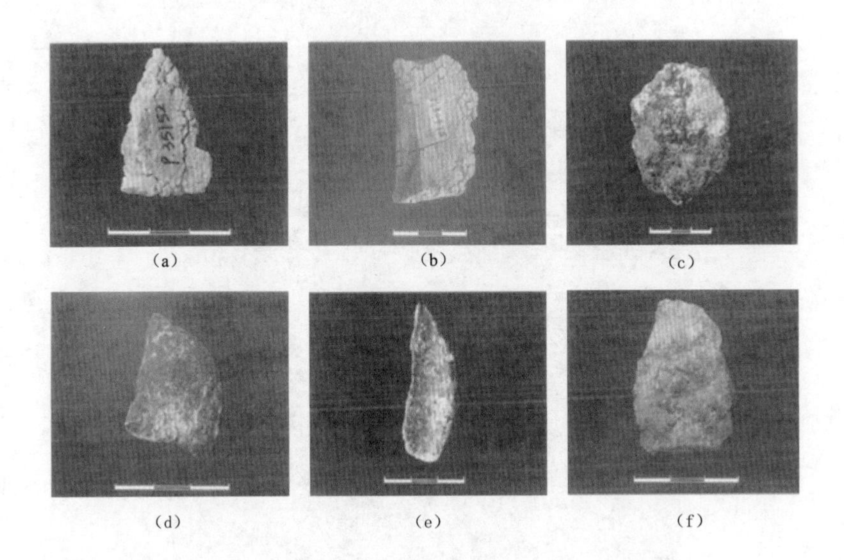

图1.13　南洛河流域龙牙洞旧石器文化遗址出土的古人类用火证据

（a）火烧石英砂岩石制品；（b）火烧硅质灰岩石制品；（c）火烧灰岩角砾；（d）烧骨片；（e）烧骨片；（f）附着烧烤的有机残留物的石制品

正式发掘的近30处。如早更新世的西侯度文化遗址，中更新世早期的大同青瓷窑遗址，旧石器时代早期垣曲南海峪洞穴遗址，旧石器时代中期的丁村、许家窑文化遗址，旧石器时代晚期朔州的峙峪遗址、蒲县薛关文化遗址及吉县柿子滩文化遗址，这些文化遗址自成体系，形成了环环相接的旧石器文化发展序列。在河南境内共发现旧石器文化地点30余处，如旧石器时代早期的三门峡水沟和会兴沟的旧石器地点，三门峡陕州区张家湾、赵家湾、侯家沟、仙沟、三岔沟旧石器地点，渑池县任村、青山村旧石器地点，灵宝县营里旧石器地点，并发现有旧石器时代早期南召人、淅川人牙齿化石。旧石器时代中期的有郑州织机洞旧石器时代遗址、灵宝县孟村旧石器地点、渑池县南村乡青山旧石器地点、洛阳凯旋路旧石器地点。旧石器时代晚期的有南召小空山遗址、安阳小南海遗址、许昌灵井遗址、舞阳大岗遗址等。在河北省境内的阳原盆地发现旧石器文化地点有几十处，如：阳原县小长梁旧石器时代早期文化遗址、东谷坨旧石器早期文化遗址、侯家窑旧石器时代中期遗址，蔚县旧石器时代晚期地点，兴隆县四方洞旧石器时代晚期遗址。在山东省境内也发现有旧石器早期的沂源猿人化石和石器文化遗址，以及沂水县南洼洞、日照秦家官庄等旧石器时代早期地点，并发现了沂源县上崖洞（图1.14）、沂水县湖埠西等旧石器时代晚期遗存，临沂市凤凰岭、马陵山、青峰岭等地的新石器文化遗存。

考古研究发现，受更新世初期喜马拉雅运动第三幕影响，黄河中下游地区山脉崛

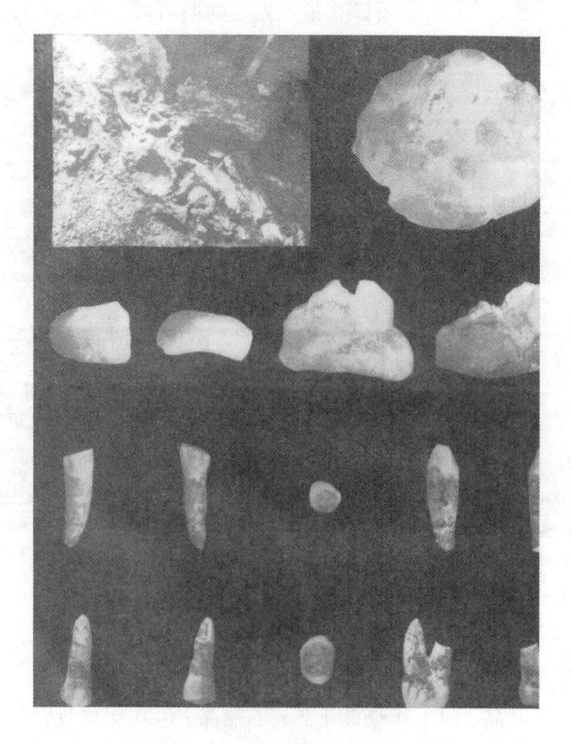

图1.14　山东沂源猿人化石

起，海水退却，大陆裸露，黄土堆积深厚，气候较前寒冷，为类人猿由树上走向大地并向猿人进化提供了条件。从总体上看，河流纵横，湖泊沼泽密布，森林草原连绵，使众多的动物繁衍有了广阔的空间，也为草本及木本植物的生长提供了适宜的环境。尽管在更新世早、中、晚期的气候也曾出现有冷暖、干湿变化，但由于生态植被良好，水域宽阔，气候四季分明，既无南方地区的酷热潮湿，亦无华北北部和西北地区的严寒干旱，较为适宜人类生存和发展。因此，从距今约 180 万年旧石器时代早期的西侯度人起，经旧石器时代中期直至晚期，黄河中下游地区古人类的活动踪迹不断，并创造了“大石片砍砸器——三棱大尖状器传统”（或称“大石器”系统）（图 1.15）和“船头状刮削器——雕刻器传统”（或称“小石器”系统）（图 1.16）两大石器文化系统。至于这两大石器系统与人类的生产方式及生态环境的关系，贾兰坡先生曾专门解释说：“大石器可能以采集为主，以狩猎为辅；相反，小石器以狩猎为主，采集为辅。或者可以说小型石器以居住草原为主；而大型石器以居住森林为主。”石器的种类和形制，也从一个重要方面证实黄河中下游地区森林草原广布的生态环境特征。在这样较为适宜的生态环境中，黄河中下游地区的早期人类可采集到足够衣食所需的物品，繁衍不息，创造出先进的石器文化（图 1.17），并使这里自更新世早期开始，一直成为人类活动和石器文化创造的中心地区之一。表 1.2 所示为中国古人类和古文化的时代表，可进行参考。

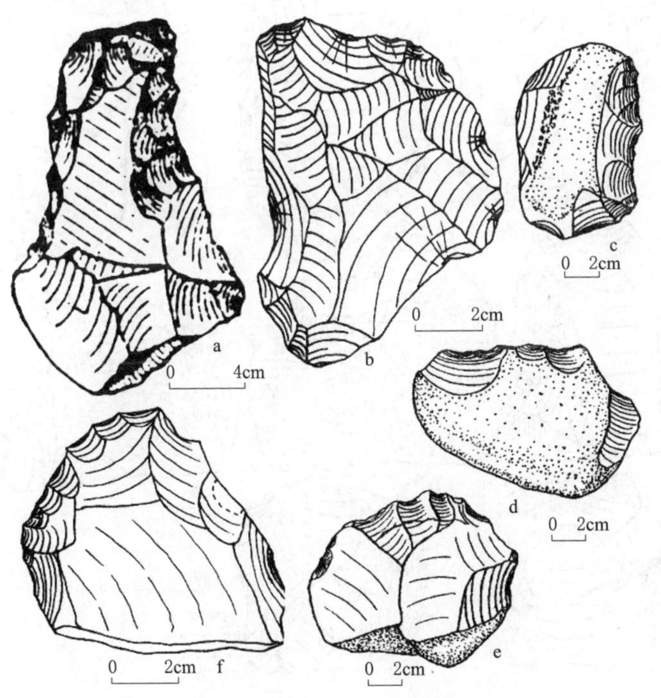

图1.15　中型石器工业类型石制品——砍砸器

a、b、f 发现于日照沿海 ;c、d、e 发现于郯城小麦城

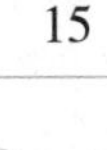

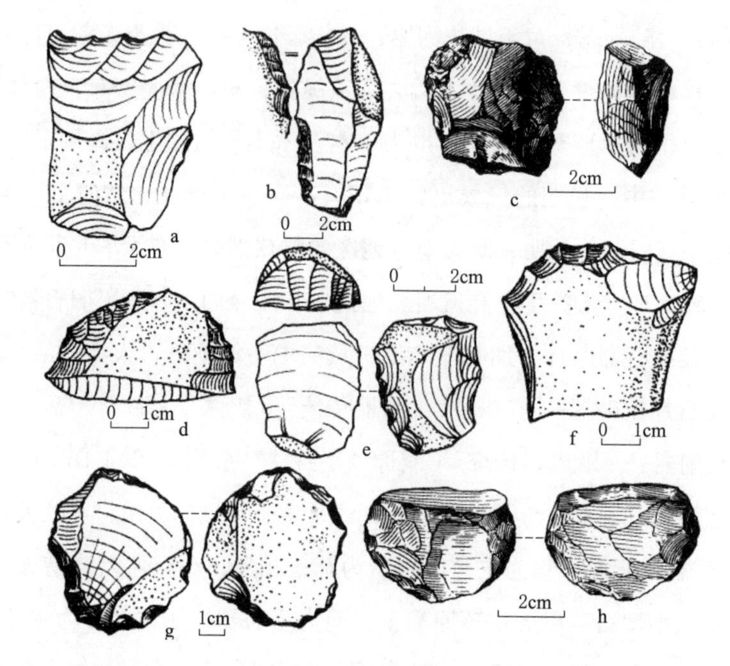

图1.16　中型石器工业类型石制品——刮削器

a 发现于日照双庙村 ;b、d、f 发现于郯城小麦城 ; c、h 发现于沂源上崖洞 ;
e 发现于南武阳城 ;g 发现于竹溪村

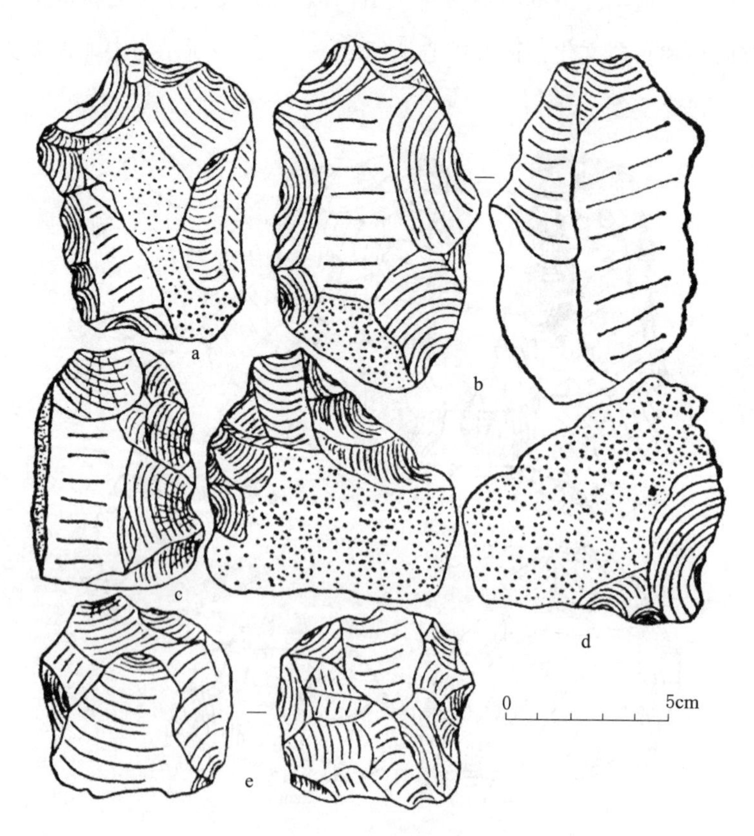

图1.17　湖埠西地点的石制品

a、b、d—砸器；c—凸刃刮削器；e—盘状石核

不仅如此，世界上对人类的早期文明具有重要影响的河流包括中国的黄河、长江，非洲的尼罗河，中东的底格里斯河和幼发拉底河，印度的印度河和恒河等。一方面，大河流域气候湿润，光热充足，地势平坦，适合人类生存；另一方面，大河上游高山积雪融化导致河水定期泛滥，为人类提供了充足的水源和肥沃的土壤。大约 5000 年以前，中国、古印度、古埃及、古巴比伦几乎同时进入文明社会，并都在适合农业耕作的大河流域诞生，创造了多姿多彩、辉煌灿烂的大河文明。

表 1.2　　中国古人类和古文化时代表

地质时代		“绝对”年代	冰期		古人类和古文化			文化时代	
			欧洲	中国	华南地区	华北地区			
全新世		单位：万年	冰期后			大石片砍砸器——三棱大尖状器传统	细石器传统	新石器时代	
更新世	晚	5	武木冰期	大理冰期	柳江人	鹅毛口文化	小南海文化 山顶洞文化 下川文化 峙峪文化	晚期	旧石器时代
			伊姆间冰期	丁村期		丁村文化	许家窑人文化	中期	
	中	10	里士冰期	庐山冰期					
		50	霍尔斯太因间冰期	周口店期	石龙头文化 观音洞文化	匼河文化	北京人文化	早期	
			民德冰期	大姑冰期					
			克罗默尔间冰期	公王岭期		蓝田人文化			
	早	100	贡兹冰期	鄱阳冰期					
			特格仑间冰期	西侯度期		西侯度文化	?		
		200	多瑙冰期		元谋人文化				
		300		龙川冰期					

课后习题 1.2

课后习题 1.2 答案

参 考 文 献

[1] 许洪才，等. 浅谈河北省北部大河水系源头的形成与岩浆作用[J]. 科技导报，2012(27): 118-119.

[2] 张宗祜. 九曲黄河万里沙[M]. 北京：清华大学出版社，2000: 160.

[3] 朱颜明. 环境地理学导论[M]. 北京：科学出版社，2002.

[4] 许卓民. 古代沧海的变迁[M]. 太原：山西经济出版社，1996: 53.

[5] 刘嘉麟，等. 人类生存与环境演变[J]. 第四纪研究，1998(1): 80-85.

[6] 文物编辑委员会. 文物考古工作三十年[M]. 北京：文物出版社，1979.

[7] 徐钦琦，等. 史前考古学新进展[M]. 北京：科学出版社，1999.

[8] 周军，等. 河南旧石器[M]. 郑州：中州古籍出版社，1992.

[9] 苏秉琦. 中国文明起源新探[M]. 上海：三联书店，1999.

[10] 严文明. 中国史前文化的统一性与多样性[J]. 文物，1987(3).

[11] 宋豫秦. 中国文明起源的人地关系简论[M]. 北京：科学出版社，2002.

[12] 张红艳. 南洛河流域更新世黄土沉积揭示的古人类生存环境变迁[D]. 南京：南京大学，2013.

[13] 王星光. 黄河中下游地区生态环境变迁与夏代的兴起和嬗变探索[D]. 郑州：郑州大学，2003.

[14] 王法岗. 山东地区旧石器时代遗存研究[D]. 长春：吉林大学，2007.

[15] 李大春，袁宝. 中国史前文明"多元一体"探源[J]. 长春工程学院学报（社会科学版），2002(2): 20-23.

[16] 吕遵谔，黄蕴平，李平生，等. 山东沂源猿人化石[J]. 人类学学报，1989(4): 301-313，390-392.

第2章

大河流域缔造人类文明

史学家常常将原始文明直接称为“大河文明”，因为这一阶段的人类文明聚居地与河流紧紧相连，即便是相对固定的农耕文明，也会随河道的变迁而转移，游牧文明则从远古开始逐水草而居，并一直延续至今。

人类文明诞生的摇篮——中国的黄河和长江、非洲的尼罗河、中东的幼发拉底河和底格里斯河、古印度的印度河和恒河流域，由于洪水周期性泛滥和引水灌溉，土地肥沃，形成最早的农业，并诞生了与之适应的科学技术、政治文化和社会分工。通过河流，纷争不已的部落和相互隔膜的族群分别获得标志性的文化认同，并产生了后来被称为民族凝聚力的文化倾向。在此基础上演化和提升的民族精神，形成现代民族国家的本土文化品格和深层意识形态。反过来，这些源于河流或在河流背景下生成的认同和倾向，又进一步使河流成为民族文化的象征和传统文化的载体。河流的文化生命就这样产生了，它使人类可以通过河流的故事触摸历史、族群，或者通过历史的故事复活河流、记忆，甚至通过知识、经验和想象将河流和历史抽象成符号，赋予它无限丰富的内涵，使之成为各民族发生、成长和可持续繁衍的文化资源。

今天，当我们打开世界地图，现代的繁华都市绝大多数依然在河流、海洋的附近，人类文明的诞生、繁衍和传承从来就没有超越生态环境的限制，没有脱离过自然之水。

2.1 两河灌溉“新月沃土”

❶ 两河流域文明的发端、兴盛与河流的关系。

❷ 两河流域文明的典型成果。

❶ 从早期城市因河而兴、因河而衰的历史回溯，给予我们推进绿色发展、美丽中国建设的启示是什么？

早在6000年前，古希腊人向东穿越地中海，登陆亚洲大陆的西端。那里有两条大河结伴并行，一路奔向东南方的波斯湾。他们把这个“两河之间的地方”叫作“美索不达米亚”，其东抵扎格罗斯山，西到叙利亚沙漠，南迄波斯湾，北及托罗斯山，位于今天的伊拉克境内。这两条河流正是著名的幼发拉底河和底格里斯河，它们像两条生命之藤，伸展于荒凉的干旱和沙漠地区，合力塑造了肥沃的冲积平原和灌溉网络，使两河流域农业发达、商业兴旺、人烟稠密，并孕育出人类历史上最古老的两河流域文明——美索不达米亚文明。

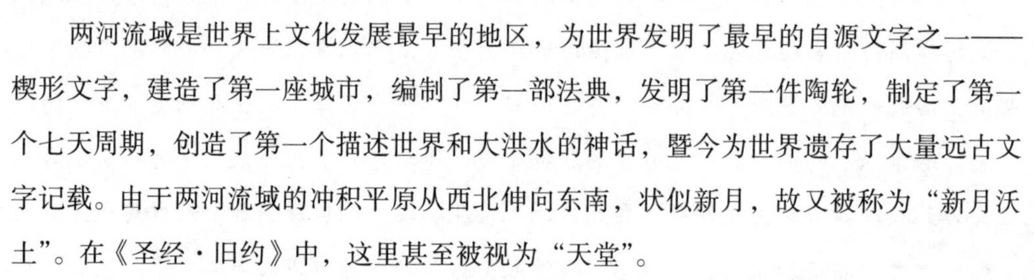

两河流域是世界上文化发展最早的地区，为世界发明了最早的自源文字之一——楔形文字，建造了第一座城市，编制了第一部法典，发明了第一件陶轮，制定了第一个七天周期，创造了第一个描述世界和大洪水的神话，暨今为世界遗存了大量远古文字记载。由于两河流域的冲积平原从西北伸向东南，状似新月，故又被称为“新月沃土”。在《圣经·旧约》中，这里甚至被视为“天堂”。

2.1.1 苏美尔人开启两河文明

美索不达米亚文明又被称为两河流域文明，或为两河文明，是指在底格里斯河和幼发拉底河之间的美索不达米亚平原（两河流域间的新月沃土）所发展出来的文明，也是西亚最早的文明，这个文明的中心大概在现在的伊拉克首都巴格达一带。

两河流域最早的居民通常被认为是苏美尔人（图2.1），约在公元前3500年出现在两河流域的三角洲地带。苏美尔人建立城邦，兴建房屋和神庙，种植谷物，饲养牛羊，过着定居生活。公元前3000年前后，这里有十几个独立的城邦，每个城邦都修建了围墙，郊外是村庄和农田（图2.2）。各城邦居民奉祀各自的神祇，而神庙则是城邦的中心，每个城邦都有自己的国王。公元前2800年前后，基什的统治者埃坦那统一了各城邦，建立了苏美尔王国。

灌溉是苏美尔人文明的基础。苏美尔人兴修水利，成功地将河流为己所用，是两河流域建筑学的先驱。凭借两河之水，两河流域最早的居民创造了古老的农业生产组织形式。人们从两河浇灌的肥沃土地上获得了丰厚收益。在两河流域某些地区，小麦和大米可以一年收割两次。

图2.1　（伊拉克）尼普尔伊南娜神庙的苏美尔早王朝雕塑《站立的女子》（约公元前2500—公元前2400年，【美】大都会艺术博物馆馆藏）

苏美尔人是两河流域历史上第一个创造文字文明的民族，但他们的祖先迄今为止仍然是个谜。一些考古学家认为，他们来自中国的西藏，另有一些学者则认为，他们可能来自安纳托利亚周围。目前，这仍是困扰学术界的一大难题，因为苏美尔人的肌体解剖又显示出了其他民族的特征。

苏美尔人创造了楔形文字，或许是人类最早发明并使用文字的民族，苏美尔文是迄今已知最古老的文字语言。它最初表示文字的符号是象形文字，继而发展成表音符号和指意符号，最后发展成用芦管写在泥板上的楔形文字。现今见到的最早的苏美尔语文字，可追溯到公元前 3100 年前后。约在公元前 2000 年，苏美尔口语被阿卡德语所取代，而其书写形式却一直使用到阿卡德语几乎消亡为止，即基督纪元开始前后。

图2.2　苏美尔人城邦复原图

在文学方面，苏美尔人和阿卡德人编撰了人类至今已知最早的史诗《吉尔伽美什史诗》，现存的残缺泥板上分别用阿卡德语和苏美尔语记录了这部史诗。

除语言、文学外，苏美尔人还制定了井然有序的城市规划，建立了合理的管理体系和协商会议制度。

现代考古学家们发现，该地区或许有一个比苏美尔人更为古老的民族，这个民族

没有留下任何文字记载，名称亦不详，考古学家称他们为“原始幼发拉底人”或“欧贝德人”。原始幼发拉底人主要聚居在幼发拉底河沿岸，依仗两河之水，创造了古老的农业生产组织形式。初步研究结果表明，两河流域的许多地理名称（包括这两条河流在内）均由他们命名。

2.1.2 辉煌的水文化成果

在漫长的历史长河中，美索不达米亚这块神奇的土地曾数度独领风骚，以其长盛不衰的文明之光照亮原始世界。但随着波斯人和希腊人的先后崛起，辉煌了几千年的文字和城市逐步被沙尘掩埋。直到 19 世纪中期，伴随考古发掘的开始和亚述学的兴起，越来越多的文物出土，楔形文字逐渐被破解，尘封了 18 个世纪的美索不达米亚古文明才慢慢呈现于世。

2.1.2.1 《吉尔伽美什史诗》

20 世纪初，考古学家在底格里斯河畔的古城尼尼微附近发现了一套（共 12 块）以楔形文字刻写的泥板，记录了古代洪水和英雄吉尔伽美什的故事，这就是世界文学史上的经典《吉尔伽美什史诗》(图 2.3)。

图2.3　记载大洪水章节的泥板
（【英】大英博物馆馆藏）

传说，半人半神的吉尔伽美什曾经会见过许多神灵。在第 11 块泥板上，描写了他会见“人类之父”乌特纳庇什廷的情景：天神曾经警告乌特纳庇什廷，大洪水将要把有罪的人类冲洗干净，吩咐他建造一只大船，带着家人和各行各业的手艺人逃难。洪水消退后，船搁浅在一座山上。乌特纳庇什廷带领众人下船，重建世界，创造了新的人类。乌特纳庇什廷因此被称为“人类之父”，这是最早的世界大洪水的传说故事。

后来的巴比伦人根据这个泥板故事，发展而成另一个类似的大洪水传说。巴比伦神话《智者》记载：世界之初只有神存在，大神们享乐，诸小神承担起繁重的灌溉、汲水等劳动任务。小神们不满大神的统治地位，于是人类被创造出来以替代小神工作。但随着人的数量增多和欲望膨胀，向神过分要求，神王恩利勒决定用洪水灭绝人类。国王阿特腊哈西斯建造方舟，帮助人类逃过了洪水劫难。洪水过后，众神接受阿特腊哈西斯的供奉，恩利勒也宽恕了他，并赐予他永生。此后，人类再也不会被灭绝，只有罪人受到惩罚，世界新秩序重新建立。

有学者认为，吉尔伽美什史诗的洪水故事应是《圣经》中“诺亚方舟”故事的原型，吉尔伽美什泥板的大洪水故事，整整比《圣经》“诺亚方舟”故事早 11 ~ 12 个世纪。

2.1.2.2 楔形文字

这种长得既像图画又像符号的小东西到底是不是文字？它应该从哪个方向读起？是拼音还是……？它的创造者又是什么人？可以想象，最先发现这些书写着神奇密码泥板的学者们曾经将其拿在手中颠来倒去，完全摸不着头脑（图 2.4）。但当时，他们已隐隐意识到，足以震惊全人类的两河流域考古大发现，将会循着这些残旧的泥板而源源不断地展开。

图2.4　楔形文字

1.“渔猎生活”说

传统的考古学家和历史学家认为，楔形文字起源于特殊的渔猎生活方式。透过宫殿中满是浮雕图案的大窗，当年的那位苏美尔书吏也许可以遥遥望见，水量充沛的幼发拉底河从广阔的大平原汹涌而过，滋润着岸边青翠的苇荡。书吏手中的书写工具“黏土和芦苇”，正是来自河岸取之不竭的大自然礼物。

任何一种文明的起源和形成都有赖于地理环境的供给。根据地理学家的考证，4000 年前的美索不达米亚的气候比现在要湿润得多。而当年生活于此的苏美尔人，则是一类个子不高、有着大眼睛和喜欢蓄大胡子的民族。他们居住在用泥砖砌成的房屋中，学会了制作面包和酿酒，用芦苇做的船只穿梭往来于河流之间，从事捕鱼、航运等工作。

2.“陶筹演变”说

另一种观点认为，楔形文字由陶筹演变而来。早在公元前 8000 年，古代苏美尔人就用河边的黏土捏成一个个小圆球，用来记事或物品交换。随着商业的发展，陶筹变得越来越复杂，上面开始刻有符号或被打洞，而且被放置在一个空心的泥球里长期保存。人们逐渐用泥球表面的芦苇笔印迹取代陶筹，圆的泥球也变成了扁的泥板，文字从此诞生。

3.“解放嘴巴”说

苏美尔人神话传说也记录了楔形文字的诞生：为了收集修建神庙的木材、天青石和金银，一名使者要牢记国王的嘱托远赴他国，转述国王的旨意，回来的时候，他又

要转述他国国王的回复。反复多次，使者传递的信息越来越多，他的嘴越来越难完全传达信息原意。一位国王试着将旨意写在泥板上——文字诞生了，而使者的嘴巴也终于得到解脱。

2.1.2.3 《汉谟拉比法典》

公元前1757年，汉谟拉比完成了两河流域的统一大业。为巩固国家政权和发展经济，汉谟拉比主导依法治国，他继承和发展了苏美尔和阿卡德时代一些城市的成文法或习惯法，以《乌尔纳姆法典》为范例，结合阿摩利人的氏族部落习惯法，制定了著名的《汉谟拉比法典》，也是迄今世界上最早的一部完整保存下来的成文法典（图2.5）。

图2.5 楔形文字刻写的法典内容和汉谟拉比法典石柱（伊朗苏萨出土，【法】卢浮宫博物馆馆藏）

汉谟拉比从影响两河流域统一的核心问题——水资源分配及水治理入手，将兴修和管理水利工程纳入法律规定，作为国家发展经济、统辖各地区、维持国家统一安定的政治武器。《汉谟拉比法典》因统一两河流域而生，与两河流域独特的水环境、水文化密切相联，直击因水资源分布不均而导致不同文明模式冲突的核心问题，并由此影响到法典中关于农业、手工业、商业、金融及社会关系、家庭规范等相关法律、法令。

2.1.2.4 “空中花园”

从公元前19世纪古巴比伦王国统一两河流域到公元前6世纪前后，巴比伦一直是西亚最繁华、最壮观的都市。特别是尼布甲尼撒二世王朝（公元前605—公元前562年）统治期间，新巴比伦城进入鼎盛时期。彼时，史无前例的扩建工程使巴比伦以宏伟的城市和豪华的宫殿闻名天下。据记载，扩建的新巴比伦城呈正方形，每边长约20千米，外面有护城河和高大的城墙，主墙每隔44米有一座塔楼，全城有300多座塔楼，100个青铜大门，城内有石板铺筑的宽阔通衢，还有90多米高的马都克神庙。幼发拉底河穿过城区，上有石墩架设的桥梁，两边有道路和码头，其恢弘壮阔可见一斑。

国王的宫殿奢华至极，宫墙用彩色瓷砖和精美的狮像装饰，宫中还以“空中花园”装点，古称“悬苑”，被世人列为世界七大奇迹（图2.6）。

“空中花园”最令人称奇的应属供水系统。巴比伦雨水不多，而空中花园遗址远离幼发拉底河，研究认为空中花园应有大量的输水设备，奴隶不停地推动紧连着齿轮的把手，把地下水运到最高一层的储水池，再经人工河流返回地面。而另一个令人称奇的是空中花园的养护工作。研究发现：空中花园常年经受水的侵蚀而不倒，是由于所用的砖块与别处不同，它们被加入了芦苇、沥青及瓦，更有文献指出砖块被加了一层铅，以防止河水渗入地基。

图2.6　古巴比伦北宫遗址

2.1.2.5　引渠灌溉

两河流域土地肥沃，水源丰富，非常适宜农业生产。但由于幼发拉底河和底格里斯河上游的降雨量大，汛期长，又严重影响农业生产发展。苏美尔人在泥板上留下这样的诗句："奔腾咆哮的洪水无人能敌，它们撼天动地冲毁了刚刚成熟的庄稼。"定居于此的苏美尔人，在公元前5000年，就开始通过排除沼泽的水和利用两河的水，奠定了灌溉农业的基础。至公元前4000年的中期，两河流域已经开始引渠灌溉，并形成了较大规模的灌溉网。

与古埃及人在尼罗河上建筑堤坝和水库不同，古巴比伦在洪水治理上采取疏导的方式，通过大规模挖沟修渠疏导洪水流向、控制流量，不仅治理了洪水，也为农业灌溉提供了便利条件。彼时，正值两河流域经济繁荣时期，王权统治者专门制定国家法律以保障水利设施的合理利用。

2.1.3　两河文明衰落

关于两河文明的衰落，现代地理学和生态学专家研究认为：引水灌溉与环境变迁，造就了两河文明，也湮灭了两河文明。生态的恶化，人类战争的推波助澜，终于使古巴比伦葱绿的原野渐渐褪色，高大的神庙和美丽的花园也随着马其顿征服者的重新建都和人们被迫离开家园而坍塌。如今在伊拉克境内的古巴比伦遗址，尽显满目荒凉。

2.1.3.1 自然环境恶化

两河流域灌溉农业与古埃及相比，有许多不利的地方。两河流域上游雨量变化较大，下游易形成沼泽。古巴比伦人学会了引水灌溉，却不懂如何排水洗田，使森林、水系破坏严重，河道和灌溉沟渠淤塞。同时，过分灌溉和水渠渗水，造成美索不达米亚平原地下水位升高和土壤中盐分的积累，给这片沃土罩上了一层又厚又白的“盐”外套。

耕地盐碱化日趋严重，使对盐敏感的小麦平均亩产不断减少。公元前2400年，小麦产量每公顷2600千克。公元前2100年，小麦产量降到每公顷1500千克，至公元前1700年，小麦产量只有每公顷1000千克了。与此同时，小麦的种植面积更是大幅度减少。公元前3500年左右，美索不达米亚南部小麦和大麦种植面积大致相等，但公元前2500年，小麦种植面积减少到15%左右，公元前2000年，小麦种植面积只剩下2%。

为了应对盐碱化的威胁，整个两河流域的文明，不得不伴随盐碱化向北移动，去占领那些未开垦的土地，最终使灌溉的土地不断被盐层所布满。两河流域这块哺育了古代文明，曾被誉为神话中伊甸园的所在，今天80%的耕地已盐碱化，其中1/3已无法耕作，成为一片不毛之地。

2.1.3.2 社会环境变迁

两河流域这片富饶的新月沃土，历经频繁的王朝更迭、政权演变和民族冲突。它的历史充满刀光剑影、腥风血雨，很难有持久稳定的繁荣。周围众多的游牧部落逐鹿于新月沃土，一个城市兴起又衰落，一个部落赶走了另一个部落，一种语言代替了另一种语言。据粗略统计，从苏美尔城邦到公元前539年波斯占领巴比伦，历史上先后有苏美尔人、阿卡德人、库提人、阿摩利人、加喜特人、赫梯人、亚述人和迦勒底人等不同民族称雄于两河流域，经历了苏美尔城邦、阿卡德王国、乌尔王朝、古巴比伦王国、亚述帝国、新巴比伦王国等主要历史时期。其间，还有数以百计的民族、小邦，为了争夺领土、霸权，进行了无数次的战争。

与此同时，开放的地理环境，使两河流域的商品经济较早发端和兴盛。而两河流域广泛的商品生产与商品交换，加深了社会各阶层的贫富分化，导致债务奴隶制的形成与发展。这一制度一方面促进两河流域文明的发展，另一方面其潜在的“文化惰性”又制约着文明的演进。

2.1.3.3 游牧民族入侵与生活腐化

游牧民族的入侵与当地各阶层的生活腐化，可以说是古巴比伦文明消失的人为原因。古巴比伦丰富的农作物、堆满谷物的粮仓和令人眼花缭乱的各种奢侈品，深深地吸引着游走在大草原和沙漠地区的饥饿游牧民族。公元前 1700 年至公元前 1500 年以及公元前 1200 年至公元前 1100 年间，共发生了两次大规模的入侵。入侵者通常都会骑马，用铁制武器作战。除了中东外，各地文明最终均毁于这两次入侵。而面对外族入侵，古巴比伦的神庙圣妓制度等，使各阶层沉溺于腐化生活无心抵抗，最终被波斯人轻易征服。

课后习题 2.1

课后习题 2.1 答案

两河流域文明持续了 3000 年之久，在希腊、罗马的古典文明兴起以后逐渐被历史的洪流所淹没。两河文明在人类的不自觉行为中遭到严重破坏，残留的文物深埋于厚厚的黄沙之下。伊拉克独立后，国家专门设立博物馆收集文物，其中巴格达考古博物馆以丰富的藏品位列世界十一大博物馆之一。但不幸的是，和这个多灾多难的国家一样，这些人类历史的宝库屡遭战火摧残。长达 8 年的两伊战争给两河流域的文物带来灭顶之灾，而海湾战争中联军地毯式的轰炸又使无数文物古迹灰飞烟灭，大量文物流散海外或彻底被破坏。一个失落的文明遭到掠夺和践踏的现象在历史上屡见不鲜，但还没有一种文明像两河文明一样浩劫频仍。

2.2 尼罗河周期性自然馈赠

2.2 尼罗河的赠礼

❶ 尼罗河文明的孕育、兴盛与尼罗河的关系。

❷ 尼罗河水神崇拜渊源。

❸ 尼罗河文明的典型成果。

学习思考

❶ 通过尼罗河文明兴衰与尼罗河之间的关系，思考尊重自然、顺应自然、保护自然的重要性。

❷ 尼罗河治理与国家统治的密切关系给予世人哪些启示？

在古代世界很多地方，洪水泛滥是重大自然灾害之一，它给人类带来巨大灾害。但尼罗河水的泛滥带来的却不全是灾害，还有肥沃的土地和古埃及文明的生机。尼罗河规律性地在每年 7—10 月定期泛滥，不仅对流域周边耕地进行了“自然灌溉”，同时还给流域带来大量肥沃土壤，为古埃及农业发展提供了得天独厚的条件。尼罗河，孕育了埃及这块古老而神秘的土地，它赠予古埃及发达的农业文明，赋予法老崇高的

地位与权力。河畔耸立的金字塔、盛产的纸草、神秘莫测的木乃伊以及尼罗河上的古船等，无不显示着古埃及文明的辉煌。

2.2.1 水利资源得天独厚

古老的尼罗河，在大约6500万年前已经存在。尼罗河贯穿非洲东北部，流经坦桑尼亚、卢旺达、布隆迪、乌干达、埃塞俄比亚、苏丹和埃及等国，最后注入地中海。全长6740千米，是非洲第一大河和世界第二长河，其流域面积280万平方千米，相当于非洲大陆面积的1/10。它与巴西的亚马孙河、中国的长江、美国的密西西比河并称为世界四大长河。

尼罗河由青尼罗河、阿特巴拉河和白尼罗河三条河流汇聚而成，白尼罗河发源于非洲东部赤道附近的维多利亚湖，青尼罗河和阿特巴拉河发源于埃塞俄比亚高原，青、白尼罗河在喀土穆汇合流入埃及境内，形成了世界著名的埃及尼罗河。青、白尼罗河，因河流浊、清而得名。青尼罗河流域，由于混合着大量泥沙，水流看起来比较浑浊。白尼罗河融合赤道地区的降雨和高山融水，水流较为清澈。青尼罗河是尼罗河河水的主要供给源，尼罗河流量的6/7来自青尼罗河，只有1/7来自白尼罗河。流经埃及境内的尼罗河河段虽只有1350千米（全长6671千米），却是自然条件最好的一段，平均河宽800 ~ 1000米，深10 ~ 12米，且水流平缓。南部的尼罗河谷地自苏丹到开罗这段狭长的地带被称为上埃及，北部尼罗河三角洲自开罗到地中海沿岸被称为下埃及。

大约在1万年以前，古埃及和北非的气候处于湿润温和阶段，降雨充沛，到处都是绿色的草地。此后，随着北非气候越来越干旱，这里广阔的草原变成了沙漠，原始人类只能定居在有水源的尼罗河谷地和尼罗河三角洲，从而使这里成为人类文明的发源地之一。

尼罗河流域的西面是利比亚沙漠，东面是阿拉伯沙漠，南面是努比亚沙漠和飞流直泻的大瀑布，北面是三角洲地区没有港湾的海岸。尼罗河河水纵贯古代埃及全境形成的独特地理环境，深刻而持久地影响着古埃及人的农业活动，对上、下古埃及社会历史的发展产生了巨大影响。古埃及文明正是起源于上述尼罗河两岸充满生机的绿色狭长地带，从公元前4000年到公元7世纪，历经31个王朝，留下了丰富的文明遗产。

没有尼罗河就没有古埃及，古埃及的生存依靠尼罗河的泛滥。“尼罗，尼罗，长比天河”，是苏丹人民赞美尼罗河的谚语。古埃及气候干燥少雨，尼罗河水为埃及人提供了生存的可能。尼罗河有定期泛滥的特点，在苏丹北部通常5月即开始涨水，8

月达到最高水位，以后水位逐渐下降，1—5 月为低水位。

9 月，尼罗河泛滥达到高潮，尼罗河两岸变成一片沼泽地。古代地理学家斯特拉伯描绘道：“除了人们的居住地——那些坐落在自然形成的山和人为高地上的规模可观的城市和村庄外，整个国家都淹没在水中，成为一个湖。而远远望去，那些城市和村庄就像湖中的岛屿。”至 11 月份，河水下落。尼罗河水有规律的上涨、泛滥、下落，每年在尼罗河两岸留下一片黑黝黝的松软、肥沃泥土。古埃及人在尼罗河两岸随着河水的涨落，有节奏地生活和劳动。

11 月是古埃及地区的旱季，气候炎热干燥，土壤的湿度只有 3% ~ 4%。尼罗河的洪水褪去后留下的淤泥在干燥的气候下开裂，地面密布各种角度裂缝，纵横交叉，大小不等，土地被切割成形状不规则的大小裂块。裂缝的深度从 0.25 米到 1.50 米不等，有些地方更深。古埃及人在尼罗河淹没地区不耕不耘，撒种之后就可坐等收获。据古希腊历史学家希罗多德记载：那里的农夫只需等河水泛滥再退回河床时，把种子撒在自家的土地上，赶猪上去踩踏，之后便等待收获了。

尼罗河的泛滥使古埃及获得良好的冲击土壤，每年土地增高量在 1 毫米之间（表 2.1），形成了被夹在撒哈拉沙漠和阿拉伯沙漠之间的巨大绿洲。而四五千年前，古埃及人就懂得如何掌握洪水的规律和利用两岸肥沃的土地。很久以来，尼罗河河谷一直是棉田连绵、稻花飘香，犹如一条绿色的走廊，充满生机。肥沃松软的土壤使尼罗河流域成为古代非洲的农牧业中心之一，并促进古代埃及社会从蒙昧走向文明。

表 2.1　　尼罗河泛滥对河谷耕地的影响

地　区		面积单位 / 千埃亩（1 埃亩 =1.04 英亩 =0.42 公顷）	每年冲积物流入量 / 百万吨	每年土地增高额 / 毫米
上埃及	汲水灌溉系统	1128	8.8	1.03
	常年灌溉系统	1192	2.8	0.31
下埃及	常年灌溉系统	3230	1.5	0.06

2.2.2　水神崇拜源远流长

河流书写民族历史，承载民族命运，滋养民族灵魂。尼罗河的周期性泛滥赐予古埃及以沃土、丰收和福祉，但洪水的肆虐又不可避免地带来饥饿、死亡和灾难。在尼罗河喜怒无常的背后，古埃及人似乎感受到一种无形的力量——神的主宰和摆布。进入文明时代后，各部落在自己的地区内有着各自崇拜的动、植物神，它们奇形怪状、

千姿百态，这便是人类最初的图腾崇拜。古埃及人将公牛、狮子、豺、鳄鱼、眼镜蛇、鹰等动物作为崇拜对象，各地各州也都有自己崇拜的神祇。随着古埃及人对自我认识的加深，对大自然的畏惧日趋减少，逐渐倾向于用自身形象塑造神祇。古埃及的神也由动物形象过渡到拟人的形象，诸神被赋予人身兽头或人身鸟头。而随着古埃及统一王朝的出现，古埃及人开始认为世界万物，如日月星辰、山川河流、飞禽走兽、草木虫鱼，完全是人的模样，但却具有神秘的超乎人类的力量。

古埃及人的灵感在想象世界自由驰骋，创造出许多神灵，编织出无数离奇的神话。于是，古埃及成了一个“神”的国度，尼罗河则成为神话的摇篮。在尼罗河孕育的这个众“神”之国，大神小神、主神次神、全国性神和地方神，林林总总，难以胜数。

图2.7　奥塞里斯与伊西斯
（【法】卢浮宫博物馆馆藏）

传说在古埃及众神中，瑞神是最大的主神。瑞是在宇宙一片黑暗和混沌时期从太古水中诞生出来的。瑞的双眼成了太阳和月亮，而他眼中滴落的泪水则化成了世间的芸芸众生。瑞又创造了空气之神苏和雾气女神特夫内特，他们的结合生下了地神盖布和天神努特。盖布与努特联姻，诞下了奥塞里斯和塞特两兄弟，以及伊西斯和奈芙蒂斯两姐妹（图 2.7）。他们之间的恩怨情仇故事，是古埃及尼罗河地区最脍炙人口的神话。

有一位贤明的国王奥塞里斯，深受子民爱戴。他的弟弟塞特嫉妒他的威望，千方百计将他杀害，并将尸体肢解成 13 块，投入尼罗河。奥塞里斯的妻子伊西斯痛哭不已，将这些碎片找回拼在一起。她的真情感动了神，遂让她怀孕生下遗腹子荷鲁斯，荷鲁斯长大后打败塞特夺回了王位。奥塞里斯被做成木乃伊后也死而复活，成为冥界之王和复活之神。伊西斯的眼泪落入尼罗河，竟使久旱缺水的大河又开始涨水。自此，每年 6 月 17 日或 18 日，古埃及人都为此举行盛大欢庆活动，称为“落泪夜”。

在阿拜多斯，古埃及人为奥塞里斯竖立了一座高高的石碑，年年都有成千上万的朝圣者跋山涉水、千里迢迢前来拜谒，以求死后得以复活。奥塞里斯端坐在冥国的法堂上审判亡灵，根据死者身前的善恶功过，确定是否准予复活。而塞特的罪恶行径也受到众神与世人的谴责，他被贬为恶神“沙漠风暴之神”，只能与魔鬼为伍。

除了人所共知的地上的或者说人间的尼罗河之外，还有所谓天上的和阴间的尼罗河。女神萨泰特坐在金船里跟随天狼星在天际航行，她的宝石水壶里源源不断地流出的水，形成了天上的尼罗河。至于阴间或冥世的尼罗河，则是每天从西方落下的太阳夜里随着死魂灵率领的舰队前往东方。随着天狼星的升起，尼罗河的汛期也开始了。这时也正好是古埃及人最喜爱的所谓“开年节”（即新年）。这天，人们要向尼罗河献祭，以期尼罗河帮助实现自己的愿望。在阿斯旺的神庙里，人们向河神哈比献上纸莎草纸写的礼品清单、鲜花，以及用陶罐盛装的酒、油或牛奶。

古埃及是古代世界中宗教意识最强烈、最浓厚的文明国家之一。古希腊历史学家希罗多德曾在他的《历史》一书中说：“他们比任何民族都更为相信宗教。”纵观古埃及宗教，可以发现，对它影响最深刻的是两个自然环境因素——太阳和尼罗河。古埃及人视尼罗河为神明，称尼罗河为哈比神，即“泛滥的洪水”。

2.2.3 水文化遗产丰富多彩

尼罗河是古埃及的母亲，古埃及是尼罗河的赠礼。公元前 3500 年，古代埃及进入文明时代，尼罗河两岸诞生了几十个早期奴隶制国家。从公元前 4000 年至公元 7 世纪，古埃及历经 31 个王朝和近千年的外族统治，留下了丰富的文明遗产。古埃及文明以物质上的高度发达和宗教在各文化领域的渗透为主要特色。每每谈及古埃及，人们无不想起古埃及的水利灌溉，以及太阳历、纸草、金字塔、神庙和神秘莫测的木乃伊等。凡此种种，代表古埃及文明的标志性符号，无不与尼罗河息息相关。

2.2.3.1 水利灌溉

据现有史料考察，古埃及早在公元前 3100 年就开始水利灌溉。尼罗河虽然提供了肥沃的土壤和自然灌溉条件，但农业产出无法满足古埃及社会发展和人口快速增长的需求。古埃及的人口从公元前 5000 年的 10 万人增加到公元前 1200 年的 300 万人，人口增加了 29 倍。庞大的人口需要有足够的耕地面积和较为先进的生产力提供支撑，人们开始修堤筑坝、开渠导流，使原本不适合耕种的土地变成良田，不仅扩大了耕地面积和农作物种植面积，同时也提高了农作物产出，增加了农作物种类，其中法尤姆地区的农业开发就是一个典型。

2.2.3.2 天文历法

早在公元前 3400 多年前，定居在尼罗河谷或徘徊于河谷附近的先民拥有一个巨大的季节时钟——尼罗河河水。因为尼罗河的泛滥以及泛滥水位的高低直接影响到农业生产。同时，他们还发现，每当泛滥的尼罗河水涌到今天的开罗附近时，天空中有一颗最亮的星与太阳同时从地平线升起。这颗星叫作天狼星，被古埃及人尊为伊希斯

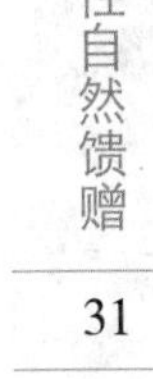

女神，传说尼罗河泛滥是由她的眼泪引起的。由于备耕的需要，古埃及人根据尼罗河的泛滥和作物生长的规律，制定了世界上最早的太阳历。

古埃及人把一年一度的尼罗河开始泛滥，亦即天狼星与太阳同时在地平线上升起的时刻，作为一年的开端，将一年分为12个月，为泛滥季、播种季和收获季3个季节，每个季节有4个月。“阿赫特”是古埃及历法中的泛滥季，也是一年中的第一个季节，天狼星偕日升是其标志。“佩雷特”是古埃及历法中的播种和农作物生长的季节（生长季），一年中的第二个季节，也被认为是古埃及的冬季。“舍毛”是古埃及历法中的收获季（生长季），一年中的第三个季节，也被认为是古埃及的夏季。每个月规定为30天，年终增加5天称“闰日”作为节日，一年共计365天。

2.2.3.3 数学

古埃及常年雨量稀少，气候炎热干燥，发展农业生产全靠河水灌溉。尼罗河在每年7月雨季到来时开始泛滥，但是泛滥时间的早晚，水位的高低，常会带来不同的结果。如果尼罗河增水期水位低，那么仅仅能够泛滥、灌溉到一部分地区，反之增水期水量过大，若到了减水期则耕地里的河水没有排干，耕作也无法进行，亟待控制尼罗河水量，并且把平原和三角洲划分成灌溉盆地，在每一盆地周围筑起高大的堤岸，流进来的河水就会把淤泥沉积下来。同时，还必须开凿大的运河，把尼罗河的水引到盆地里来，待淤泥沉积到一定程度时再让河水排出去。重新丈量尼罗河泛滥冲掉的地界，堤坝的建筑及运河的开凿等测量需要和经验积累，使古埃及人已能计算等腰三角形、八边形、梯形和圆的面积，他们被誉为几何学的鼻祖。

此外，古埃及人很早就采用了10进制计算法。在现存的莱因特纸草和莫斯科纸草上记载了许多古埃及人的数学问题，表明当时古埃及人的数学已取得相当成就。

2.2.3.4 木乃伊

尼罗河有规律的泛滥，使古埃及人形成了“来世说观念”：世界是循环往复的，自然万物包括人都可以由死到生。为了来世能够复活，他们必须保存自己尸体的完整性，使灵魂能够依附并得以复活。在古埃及人心中，死亡并不是生命的终结，而是从一个世界来到了另一个永恒的世界——冥间。为了能在冥世很好地生活，保存木乃伊成为最重要的一项准备工作。古埃及人认为，尸体是死者灵魂的安息之地。灵魂能否返还，要看肉体保存是否完好无缺。考古学家在吉萨的埃及第四王朝希太普赫累斯王后的墓室发现了储藏人体内脏的容器，这是古埃及人用人工方法保存尸体的最早例子。

从现代医学角度讲，制作木乃伊的过程实际就是对人体的解剖过程。古埃及的医生们经过长期解剖尸体的历练，已经初步掌握了关于解剖学的知识，以及制作木乃伊相关的物理、化学、生物学的知识（图2.8）。古王国时期，古埃及医生的专业划分已经很细。到了新王国时期，古埃及出现了关于血液循环的医书，十八王朝时期已经存在阐述科学治疗创伤的手稿。

图2.8　棺椁中保存完好的木乃伊

2.2.3.5　金字塔、神庙与建筑艺术

尼罗河穿越古埃及全境。在河流的两岸遍布着肥沃的土地，东岸与西岸完全对称。与两岸河谷的黑土毗邻的是沙漠，西部沙漠与东部沙漠完全对称。在河流两岸黑土地与沙漠的交界处分别耸立着两座山脉，依赖黑土地生存的人们将河流两岸几乎相同的景色尽收眼底。这使古埃及人刻意追求讲究对称、和谐、永恒，并在金字塔、神庙与建筑艺术等方面表现突出。太阳从东方升起，从西方落下。与此相应，古埃及人居住在尼罗河东岸，而将墓地选在西岸。因此，卡尔纳克、卢克索等神庙都位于东岸，而金字塔则建于西岸。这正体现了古代埃及人希望生命也能像太阳一样往复循环的信念。

金字塔（图2.9）是古埃及建筑艺术的代表，也是国家控制下古埃及劳工最著名的集体劳动成果。金字塔是法老的陵墓，底座呈四方形，越往上越狭窄，至塔端成为尖顶，形似汉字的“金”字，故中文译为金字塔。在欧洲各国语言里，通常称之为“庇拉米斯”，据说在古埃及文中，“庇拉米斯”是“高”的意思。埃及境内现有金字塔七八十座，其中最大的第四王朝法老胡夫的金字塔，是古代世界七大奇观中唯一现存的古迹。

除金字塔之外，古埃及的神庙、殿堂等建筑也颇为宏伟壮观（图2.10）。尼罗河在两条狭长的土地之间，在岩石与无垠沙漠几近对称中流淌，这一自然中的对称，成为古埃及理想中智慧与艺术原则，即追求平衡对称与艺术二元性的美感。古埃及金字塔和神庙等建筑无不严格依此原则而建造。

图2.9　胡夫金字塔和狮身人面像

图2.10　卢克索神庙遗址

2.2.3.6　纸草纸

纸草纸（图 2.11）是世界上最古老的纸张，比中国蔡伦发明的纸还早 1000 年，古埃及的大量文献正是因为记录在纸草纸上才得以保存至今的。纸草纸的制作原料很简单，是生长在尼罗河三角洲地区常见的水草“纸莎草”。纸莎草的应用对古埃及文明的传承具有重大意义，古埃及不仅用纸莎草制作草船，还用它建草屋、编草鞋、草席、绳索等。在早期的古埃及建筑中，人们将纸莎草一大把一大把捆起来用作房柱，后来许多建筑的石柱也都模仿纸莎草的根茎，形成埃及大型石质建筑柱式的典型样式，甚至柱顶雕刻的图案也是纸莎草。

图2.11　古埃及纸草纸

2.2.4　法老治水兼顾溉运

在君主专制政体之下，古埃及法老是土地的最高所有者。而与土地收成关系最为密切的是尼罗河的水利灌溉，尼罗河的泛滥给古埃及人的生产和生活带来希望，也带来灾难。所以，管理尼罗河就成为当权者的一项重要任务和权力。

2.2.4.1　治理灌溉

古埃及灌溉农业的最早证据，是前王朝末期的“蝎王权标头”（图 2.12），展现了法老在一个重大仪式上亲自主持水利灌溉的场景。在“蝎王权标头”图像上，法老手持鹤嘴锄开凿河渠，面前有一“小人”形象，随员手持篮子，弯着腰，似乎要把挖掘出来的土石装上，另一名随员手持扫帚站在前一随员的身后，似乎等待最后的清理。在图刻的下方即法老脚下的底层，刻画有几条流动的波纹形象的弯曲的河渠，在其右侧立有两人，手持同样的锄头在挖掘或疏通水流。

关于河渠堤坝建设的最早的文献记载，是来自希罗多德的记载：米恩是古埃及的第一位国王，他第一个修筑堤坝把孟斐斯和尼罗河隔开，建立了现在称为孟斐斯的城市，并在它的北部和西部引出河水修筑了人工湖。这里所讲的国王米恩，显然是古埃及第一王朝的开国国王美尼斯，当时为了建城已经能够利用人工筑坝以调节河水或利用河渠排水。

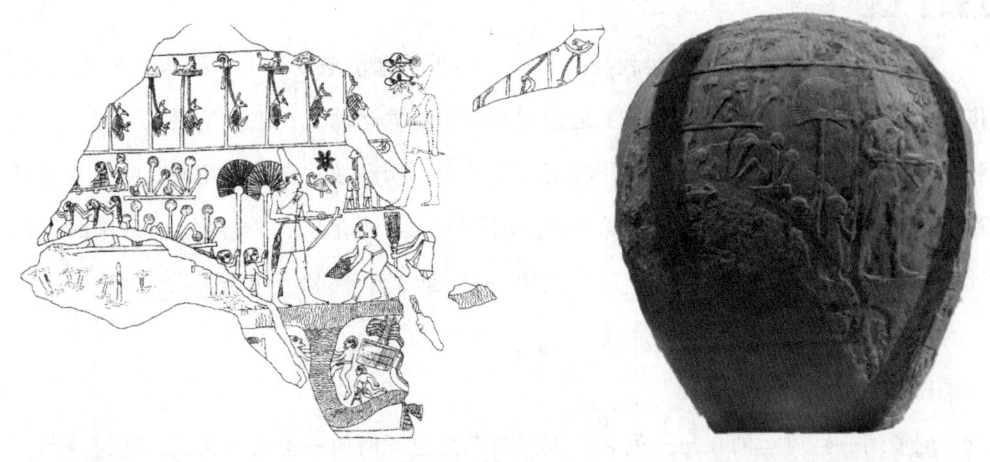

图2.12 “蝎王权标头”图刻

在古王国甚至更早的时候，倚仗强有力的国家政权，尼罗河周边建立起了很多水利工程，形成早期的灌溉系统，以解决迅速增长的人口粮食供应问题。作为古埃及最早的编年性质的官方文字记录《帕勒摩石碑》，记录了前王朝至古王国第五王朝时期的重大事件，每年尼罗河涨水的高度记录在案。其中，提及第一王朝开凿了“众神御座”庄园之湖（可能是寺庙的圣湖），是人工灌溉的间接证据。古王国时代，在吉萨和阿布·西尔之间的沙漠边缘上，凿石护岸，建筑大防洪堤和大型的人工池塘，尽管这种河渠建设连接了附近的胡夫、哈夫拉和孟考拉的河谷庙与金字塔，最初可能服务于大规模建筑石材的运输和装卸，但是作为人工灌溉的间接证据也是同样重要的。

古王国第三、四王朝之际的《梅腾墓铭文》，是关于人工灌溉工程建设的重要文献，曾提到了“被建立的居地”，意为“人工建成的”。在阿西尤特州的高地，通过安装水闸，引水绕“山”开辟耕地。在中王国时代，古埃及的治水工程建设得到显著加强。《遇难水手的故事》反映了第十二王朝开采西奈矿山而进行的海上运输，船只在首都（利希特附近）和红海南部之间往返，可以推测有一条水路运河将尼罗河和红海连接了起来。但是，隶属政府管理的较大规模河渠网道建设，或许可以追溯到中王国第十二王朝法尤姆地区关于放射形的运河系统或渠道网的建设。

灌溉系统的修建与维护是以一个庞大的国家体系作为前提的。当国家政权衰落的时候，就不再有这样的力量维持灌溉系统。古埃及从那尔迈国王统一上下埃及开始，共经历了早王朝、古王国、第一中间期、中王国、第二中间期、新王国、后期埃及时

期等7个时期31个王朝的统治。新王国以后再没出现过统一政权，尼罗河灌溉系统的破坏也愈演愈烈，这也成为古埃及逐渐衰亡的重要因素。

2.2.4.2 兴修运河

古埃及人在长期的生产实践与战争中，逐步掌握了尼罗河下游的水文地质情况，并成功地开凿了世界上第一条人工运河尼罗河—红海运河。在之后的漫长岁月里，由于泥沙经常淤积河床，这条运河几经堵塞和疏浚，历经政治更替，几易其主，从托勒密王朝时期的“希腊运河”，至罗马帝国时期的“罗马运河”，至阿拉伯帝国时期的“信士们的埃米尔”运河等。自767年始，这一航道中断11个世纪后于1869年苏伊士运河修筑完成，才得以再次通航。

1. 尼罗河—红海运河

尼罗河—红海运河在早王朝和古王国时期是尼罗河的一条天然支流，通过这条支流古埃及人可以从首都孟菲斯直接到达红海，这使古埃及很早就对西奈半岛上的矿产资源进行开发和利用，同时加强了与蓬特等地的贸易与联系。伴随着古王国时期尼罗河水位的下降以及尼罗河淤泥的沉积，到古王国后期，至迟是在珀辟二世时期，这条支流已经不能通向大海。第十二王朝时期，尼罗河水位回升，塞索斯特里斯二世顺势而为，开展大规模的水利工程建设，其中就包括疏通尼罗河通向红海的这条运河。通过这条运河，古埃及对西奈半岛矿产的开发达到空前的程度，塞索斯特里斯三世对红海沿岸地区进行了征伐，恢复了与红海沿岸等地的贸易。

新王国时期，尼罗河—红海运河荒废，第二十六王朝法老尼科二世试图重新开凿这条运河，但是没有完成，波斯国王大流士最终完成了运河的开凿。

2. 淡水运河

这是一条通过尼罗河支流间接沟通红海和地中海两海的淡水运河，它选择最东的比鲁齐支流（取自古代塞得港附近的一座已湮灭的城市名）上的城镇布佩斯特（今扎加济格附近）为起点，往东至塔哈（今艾布苏维尔地区），接通苦湖，南下直达红海口的克利斯马（今苏伊士港）。全长约150千米，宽25米以上，水深3 ~ 4米，适合于当时多桨帆船航行。据说，现在苏伊士港以北20多千米处吉奈法的一段淡水渠，是当年古运河航道的遗址。上埃及卢克索神庙至今保存着一幅壁画，记载着第十八王朝女王哈特谢普苏特（公元前1486—公元前1468年在位）派5艘帆船，每船80人，从首都卢克索出发，经开罗，通过古运河，入红海，抵达索马里，去交换黄金、香料和稀有动物。这是证明这条古运河存在的重要历史依据。

在漫长的岁月里，运河几经堵塞和疏浚。公元前610年，第二十六王朝法老尼科二世下令清除运河和苦湖之间的淤泥，但未能疏通苦湖与红海之间的水道。波斯人入侵古埃及后，大流士一世曾再次疏通运河，也未能清除苦湖与红海之间沉积物，只能在尼罗河泛滥期间，由帆船通过一些小水渠进入红海。

3. 希腊运河与罗马运河

公元前305年，希腊亚历山大大帝的部将托勒密在古埃及建立了托勒密王朝。公元前285年，托勒密二世下令清除苦湖与红海间的障碍物，使法老运河再次全线通航，历史上称之为“希腊运河”。但到王朝末期（公元前45年），运河又遭淤滞。罗马帝国取代托勒密王朝在古埃及的统治后，罗马皇帝图拉真于98年开凿了一条以他名字命名的支航道，西起开罗附近，东止阿巴塞村（位于扎加济格以东），与古运河相通，这条航道被称为“罗马运河”。到400年左右的拜占庭统治时期，运河再度淤塞。

4.“信士们的埃米尔”运河

阿拉伯人进入古埃及后，阿拉伯远征军大将阿慕尔·本·阿斯于642年恢复了开罗到克利斯马运河的通航，取名为“信士们的埃米尔”运河。阿慕尔曾设想由苦湖往北，经过稍稍起伏的平原，开凿一条直抵地中海的运河。他可能是历史上第一个提出不经尼罗河开凿运河以沟通红海和地中海的人。但他的主张遭到哈里发欧默尔的反对，欧默尔认为红海水位高于地中海，运河凿成后将会淹没三角洲平原。“信士们的埃米尔”运河通航了一百多年，对于巩固新兴的阿拉伯帝国、传播伊斯兰教、发展东西方贸易立下了汗马功劳。

767年（一说776年），阿拔斯王朝的第二任哈里发艾布·贾法尔为阻止麦加和麦地那的叛教者利用运河输送武器物资，下令在苏伊士港附近填没运河。从此，这一航道中断了11个世纪。表2.2所示是古典作家关于运河记载的对照表。

表2.2 古典作家关于运河的记载

法老	希罗多德（约公元前484—公元前425年）	亚里士多德（公元前384—公元前322年）	狄奥多拉斯（生活在公元前1世纪前期）	斯特拉波（约公元前60—约20年）	普林尼（23—79年）
塞索斯特里斯二世		据说塞索斯特里斯第一个挖掘这条河	疏通从孟菲斯到大海的几条尼罗河支流	第一个开通运河	第一个挖掘运河
尼科二世	第一个挖掘运河，未完成	重新挖掘运河	第一个挖掘运河，未完成	指出有些人认为尼科第一次挖掘运河，未完成	
大流士一世	第一个开通运河	接着挖掘运河，未完成	接着挖掘运河，未完成	接着挖掘运河，未完成	接着挖掘运河，未完成
托勒密二世			第一个开通运河	开通运河	接着挖掘运河，未完成

5. 伊斯梅利亚淡水渠

埃及总督穆罕默德·阿里帕夏（1769—1849年）统治时期，大力兴修水利，疏通旧沟渠，开挖新运河，还加固、修筑各类堤坝。1820年，建成著名的马哈茂德运河，将尼罗河水引至亚历山大及其周围河网地区，扩大耕地面积达数万费丹（1费丹=0.4公顷）。1860年为供应开凿现代苏伊士运河所需的淡水，在上述运河的基础上挖掘了伊斯梅利亚淡水渠（不能通航），将尼罗河水从扎加济格附近输送到伊斯梅利亚和苏伊士港。伊斯梅利亚水渠大体上与古运河平行，但略微偏北。

2.2.4.3 发展航海业

以法老王的名义，宏伟的船队踏上海洋之旅，去往充满宝藏的神秘之地庞特，最终满载而归。在古埃及神庙石壁上精细雕刻的这一场景，究竟是神话还是事实？女法老哈特谢普苏特统治时期的"埃及女法老船队"是否真实存在？

图2.13 哈特谢普苏特雕像

1. 法老船队

根据古埃及铭文记载，早在4500年前的旧王国时期，古埃及就已经在与其他文明进行活跃的贸易：从黎巴嫩进口木材，从地中海东部进口酒和橄榄油。关于古埃及人的远洋成就，直接的证据现在已很难获取，但留下了一些耐人寻味的线索。古埃及第十八王朝女法老哈特谢普苏特（公元前1479—公元前1458年在位）（图2.13）的神庙石壁上，刻画着五艘巨大海船从红海起航，最终满载货物回来的场景。这样史诗般的远航无疑是一个大胜利，对于巩固法老统治尤其是一个女法老的权威意义非凡。

位于卢克索的哈特谢普苏特神庙，虽然历经3500年的风化，石墙上的浮雕至今依然清晰可辨，其中多个浮雕以惊人的细节刻画了大型帆船在海上航行的情景，包括船上人员、索具和货物。专家根据浮雕图案（图2.14）和石刻文字指出，这些船没有浮华的装饰，也不见彩带和旗帜，却是真正的海船，是被哈特谢普苏特法老派遣，前往目的地庞特。

在卢克索神庙建筑群东北大约160千米的加瓦西斯（古红海港口萨乌），考古学家发现了能反映古埃及航海能力的证据——距今约3800年保存完好的石锚和船绳遗迹。在附近还发现了更惊人的证据：一堆3800年前的木箱，其中一个木箱上刻着"庞特珍品"。

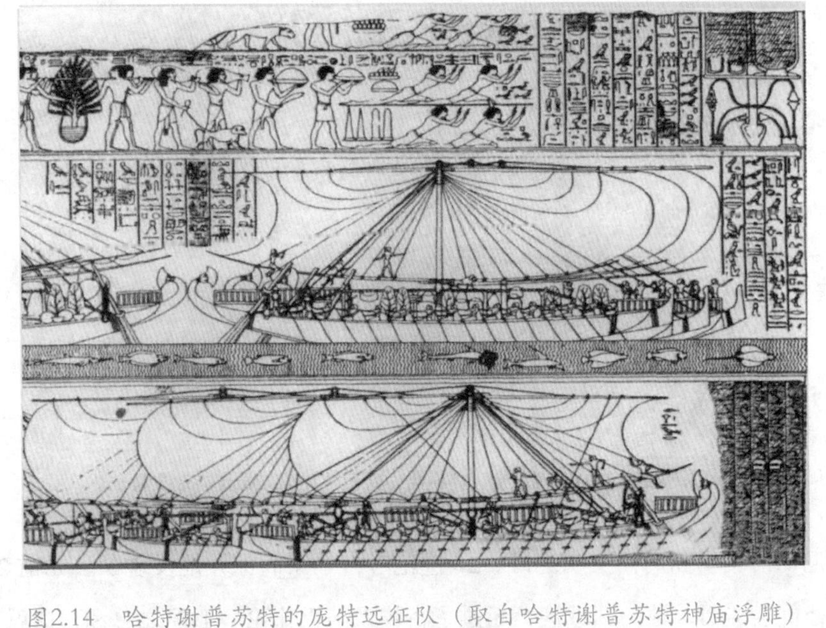

图2.14　哈特谢普苏特的庞特远征队（取自哈特谢普苏特神庙浮雕）
（资料来源：梁宏军《法老的船队（下）》）

课后习题 2.2

课后习题 2.2 答案

2. 海上商业贸易

翻开古埃及的历史，可以看到：处在帝国时期的大多数帝王十分热衷于扩张战争。作为帝王，女法老哈特谢普苏特的统治是出色的。她不像新王国时期大多数男法老那样热衷于劳民伤财的扩张战争，而是把主要精力放在发展经济贸易和文化建设方面。女法老组建贸易船队，向海外扩展。船队沿红海南下，在靠近亚非交界处的曼汇海峡登上庞特国土地。据记载，当满载货物的商队返回古埃及港口时，女法老的书吏登记了进口货品："神圣之国的各种木材、成堆的香料树脂和绿色的活香料树苗、黑檀木和白象牙、黄金和白银……还有狒狒、长尾猿……再加上皮肤漆黑的土著人以及他们的黑孩子。没有任何一个居住在北方的法老能运回过这样多的货物。"

这次贸易的成功，在古埃及历史上影响巨大。大量优质木材进口，繁荣了古埃及的土木建筑业和木雕艺术。特别是活的香料树的成功引入，更是令古埃及人精神振奋。因为香料树脂是古埃及人制造"木乃伊"的重要用料，而在此之前，古埃及国内还没有这种树脂的来源。至于此次远航带回的具有异国情调的黑种土著人及那些珍奇动物，大大开阔了古埃及人的眼界，使他们对古埃及之外的世界有了形象具体的了解。女法老组织的这次大规模的商业贸易，不仅开拓了古埃及与海外联系的通道，也为古埃及经济发展、艺术繁荣以及医学事业的辉煌创造了条件。在女法老统治时期，古埃及同小亚细亚、红海南岸、希腊、爱琴海岛屿均有贸易往来。繁荣的对外贸易，使古埃及经济处于鼎盛的黄金时代。

2.3 印度河、恒河水主沉浮

本节重点

❶ 古印度文明发展与印度河、恒河流域变迁的关系。

❷ 印度河、恒河与印度宗教崇拜产生的渊源。

❸ 古印度文明典型成果。

学习思考

❶ 从流域变迁对古印度文明的深刻影响，体悟生态文明建设对人类可持续发展的重大意义。

在尼罗河文明和两河文明之外，20 世纪考古学家们惊异地发现了公元前 2500 年的另一处古老文明，她的领域甚至超过了古埃及与巴比伦、亚述之总和，这就是神秘的古印度河文明。早在 4000 多年前，印度河流域已进入以农业为主、牧业与手工业为辅的高度发达的城市文明阶段。然而如此发达的文明，仿佛一夜之间消失了，给后人留下迄今未能揭开的谜团。

2.3 印度河、恒河文明涅槃

今天我们对古印度河文明的了解，主要来自摩亨佐·达罗遗址、哈拉帕遗址及其周边遗址的考古发掘。透过无数残砖碎瓦，聆听它诉说往日的辉煌。

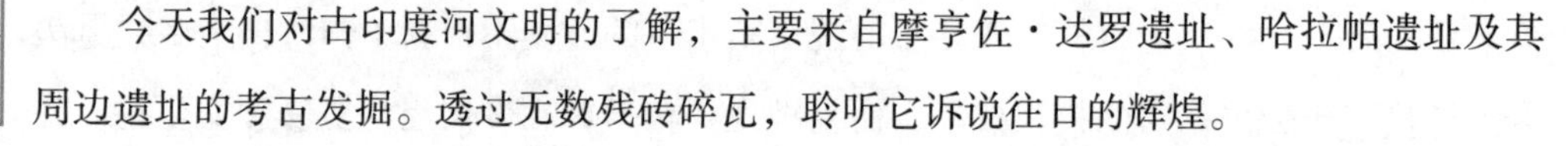

2.3.1 古印度文明曙光

古印度指古代南亚地区，包括现在的印度、巴基斯坦、尼泊尔、孟加拉、斯里兰卡、马尔代夫、不丹以及古印度王朝的大片疆域。波斯人和古希腊人称印度河以东地区为印度，我国的《史记》和《后汉书》称之为“天竺”，玄奘在《大唐西域记》中从印度河的名称引申而始称其为“印度”。古印度文明以其异常丰富的玄奥和神奇，深深地吸引着世人，并对亚洲诸国产生过深远的影响。

印度河全长 3180 千米，流域面积 96 万平方千米，它发源于中国境内的冈底斯山西侧，上游一段称狮泉河和葛尔河，进入印度后先向西北流经克什米尔，再向西南纵贯今巴基斯坦，最后注入阿拉伯海。印度是地球上屈指可数的几个人类文明发源地之一，在古代印度，曾先后出现过几个文明。距今 4000 多年前，以印度河流域为中心，方圆 50 万平方千米的土地上，大量用火砖盖起的房屋，规划严整的城市，先进的供排水系统，刻画精美的印章……一切都在向后人昭示，一个代表着当时世界发展顶尖水平的文明，这就是被印度学专家称为印度文明“第一道曙光”的哈拉帕文化。

2.3.1.1 河谷城市

古印度河文明是高度发达的城市文明，哈拉帕文明从何起源至今是个谜。截至2008年，人们所发现的哈拉帕文明遗址总量已经达到1022个，其中406个在巴基斯坦，616个在印度，但只有97个进行了考古发掘。哈拉帕文明覆盖区域广泛，面积在68万～80万平方千米。这些遗址分布在阿富汗，巴基斯坦的旁遮普、信德、俾路支以及西北部边境，印度境内有查谟、旁遮普邦、哈里亚纳邦、拉贾斯坦邦、古吉拉特邦以及北方邦西部。考古发掘遗址中，以哈拉帕和摩亨佐·达罗这两大城市最为著名，在公元前3300年就已经颇具规模。

根据考古学断定，哈拉帕文明兴盛时期大致在公元前3000—公元前1750年，具体地说，其中心地区兴盛时期约为公元前2300—公元前2000年，周边地区兴盛时期约为公元前2200—公元前1700年。哈拉帕文明是一个非常漫长、复杂的文明演进过程，至少可以分为三个阶段：早期哈拉帕（公元前3300—公元前2600年），是城市的雏形阶段；成熟哈拉帕（公元前2600—公元前1900年），是城市发达阶段，也是哈拉帕文明羽翼丰满、大放异彩的阶段；晚期哈拉帕，是城市渐渐衰亡的文明末期。亦有学者将哈拉帕文明大致分为五个阶段：①早期哈拉帕拉维阶段；②早期哈拉帕考特—迪吉阶段；③成熟哈拉帕阶段，该阶段又可以细分为：成熟哈拉帕A阶段、成熟哈拉帕B阶段、成熟哈拉帕C阶段；④晚期哈拉帕阶段，亦称晚期哈拉帕过渡阶段；⑤后哈拉帕阶段（表2.3）。

表2.3　　哈拉帕文明五个阶段

序号	阶　段	时　间
1	早期哈拉帕拉维阶段	早于公元前3300—公元前2800年
2	早期哈拉帕考特—迪吉阶段	公元前2800—公元前2600年
3	成熟哈拉帕A阶段	公元前2600—公元前2450年
	成熟哈拉帕B阶段	公元前2450—公元前2200年
	成熟哈拉帕C阶段	公元前2200—公元前1900年
4	晚期哈拉帕（过渡）阶段	公元前1900—公元前1800年
5	后哈拉帕阶段	公元前1800—晚于公元前1300年

早期哈拉帕向成熟哈拉帕阶段过渡的过程中，城市出现并且从早期集中在印度河中下游和萨拉斯瓦蒂河中上游扩展，逐渐囊括了今古吉拉特邦的索拉什特拉区域，即印度西部半岛地区。但最大的变化出现在西部半岛，其城市数量猛增。

成熟期哈拉帕典型城市有：哈拉帕、拉吉加希、卡里班干、摩亨佐·达罗和朵拉维拉。

大量城市遗迹发现，哈拉帕文明的主要经济是农业，手工业有一定规模，制陶（图2.15）和纺织是两个重要部分。当时居民以大麦、小麦为主要食粮，还食用椰枣、果品等，能够驯养牛、羊等动物及家禽。哈拉帕文化遗址中除出土了许多石器（图2.16）外，也发现了大量铜器。此外，还发现了染缸，出土了许多精美绝伦的手工艺品包括颈环、胸饰、指环等。这表明当时人们已经掌握了金银等金属加工技术和纺织品染色技术，纺织业与车船制造业等也已高度发达。

图2.15　出土陶器

城市的繁荣使商业兴盛一时，国内外贸易往来频繁，曾在两河流域发现了印度河印章。在大量古迹遗存的发掘中，发现了它与伊朗、中亚、两河流域、阿富汗，甚至缅甸、中国等贸易的佐证。洛塔尔海港遗址的发现，进一步印证了当地与苏美尔的海外商业已经常态化。

2.3.1.2　水文明符号

1. 城市水利

哈拉帕和摩亨佐·达罗两座古城，城市规划井然有序，建有完备的供、排水系统。城市街道很宽，从住户到大街地势依次降低，良好的排水设计利于防洪和排水。每家每户都有水井、浴室、厕所、下水道，居民享受着高水平的洗浴、卫生设施。各家下水道彼此相连，集中流入地下化粪池中。摩亨佐·达罗城内建有大浴池，很像现代比赛用的游泳池，有学者推测这既不是浴池也不是

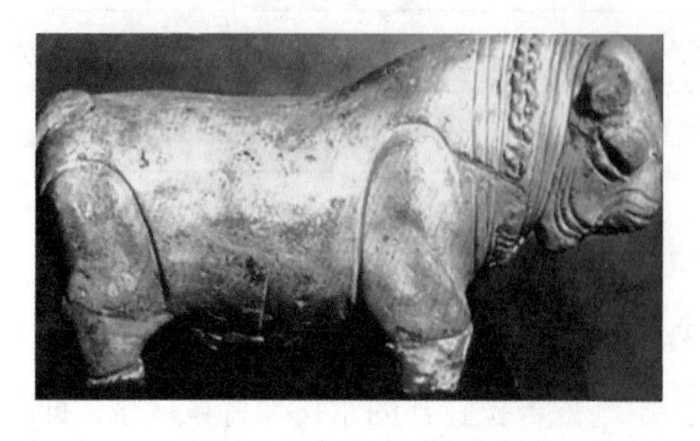

图2.16　出土石质犀牛

泳池，可能是宗教用的公共沐浴场所。

此外，城中出现了地势较高的城堡区（卫城）和较低的居住区的差别，标志着统治者和国家机器已经诞生。一些学者根据城堡内的大浴池，猜测“印度河的统治阶级以宗教作为统治的手段，用沐浴这样的宗教礼仪彰显地位。这个文明可能是由祭司们以和平的宗教方式进行统治的”。

哈拉帕文明对于水的利用技术很高，与摩亨佐·达罗（图 2.17）地处内陆不同，洛塔尔靠近大海，在这里发现了一个巨大的船坞，也是迄今发现的哈拉帕文明遗址中唯一一个有船坞的城市。船坞位于城东，南北长、东西窄，长 216 米、宽 37 米。在当时看来，这绝对是一个巨大的船坞。同时，洛塔尔城南边还发现了一个粮仓。其他地区的粮食通过河流运送到洛塔尔，洛塔尔的船坞就是一个大码头。可见哈拉帕文明发展水平已经达到相当的高度（图 2.18、图 2.19）。

图2.17　摩亨佐·达罗的井、排水沟（左）和公共浴池（右）

图2.18　洛塔尔船坞遗址

图2.19　洛塔尔粮仓遗址

与上述城市比，朵拉维拉城遗址在城市布局和水利设施上又有新的变化和发展。朵拉维拉的城市布局与其他哈拉帕城市有一个显著的不同，那就是它的中心城区的布局。以往哈拉帕城市在结构上分为两个部分——处于高处的城堡和相对较低的下城区，朵拉维拉出现了第三个城市区域，这似乎意喻城市居民的身份可能复杂化了。在

水利建设上，朵拉维拉有三个特点：一是在城市周围的重要河流上建设堤坝，调节河水，防御旱涝；二是在朵拉维拉发掘出了哈拉帕文明中最大的水井；三是除了地上的排水系统外，朵拉维拉还建设有地下排水通道（图 2.20）。

图2.20 朵拉维拉蓄水池（左）和水井、排水沟（右）

2. 交通与贸易

印度河沿岸土壤肥沃、供水充裕，已发掘的城市大都建在印度河河边，并开凿运河、建造码头，利用河川交通便捷。印度河文明和两河文明，在公元前 3000 年—公元前 2000 年，以波斯湾的巴林岛为中转站进行大规模的、有组织的贸易。印度河流域发现了当地比较匮乏的天青石打造的装饰品，阿拉伯海对面的阿曼则出土了大量来自印度河文明的红玉髓珠、青铜武器和哈拉帕陶器，丹麦考古队在波斯湾巴林岛发现类似摩亨佐 · 达罗的砝码以及印章。同时代的苏美尔艺术品上，可以看到古印度艺术品的风格，有学者甚至将这一时期的古印度艺术称作印度 – 苏美尔型艺术。

3. 宗教与艺术

印度河古文明中，原始崇拜及一些简单的仪式已经存在，古城内建有人工祭坛、神殿与会议设施。遗址中出土的精美艺术品，证实了古印度河居民的艺术才华。印章上的独角兽、公牛、老虎、树木等图案，丰乳肥臀、戴精致头饰、束华美腰带的女神雕像，这也许就是古印度人崇拜的图腾（图 2.21）。此外，还有各种栩栩如生的陶像、精致的装饰品，遗址中出土的一尊披着三叶草图案披肩的男子像，披肩包住左肩、露出右肩，极似印度佛教“偏袒右肩”的着装法。这似乎证实了后来的吠陀文明并非雅利安人独创，与印度河文化有着一定关系。

2.3.1.3 古文明消失

哈拉帕文明延续了 8 个世纪之久，约公元前 1800—公元前 1750 年突然消失。哈拉帕文明消失的原因一直是学界争论的话题，考古学家、人类学家和历史学家对此谜团的探索一直在进行，但任何一种推测都因缺乏足够的证据而难以说服所有人。可以肯定的是，哈拉帕晚期之后城市与城市中心慢慢消退，印章和铭文也从文化场景中完全消失（图 2.22）。城市在一个世纪之后才在次大陆上再次出现，但大多数却分布在恒河流域。

图2.21　摩亨佐 · 达罗、哈拉帕古城遗址中大量出土的母亲女神雕像

图2.22　摩亨佐 · 达罗、哈拉帕古城遗址出土的印章、秤砣和条牌

1. “外族入侵”说

持“外族入侵”说的学者一致认为，大约在公元前 1750 年，印度河流域的一些城市遭到了很大的破坏，特别是摩亨佐 · 达罗的毁灭。考古学发现，摩亨佐 · 达罗城城市街道房屋有被烧的痕迹，街巷、井边及房屋内外有居民被砍伤的骸骨。

摩亨佐 · 达罗城经过一次大规模的入侵，居民东奔西逃，从此古城荒凉了。哈拉帕文化区的其他城镇也遭到了或轻或重的破坏。值得人们关注的是，在这里人们发现

有新的陶器类型与哈拉帕文化并存，这说明新的入侵者占据了哈拉帕文化区域。但这些新的入侵者是谁？

2.“地质生态变化”说

有学者认为印度河文明不是突然衰落而是逐渐衰落的，印度河河床的改造、地震以及由此而引起的水灾等生态环境恶化使印度河文明灭亡。4200 年前在黑海以东的大草原上，气候突然改变，雨量减少逐渐沙漠化。而且人们滥伐森林造成水土流失，水利工程失修引起洪水泛滥，淹没了摩亨佐·达罗。由城市遗迹内厚达 30 ~ 70 厘米的堆积土层推测，摩亨佐·达罗古城至少受到三次大洪水侵袭，城市几乎成为废墟。河流改道淤塞，河床升高海水后退，造成港口城市交通困难、贸易衰落，迫使印度河流域的大批居民放弃所居中心城市，向东南迁徙到恒河流域温湿地带，在扩散的过程中，城市文明的特征逐渐消失。

3.“城市乡村化”论

当印度河流域人口发展到印度河地区生态系统的最大限度，随着人口的增加，采用无灌溉、无深耕的耕作方式已无法供养如此多的人口，所以城市中的居民纷纷从东北部向朱木拿河和恒河方向发展，从东南部向古吉拉特地区进展。在移民过程中，城市居民丢掉了不再有用的城市文化，转向村落和游牧文化。晚期哈拉帕的主要特征就是城市网络的解体和乡村地区的扩大。

哈拉帕城市由于种种原因解体后，人口向东南方向迁徙，古吉拉特邦、马哈拉施特拉邦北部人口与聚居区明显增多。城市解体了，乡村却在不断发展壮大，甚至农业还有了一定的发展，比如俾路支平原有了一年两熟的种植技术。卡奇平原上的居住区相当多，种植农作物品种也多，灌溉系统成熟。古吉拉特邦和马哈拉施特拉邦种植了很多种粟米作为夏季作物。另外，棉花、扁桃树、胡桃、鹰嘴豆、绿豆、豌豆、红豆、小扁豆等多种农作物品种都得到了种植。农业的发展和乡村的壮大是孕育城市的重要因素，城市在印度次大陆上不会永远消失不见，一种全新的城市文明正在酝酿之中。

2.3.2 吠陀文明诞生

古印度的疆域曾覆盖印度次大陆的大部分地区，包括现今印度、巴基斯坦、孟加拉国、阿富汗南部部分地区和尼泊尔、斯里兰卡，这些地区有很多城市与港口是陆上与海上丝绸之路的重要节点。公元前 2 世纪到公元 1 世纪之间，中国汉朝相继开拓海上与陆上丝绸之路，贸易路线一路绵延向西。与此同时，印度次大陆上深刻的社会变化正在发生——雅利安人与原住民共同建立的吠陀文化和恒河文明已经繁荣昌盛。印度本土的佛教圣城与佛学中心繁荣兴盛，丝绸之路使得印度次大陆境内的贸易与世界联成整体，这一切都带来了城市必然的发展，印度的第二次城市文明——吠陀文明拉开了序幕。

2.3.2.1 流域文化迁移

经过哈拉帕文化神秘消失后短暂的“黑暗时期”，一批批自西北方涌入次大陆的雅利安人成了这块土地的主人。约公元前 1200 年，在印度河流域站稳脚跟的雅利安人，沿着河流向东迁移至恒河、朱木那河流域平原之间，他们继承古印度文明并带来具有明显原始文化色彩的新文明体系——吠陀文明，印度历史新的篇章由此展开。印度的社会政治和文化中心也由印度河流域转移到恒河流域。

吠陀文明是雅利安人入侵者带来的新的文化体系，得名于其文化圣典——《吠陀经》(*Veda*)。早期吠陀时代的历史，既没有任何考古遗址可以查证，又没有文字记载。由于雅利安人是游牧民族，文字发展较晚，自印度河流域那个尚未破解的书写系统消失后，直到公元前 3 世纪，文字首度被引进印度，《梨俱吠陀》一书是有记载的最早的印度历史。之后，又有被称为“后期吠陀”的《沙摩吠陀》《耶柔吠陀》和《阿闼婆吠陀》等经典产生，并称《吠陀经》。

考古证明，当时古印度文明的发展水平很高，远不是雅利安人所能超越的。当雅利安人侵入印度后，他们也一并继承了印度文明，与原居民协同进步，使农业和手工业高度发展，社会分工也逐渐明确，商品经济突飞猛进。到公元前五六世纪时，印度已经步入铁器时代。吠陀文明加速发展，并进入高水平的成熟期——婆罗门教文明。吠陀文明和婆罗门教文明前后相承成为整体，产生了今天印度人民视为自身文明之源的成果——吠陀经典、历史史诗、梵文、种姓制度……许多有形的和无形的文化一直延续至今。之后，印度文明的发展一直继续，中世纪和近现代，伊斯兰文明、西方文明又先后扎根次大陆，不断输送新的营养，最终铸造出印度文明多元性、包容性和丰富性的特点。可以说，现代印度文明由于古印度文明从印度河流域向恒河流域迁徙而获得涅槃重生。

2.3.2.2 第二次城市文明

恒河发源于喜马拉雅山脉，全长 2580 千米，是南亚最长、流域面积最广的河流，横穿肥沃广阔的恒河平原，最后注入孟加拉湾。恒河在印度语中也是喜马拉雅山雪山神女的名字。恒河所经之处雨水丰足、沃野千里，农业、手工业高度发展，产生了吠陀经典、历史史诗、梵文、种姓制度等文明成果，并留有丰富的历史文化遗迹。

1. 宗教产生

喜马拉雅山脉、阿拉伯海、孟加拉湾以及印度洋，构成了印度相对封闭的自然环境。雄伟的山脉、浩瀚的海洋、奔腾的江河与茂密的森林表现出自然的强大力量，而人却显得异常渺小。生活在古代独特地理环境下的印度人民，对自然怀着与生俱来的敬畏之心，将无法理解与解释的自然现象归因于超自然力量，土地、树木、山川、河流等自然神灵崇拜和巫术深入人心，成为后世印度众多宗教的起因。由于自然环境的相对封闭，印度成为众多宗教诞生的摇篮，世界上几个大宗教如婆罗门教、印度教、佛教和地区性的耆那教、锡克教等都发源于此。

2. 圣河洗礼

在印度神话传说中，恒河是银河下凡的女神化身，可以使灵魂得到净化升入天堂，被称为圣河。对于印度信徒而言，恒河不仅仅是他们的母亲河，更是通往天国的水道，是离天堂最近的地方，死后将骨灰撒在恒河中，灵魂即可超脱轮回，转生在神的国度。

流淌千年的恒河一直是印度教徒心中的圣河，而位于恒河边上的瓦拉纳西则是圣城。在印度教信徒心中，结交圣人、饮恒河水、敬湿婆神、住瓦拉纳西乃人生四大乐趣，每位信徒都要在恒河边完成这四大乐趣。至今瓦拉纳西仍保留着上千年的传统习俗，在这里找不到时间留下的痕迹，千年如一日。生活中再普通不过的沐浴、饮水，一旦在恒河中发生，都成为一种神圣、庄严的仪式。

信徒深信，在恒河中沐浴身体，必可洗净俗世的一切罪孽。每天早晨，太阳还未升起，来自印度各地的善男信女提着水壶，带着祭品，在瓦拉纳西绵延六七千米的河岸边散布开来，开始一天中最盛大的活动“恒河晨浴”。信徒们虔诚地忏悔、祈祷、沐浴和饮水，向神灵倾吐内心的苦闷和喜悦，离开时还会带给家人最好的礼物“恒河水”。

3. 种姓制度盛行

婆罗门教与印度教在建立和发展过程中，逐渐确立和巩固了社会不平等的等级制度。在后吠陀时期，印度社会所独有的种姓制度开始定型。种姓制度把社会中的人分成四个等级：婆罗门、刹帝利、吠舍和首陀罗。其中婆罗门是精通吠陀圣典、掌管宗教事务的僧侣，也是种姓制度的最高等级；刹帝利是掌握政权和兵权的王室贵族及武士，居种姓制度的第二等级；吠舍是占人口大多数的农民、手工业者和商人，居种姓制度的第三等级；首陀罗是被视为不洁，专服贱役的人，属种姓制度的最低等级。前三个等级可以通过宗教获得“再生”，首陀罗则没有资格。

在雅利安人进入印度的最初时期没有种姓制度，那时只有两个阶级：高贵的、白皮肤的雅利安人，以及被征服的、黑皮肤的土著奴隶“达萨”。渐渐地，雅利安人内部出现了阶级区分。随着社会发展，种姓之间的界限变得分明起来，高级种姓为维护自身特权而编造的种姓起源说出现，并逐渐形成后世等级森严的种姓制度。印度独立以后，废除了种姓制度，但是在今天的印度特别是印度农村，种姓制度仍然存在巨大影响。

4. 梵文及其文学著作出现

梵文及其文学著作是古代印度文化中的杰出成就。梵文是世界上最古老的文字之一，约公元前1500年起源于古印度。现存印度最古老的梵语文献《梨俱吠陀》（图2.23），最早记载了印度的历史。梵语如拉丁语一样已没人再说，除了年轻的婆罗门男孩还在学梵文以吟诵吠陀经。

图2.23　12世纪珍稀棕榈叶手抄本《梨俱吠陀》和耆那教细密画
（印度班达卡东方研究所收藏）

在印度古典文化中，与吠陀圣典具有同等地位的，是反映古印度历史的两部史诗巨作《摩诃婆罗多》和《罗摩衍那》。其中，堪称经典的史诗《摩诃婆罗多》内容穿插许多神话和传说，包含宗教、伦理、哲学、法治、人伦等，被尊称为古印度的灵魂、古典印度文化百科全书。这部史诗在叙述伟大战役间隙，插入了一部分哲理性的对话，这就是世界文学中的哲学诗篇——《薄伽梵歌》，意译即“神之歌”。它被比喻为印度的“新约”，并且像《圣经》和《古兰经》一样，在法庭里被用以监誓，是之后印度教的重要圣典。

《罗摩衍那》是辞藻华丽的古典梵语文学先驱，它以诗歌的形式讲述了古印度传说中英雄罗摩和妻子悉多悲欢离合的故事，描写了许多神话传说和宏大的战争场面，并将罗摩作为毗湿奴的化身而崇拜，对印度教发展有很大影响。

梵文的影响深入中亚及远东的许多国家，在西方社会文化学术界中的新兴学科，如比较语言学、比较神话学、比较宗教学、比较文学等的建立都与梵文的研究工作分不开。在文化方面，梵文对藏族传统文化也有明显影响（图 2.24）。

元音

अ आ इ ई । उ ऊ ऋ ॠ ।

ཨ་ཨཱ་ཨི་ཨཱི། ཨུ་ཨཱུ་རྀ་རཱྀ།

a ā i ī u ū ṛi ṛī

辅音

क ख ग घ ङ । च छ ज झ ञ ।

ཀ་ཁ་ག་གྷ་ང་། ཙ་ཚ་ཛ་ཛྷ་ཉ།

ka kha ga gha ṅa ca cha ja jha ña

图2.24　梵文与藏文对照图

5. 天文学、数学、医学发端

印度人特别重视祭礼，对祭典时节和祭坛大小、形状有严格规定，天文学和数学也因祭祀需要而产生。天文学在印度发端久远，公元前 2000 年古印度出现天文记述。吠陀时代后期（公元前 1200 年），印度已有关于太阳、月亮及历法的记载。公元 500 年前后，可以计算日、月以及水、金、火、木、土星的位置，包括计算日长、日食、太阳升降时刻等。同时，正方形、圆形、三角形等不同面积祭坛的测算，促进了几何学的产生和发展。古代印度人对数目的看法，大都带有宗教哲学意义。

后世的伟大建筑“粉红之都”斋普尔、琥珀堡、泰姬陵，均成为建筑、宗教、文化艺术和科学的成就见证。

印度的医学可追溯至吠陀时代。当时，引起疾病的原因被认为是恶魔作祟，所以念咒文是“最有效”的治疗法。但是，一些基本的医学常识已开始逐步为古人所了解。

在印度思想文化史上，宗教唯心主义经常处于主导地位，但是唯物主义的传统也如影随形。

课后习题 2.3

课后习题 2.3 答案

2.4 黄河、长江源远流长

本节重点

❶ 揭开中华文明序幕的标志有哪些。

❷ 黄河、长江多中心发展与中华文明多元起源、发展传承的关系。

❸ 黄河、长江流域农业文明的典型代表。

2.4 黄河、长江多元文明起源

学习思考

❶ 从中华文化的连续性和持久性是整个人类文明史上所独有的这一史实，探究中国自信的本质。

❷ 体悟江河文化蕴含的“同根同源”历史记忆，铸牢中华民族共同体意识。

人类文明的曙光在世界不同地区绽放，呈现多元化的基本特征。早期的文明几乎都产生在大河流域。在两河流域的苏美尔人创造自己文明的同时，北非尼罗河畔的古埃及文明初始绽开。而华夏大地的两条大河——黄河与长江，差不多在同一时期孕育了人类另一个最悠久的古文明——中华文明。中华文明在许多方面与美索不达米亚文明和古埃及文明相似，比如都从事农业活动，有自己的文字、历法，发展了贸易，建立了城市，有成熟的政府管理机构。不过，它们又有各自不同的鲜明特点。距今300万年前新生代第四纪的造山运动，形成东亚大陆相对封闭、西高东低的地貌特征，奠定了中华文明发展的原生性、独立性。同时，中华文明一直保持不间断的连续性，由此数千年形成的思想观念、思维方式、传统习俗等根深蒂固地保留下来，造就了辉煌灿烂而独具特色的中华文化。

2.4.1 多元化起源

近现代大量研究与考古发掘不断证明：由于长江、黄河两条大河的存在，使中华文明与中华民族起源，具有鲜明的多元起源、多区域不平衡发展的特点。

黄河与长江从中国西部的青海发源，自西向东奔流入海。黄河位于长江之北，是中国第二大河。它善淤、善决、善徙，是世界上变化最复杂的河流。长江位于黄河之南，是中国第一大河，世界第三大河，仅次于亚马孙河和尼罗河。公元前四五千年，中国南北两个农业体系形成。在黄河流域的北方地区，是以种粟和黍这两种小米为主的农业体系。这一农业体系中还种有桑、麻、豆子等，有些地方也种稻子，以后又从西方引进了小麦、大麦。家畜以猪为主，同时还产生了对应的耕作制度和农业工具。

与此同时，在长江流域的南方地区，形成了以稻作农业为主的农业体系。在这个农业体系里家畜也是以猪为主，但同时有水牛。

长江流域与黄河流域珠联璧合，创造了南、北各异的两种农业体系多区域发源。中华文明的多元化起源就这样在黄河流域、长江流域两个地理格局颇有差异的大区段上同时展开。

2.4.1.1 文明序幕

追溯中华文明的起源要从史前时代说起。我们习惯上将文字出现以前的历史叫作“史前时代”（prehistoric age），人类活动的极大部分时间处于这个阶段。史前时代没有文字记录，我们不知道那个时代任何人的姓名，不知道那个时代究竟发生了哪些事件，甚至不知道那个时代的人讲何种语言。然而，先人大量的文化遗存，如石器、壁画、陶罐、刀具甚至遗骸，无不显露出文明时代到来前喷薄而出的曙光。对于人类，这是一个非常重要的时代。它的重要性不仅在于时间的漫长，更在于早期文化经历了工具的使用、语言的产生、艺术的萌芽、农业的发明、社会组织的出现等许多关键的进步。当最终发明文字、建立城市后，中国始跨入文明殿堂。

距今5000 ~ 4000年的新石器时代晚期，揭开了中华文明史的序幕。正是在新石器文化的基础上，作为文明主要标志的文字、金属工具、城市、礼仪性建筑等已出现并初步发展，人类社会生活开始从野蛮走向文明。

第一，这一时期黄河流域龙山文化遗址出土的陶片和长江中下游良渚文化出土的黑陶罐等出土物上（图2.25），分别出现了不同于以前简单刻画符号的原始文字（图2.26）。有学者指出：“这些成熟的多字刻文的发现，可以证明当时已存在用来记录语句乃至故事的文字，为此，我们称中国的良渚时代、龙山时代为‘中国的原文字时代’。”

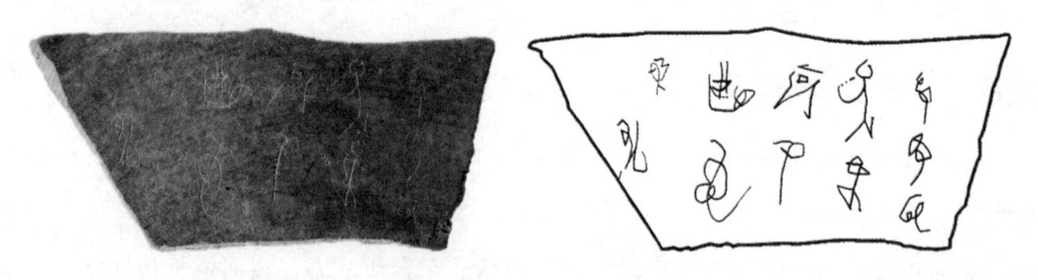

图2.25 1991年发掘出土龙山文化刻字陶片（丁公陶文）
（山东大学博物馆馆藏）

第二，新石器时代晚期的龙山时代，铜器冶炼有了一定程度的发展。铜器出土地点的分布区域广大，东起山东，西至甘青，北抵内蒙古，南达湖北，发现有早期铜的遗址已超过25处。学界通常把冶金术的发明看成是人类社会进入文明时代的一大标志。

第三，城市的出现是社会发展的重要里程碑，也是文明社会到来的重要标志。这一时期黄河和长江流域发掘已知的城市多达20多座，可以说，距今5000 ~ 4000年前的龙山时代，在黄河、长江的中下游地区已陆续形成了邦国林立的局面，这与文献记载中夏朝之前的颛顼—尧—舜—禹时期“万国”并存的传说不谋而合。

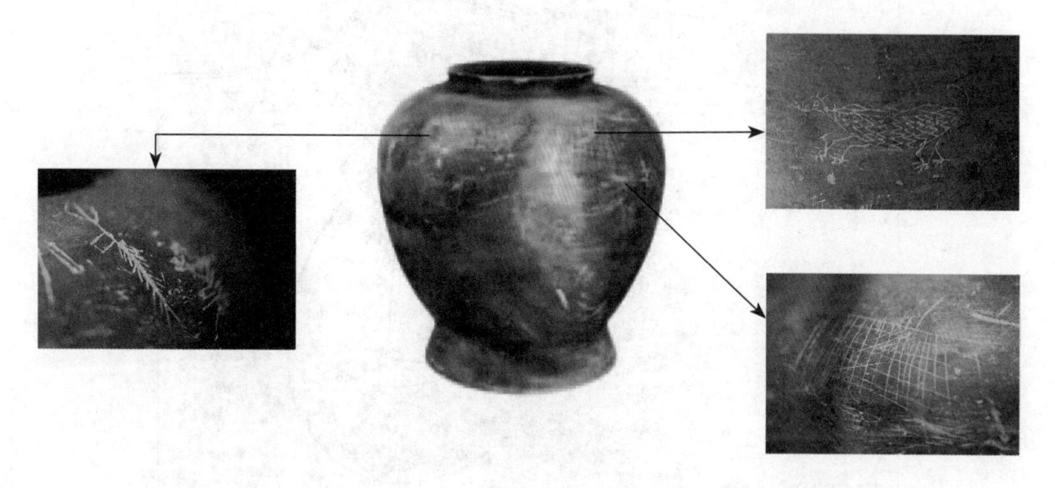

图2.26 良渚文化刻符黑陶罐（良渚文化博物馆馆藏）

第四，礼仪性建筑的建造。文明起源的标志不仅包括物质层面，还包括制度和精神层面，包括信仰、习俗与理性思维形态等。良渚文化遗址发现的瑶山祭坛（图2.27）等礼仪性建筑，佐证了新石器时代晚期人们在信仰、礼制等方面的思维形态已初步达到文明社会的发展阶段。

图2.27 瑶山祭坛发掘区全景

在考古学上，新石器时代晚期大体相当于龙山文化期向青铜器时代过渡；在社会发展方面，是从无阶级社会向有阶级社会过渡；在文化发展方面，是从无文字向有文字文明过渡；在国家和民族发展方面，是从部落联盟向国家和民族形成过渡。这一时期的发明创造和文化成就，为中华文明的形成奠定了初步的基础。

2.4.1.2 夏朝诞生

由于商朝以前还没有确凿的文字材料，关于夏王朝的存在没有得到世界上所有学者的认同。然而近几十年来，在传说的夏王朝活动区域，考古发现了与古文献记载相符的多数文化遗存，有中国最古老的大型宫殿群、最早的宫城、最早的青铜礼器群及铸铜作坊，还有精美的绿松石龙形器、绿松石铜牌及大型玉器。考古发现中的二里头文化，便是夏文化的典型代表，夏朝的历史得到印证。公元前2070年，中国历史

在洛阳二里头（图 2.28 和图 2.29）写下了浓墨重彩的第一笔，有人将它称为中华文明的龙兴之地。中华文明经过数千年的萌芽发展，以第一个早期国家夏朝的确立为标志，正式开启。

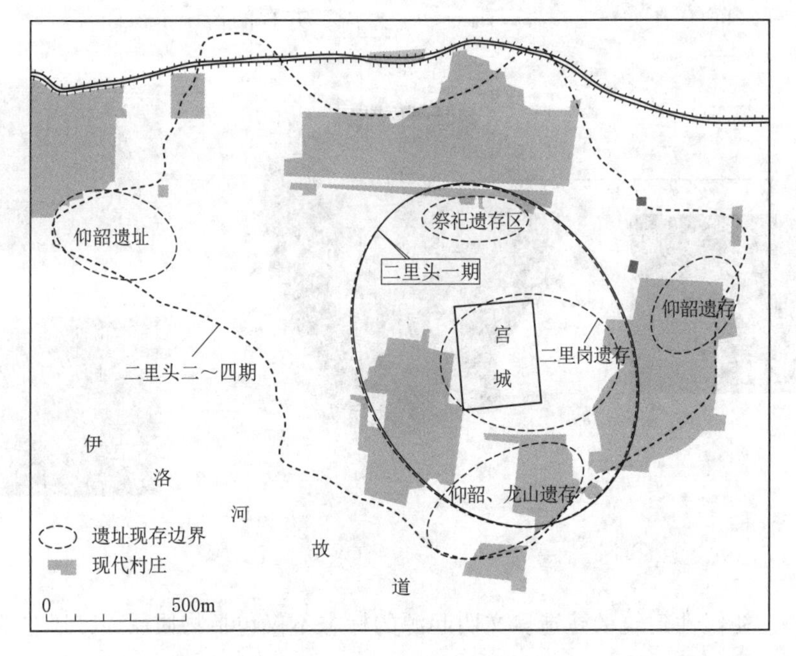

图2.28　二里头聚落

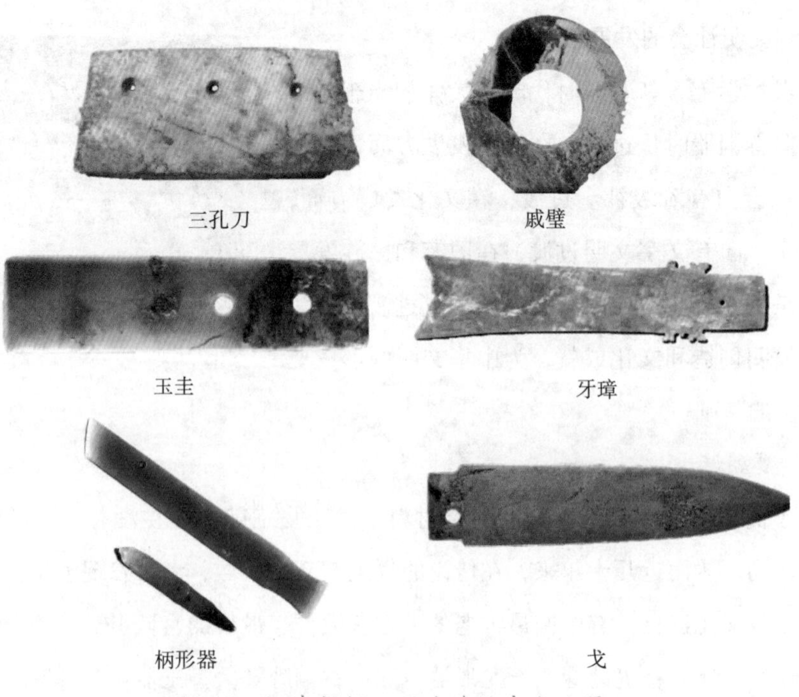

图2.29　河南偃师二里头遗址出土玉器
（中国社科院考古研究所收藏）

关于夏朝（公元前2070—公元前1600年）的历史，后人有零星记载，如《吕氏春秋·用民》曰："当禹之时，天下万国，至于汤而三千余国。"可以认为，这是从部落联盟向国家的过渡状态。夏的统治者也从"伯"（如伯禹）的称谓转向"后"（如后启），后期出现"王"的称谓。夏朝的许多制度、礼仪、文化对后世也有深刻影响。孔子曰："夏礼，吾能言之，杞不足征也"（《论语·八佾》），以自己懂得夏礼为荣。相传，夏朝曾经出现以"韶"命名的乐舞，孔子时有耳闻。子曰："在齐闻韶，三月不知肉味。"（《论语·述而》）夏朝也有历法，称为"夏令"或"夏时"，孔子曾主张"行夏之时"（《论语·卫灵公》）。据传说，造车、造酒等技术发明均始于夏朝时期。从现存不多的典籍记载中，我们依然可以窥见夏朝在政治制度、思想文化和艺术方面所具有的文明成就。

2.4.2 多中心发展

关于中华文明的起源，历来有种种猜想与说法，长期存在外来说和本土说、一元论与多元论的争辩。由于受到当时政治背景和流行学说的局限，科学发现也不充分，因而很难得到有说服力的认识。如关于中华文明的种种西方起源说，就带有明显的虚构、编撰和假想成分。从18世纪的法国人约瑟夫·德·古尼（甚至更早的17世纪）开始，止于20世纪初叶的安特生之前，所有西方起源说的立论都是站在西方文化中心论的立场之上（包括古埃及文明中心说和西亚古文明中心说等）。当前，中国境内古人类学的材料已相当丰富和系统，旧、新石器时代的考古发现在中华大地上已是"遍地开花"。这些发现与研究，文化性质明确，内涵清楚，与中国文献记述的远古神话传说互相印证，充分证明了中华文明起源具有鲜明的本土性和多元性，以及新石器时代以来由多元向一体发展的特点（表2.4）。

从地理环境来看，中国有三大阶梯，也有三个自然区。一是青藏高寒区，这一地区地势很高，温度较低，在相当长的时期里没有农业，生活主要靠狩猎、采集等，人口也不多；二是西北干旱区，这一地区地势较高，比较干燥，雨量稀少，在相当长的时期里，成为中国主要牧区，人口不太多，农业发生得比较晚；三是东亚季风区，这一地区雨量丰富，是中国的主要农业区，具有最早文明起源的条件，当前中国人口大多集中于此，经济中心也在这里。

此外，在文明起源时期，东北地区冬季时间长，植物生长季节短，所以在相当长的一个时期，它也是以狩猎、采集为主；五岭以南、两广地区接近热带，长夏无冬，动植物资源非常丰富，不依赖于发展农业。考古发现，正是位于中间且气质不同的两

条大河——长江和黄河，成为人类赖以繁衍生息的区域，并分别孕育出华夏农耕文明最初的两大系统：旱作文化与稻作文化，成为我国文明起源的中心。中华文明起源及早期发展模式的多元化，造就了不同地理区域各自的文化特点。

表 2.4　　考古遗址及其年代对照表

分布区域	遗址名称	考古学文化	绝对年代（BC）
西辽河流域	内蒙古敖汉兴隆沟第三地点	夏家店下层	2000—1500
	内蒙古松山三座店	夏家店下层	2000—1500
黄河下游	山东临淄桐林	龙山和岳石	2300—1500
	山东牟平照格庄	岳石	1800—1500
黄河中游	河南灵宝西坡	仰韶晚期	2900—2500
	山西襄汾陶寺	龙山	2300—1800
	河南登封王城岗遗址	龙山、二里头、二里岗	2300—1500
	河南新密新砦	龙山、二里头	2300—1600
	陕西扶风周原	龙山和先周	2300—1500
黄河上游	甘肃武威磨咀子	马厂	2300—2000
	青海民和喇家	齐家	2300—1900
长江下游	浙江余杭下家山	良渚晚期	2500—2300
	浙江湖州钱山漾	钱山漾类型	2300—2000
长江中游	湖北孝感叶家庙	屈家岭	3200—2600
	湖南澧县鸡叫城	石家河	2300—1800

2.4.2.1　中原文化区——仰韶文化

1921年黄河岸边的河南渑池县仰韶村，一个母系氏族部落遗址的发现，揭开了中国史前文化研究新的一页。这个在中原地区纵横两千里、绵延数千年的史前文明，也因此被称为仰韶文化。仰韶文化是黄河中游地区重要的新石器时代彩陶文化，其持续时间在公元前5000—公元前3000年（即距今7000 ~ 5000年，持续时长2000年左右），分布在整个黄河中游（今天的甘肃省到河南省之间）。

考古发现，仰韶村遗址存在四层文化叠压层，自下而上分别是仰韶文化中期、仰韶文化晚期、龙山文化早期、龙山文化中期，承上启下相互衔接。在河南灵宝出现了的聚落群，年代在仰韶文化的中期，有较大的房子，有些房子地面是彩色的，周围有壕沟，壕沟后面有墓地。墓地内有二层台，上面搭了很多木板，墓中人身边有玉钺（玉钺的出现，标志着中心聚落与其他聚落出现分化，且贵族产生）。仰韶文化后期，已出现大规模生产的手工作坊，如陕西阳关寨发现的陶器制作作坊。此外在甘肃大地湾遗址和甘肃庆阳南佐遗址等，也有类似的情况。房子、壕沟、墓地、象征权力的器物玉钺，以及陶器手工作坊等，1000多个类似发掘遗址反复证明，仰韶时期黄河两岸的祖先已经过上了定居生活，社会开始出现分化，贵族出现（图2.30 ~图2.32）。

图2.30 仰韶文化庙底沟类型彩陶（山西博物馆館藏）

图2.31 仰韶村出土小口尖底瓶（仰韶文化博物馆馆藏）

图2.32 仰韶文化半坡类型人面鱼纹盆（中国国家博物馆馆藏）

2.4.2.2 山东文化区——大汶口文化

从6500年前开始，大汶口人以泰山为中心创造了灿烂的“大汶口文化”。大汶口文化覆盖山东全省，以及安徽、江苏、辽东半岛部分地区。在这个范围里不但有中心聚落，还有次中心聚落。大汶口遗址墓葬证明：一夫一妻制家庭正在建立，开始出现社会分层，手工业相比仰韶时期更加发达，白陶、彩陶、象牙、玉钺等大量精美陶器和陪葬

品出现在富人墓葬中，并发现了刻有符号的陶器（图 2.33），一些研究者认为它是中国最初的文字。

2.4.2.3 燕辽地区——红山文化

红山文化是北方的一种新石器文化，首先在辽宁喀左县大凌河畔发现东山嘴遗址，后又发掘了牛河梁遗址。牛河梁遗址发现了祭坛、女神庙、积石冢，以及随葬玉器，并首次出土了玉凤和玉人，计有 40 多处 50 多平方千米。牛河梁遗址中大部分为积石冢，其中 2 号积石冢有 5 个冢址，有中心大墓，周围砌满两层石头，石头外面摆放彩陶等器物，上面再堆上石头和土，形成三层台阶。考古发现，牛河梁应该是一个宗教活动中心或者是祭祀中心。在一处女神庙中发现了泥塑人像（图 2.34），除人像外还有如猪、鸟等动物。建筑为半地穴，墙上有彩绘，其规格很高。墓地中发现很多玉器，但不是工具也不是装饰品，应该是与宗教和祭祀活动有关。从出土物品推断，红山文化带有浓厚的祭祀文化特色。同时，积石冢和居住点有了大小等级之分，反映出红山文化晚期社会分层和进化现象。

图2.33　大汶口彩陶背壶
（中国国家博物馆馆藏）

图2.34　红山文化女神头像
（辽宁省考古研究所收藏）

2.4.2.4 江浙地区——良渚文化

良渚文化分布在长江中下游环太湖流域，是以黑陶和磨光玉器为代表的新石器时代晚期文化，因 1936 年发现于杭州市余杭区良渚镇而命名。20 世纪 80 年代始，先后在良渚一带 30 多平方千米范围内，发现以莫角山遗址（图 2.35）为核心的良渚文化

图2.35　莫角山遗址

遗址点四五十处。除大量精美石器、陶器、象牙、玉器外，还发现了祭坛、夯土建筑基址以及大约 300 万平方米营建考究的古城。

考古学家认为，良渚文化手工业水平已经很高。出土的精美玉器不是装饰而是政权、等级和宗教的物化形式——礼器（图 2.36）。此外，在贵族大墓中发现石钺 200 多件，反映了良渚文化中的战争迹象。

2.4.2.5 湘鄂文化区——石家河文化

图2.36　4000多年前良渚文化礼器——蛇纹石石钺（金州博物馆馆藏）

距今 4000 多年前的石家河文化位于湖北、江西广阔的两湖平原，考古发掘显示石家河遗址范围达 8 平方千米（图 2.37），是长江中游地区面积最大、等级最高、保存最完整的史前聚落遗址。遗址中发现 2 座古城，城内有居住区、祭祀区等分区；在特殊的葬具瓮棺中发现 200 多件造型精美的玉器（图 2.38），其中一个婴儿墓中有 56 件随葬玉器；墓中还有很多人和动物的陶塑。这表明当时社会已出现阶层分化，陶塑可能是当时宗教祭祀的重要道具。

图2.37　石家河文化遗址发掘

传统史观认为，中华民族是从黄河中下游最先发端，而后扩散到边疆各地，于是有了边裔民族，即本土起源说中的“一元说”。司马迁《史记·五帝本纪》中记载：由于共工、欢兜、三苗、鲧有罪，“于是舜归而言于帝，请流共工于幽陵，以变北狄；放欢兜于崇山，以变南蛮；迁三苗于三危，以变西戎；殛鲧于羽山，以变东夷”。这种史观影响甚大，直至近现代还有一些学者认为中华民族与中华文明仅起源于黄河中下游。

“一元说”的论点已被半个多世纪以来的考古发现所推翻，中华文明不是从黄河中下游单源扩展，而是呈现多元区域性不平衡发展，又互相渗透，反复汇聚与辐射，

图2.38 天门市肖家屋脊出土石家河文化玉人头像（荆州博物馆馆藏）

最终形成中华文明。旧石器时代已显现的区域性萌芽，至新石器时代更发展为不同的区系，各区系中又有不同类型与发展中心。迄今为止，中国已发现的新石器时代的遗址有7000余处，几乎遍布全国各地，如辽河流域的查海文化、兴隆洼文化，山东泰沂地区的后李文化，关中地区的大地湾和老官台文化，中原地区的裴李岗和磁山文化，长江下游的河姆渡文化，长江中游的彭头山文化、城背溪文化和皂市下层文化等，这些新的发现进一步印证了中华民族起源的多元特点。而神话传说中，远古各部落所奉祀的天帝与祖神，以及图腾崇拜也有明显的区域特点。考古文化与神话传说相互印证，揭示了远古各部落集团的存在。

众多的考古发现及研究成果已经昭示：中华文明起源有多个中心，长江、黄河都是中华文明的发祥地。中华大地上的远古居民，分散活动于四面八方，适应各区域不同的自然环境，共同创造着灿烂辉煌的历史与文化。

2.4.3 南北农耕遗迹

中华文明多元起源又一体发展，成就了古老文明唯一绵延不断的历史神话。长江流域与黄河流域，在两个地理格局颇有差异的大区段上同时展开，形成南、北各异的两种农业体系的多区域发源，共同构筑了远古中华农业文明的基础。

2.4.3.1 半坡遗址——北方农耕文化典型

“半坡遗址”是新石器时期“仰韶文化”的代表，位于陕西西安附近的半坡村，再现了距今五六千年前的北方半干旱地区的特征。彼时，渭河的支流浐河东岸，有一座古老的氏族部落——半坡（图2.39）。

这里东依白鹿原，南靠终南山，可常年进山打猎。同时北边是开阔的平原地带，适合于发展农业。河水经流，为半坡人提供了丰富的水产资源和绝佳的捕鱼场所。半坡人日出而作，日落而息，使用石头制作的工具，在女性首领的带领下经营着刀耕火种的原始农业。他们已掌握房屋建筑技术，建造有圆形和方形两种房屋（图2.40），过着定居生活。半坡人以农业为主，还兼有饲养等其他行业。他们普遍使用磨制石器，标志着生产力的巨大进步。他们学会了在火烧后的荒地上种植粟和蔬菜等农作物，用石铲翻地、石刀收割、石杵加工，并借助工具狩猎、捕鱼、驯化家畜。粟是半坡人在农业方面最重要的发明，说明我国是世界上最早种植粟的国家之一（图2.41 ~图 2.47 西安半坡博物馆馆藏）。

图2.39　西安半坡遗址

图2.40　半坡遗址复原模型

图2.41　打磨精细的石斧

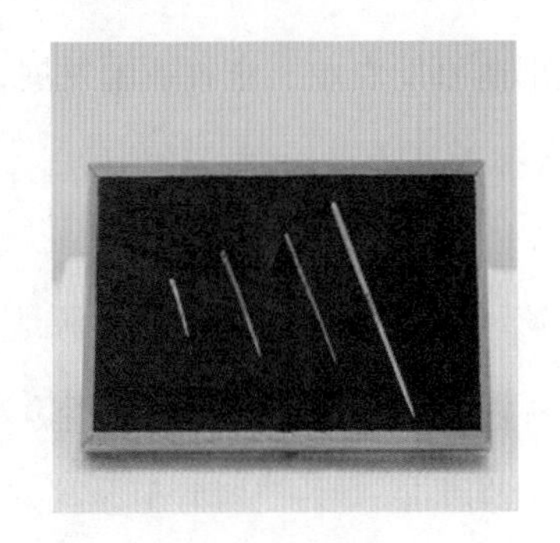

图2.42　骨针

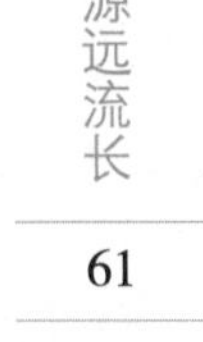

图2.43 石球

图2.44 猪下颚骨

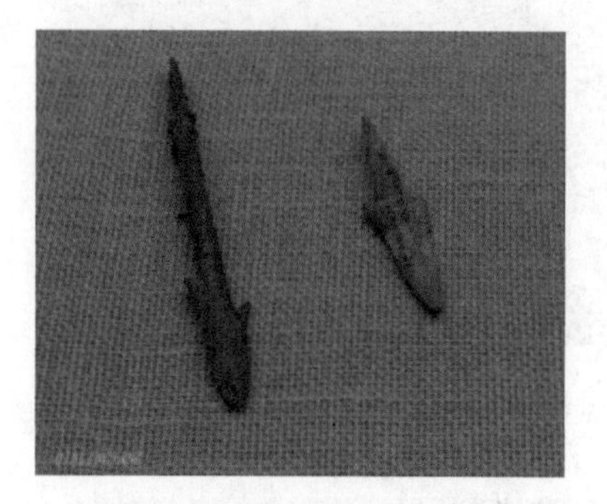

图2.45 骨鱼叉

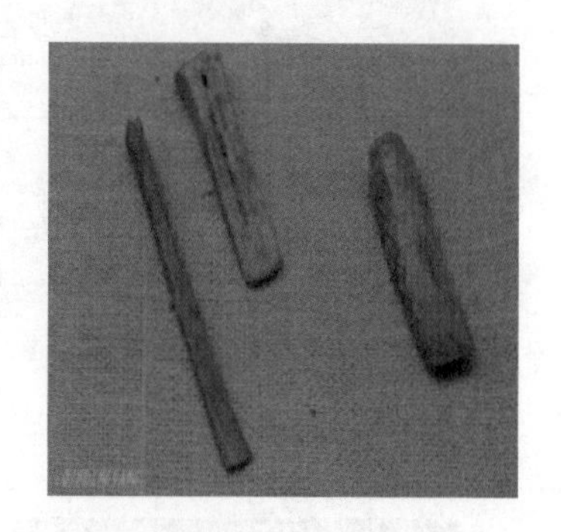

图2.46 骨铲、角铲

图2.47 炭化的粟、菜籽

半坡部落原始农业和畜牧业的发展，以及早期固定的原始人群聚落正是国家文明产生的雏形。

2.4.3.2 河姆渡遗址——南方农耕文化典型

长江流域是我国栽培稻谷的发源地。距今 7000 年前的河姆渡遗址中，可以看到丰富的稻作遗存。废墟灰烬及烧焦木屑残渣中、炊煮釜底残留锅巴中都有稻谷和炭化米粒（图 2.48）。

河姆渡遗址位于浙江余姚河姆渡村东北。它的发现，揭示了距今约 7000 年的南方湿润炎热地区农耕文化的特征。在河姆渡遗址中，除了发现大量的稻谷堆积外，还出土了大批用石块、兽骨和木头制作的有代表性的耕作农具，如骨耜（图 2.49）、木耜、穿孔石斧、双孔石刀和舂米木杵等。河姆渡原始居民也已使用磨制石器，借助工具耕种、渔猎，并学会了在水稻生长期内实施排水和灌溉措施。同时，遗址中发掘出陶猪和稻穗猪纹陶钵（图 2.50）等器物，这应该是家畜饲养依附于农业的反映。

图2.48　炭化稻谷遗存（河姆渡遗址博物馆馆藏）

图2.49　骨耜（中国国家博物馆馆藏）

图2.50　猪纹陶钵（浙江省博物馆馆藏）

图2.51　河姆渡房屋干栏式构建示意图
（资源来源：河姆渡遗址博物馆）

河姆渡人居住在防潮防水的悬空房屋里，这种房屋被称为干栏式建筑（图 2.51）。房屋依山而建，背山面水布置，地势低洼潮湿。这种建筑适应潮湿多雨的环境，以桩木为基础，其上架设大、小梁（龙骨）承托地板，构成架空的建筑基座，可免填挖地基，也可防野兽和敌人袭击，是原始巢居的直接继承和发展，在中外建筑史上留下了浓墨重彩的篇章。

课后习题 2.4

课后习题 2.4 答案

参 考 文 献

[1] 李晓丽. 神秘的底格里斯河与幼发拉底河［M］. 乌鲁木齐：新疆青少年出版社，2009.

[2] 杨言洪. 美索不达米亚文化初探［J］. 阿拉伯世界，1996（2）：21–23.

[3] 刘兴诗. “诺亚方舟”和史前“世界洪水”质疑［J］. 成都理工大学学报（社会科学版），2010，18（2）：15–19.

[4] 史若冰. 汉谟拉比的历史功绩［J］. 河北大学学报，1984（3）：140–147.

[5] 严绪陶. 汉谟拉比法典与古巴比伦汉谟拉比王国［J］. 青海民族学院学报，1987（2）：60–64.

[6] 黄民兴. 试论古代两河流域文明对古希腊文化的影响［J］. 西北大学学报（哲学社会科学版），1999（4）：71–75.

[7] 张文安. 古代两河流域神话的文化功能［J］. 西南大学学报（社会科学版），2012（1）：113–117.

[8] 林琳. 论上古西亚两河流域文化的两个问题［J］. 湖北大学学报（哲学社会科学版），1996（1）：105–110.

[9] 徐凡席. 亚述学：研究两河流域文化的科学［J］. 上海外国语学院学报，1987（3）：75，76–79.

[10] 宋瑞芝. 上古西亚两河流域文化生成断想札记［J］. 湖北大学学报（哲学社会科学版），1994（6）：98–103.

[11] 尹晓冬. 从古代埃及和两河流域文明，看上古前期自然环境对科学技术发展的影响［J］. 北京印刷学院学报，2004（1）：24–27.

[12] 吴宇虹. 古代两河流域文明史年代学研究的历史与现状［J］. 历史研究，2002（4）：118–136，191.

[13] 赵克仁. 尼罗河环境与古埃及艺术风格［J］. 西亚非洲，2009（1）：34–38，80.

[14] 朱艳凤. 古代埃及的尼罗河神崇拜［D］. 长春：东北师范大学，2014.

[15] 李海荣. 试论地理环境对古埃及文明的影响［D］. 太原：山西大学，2008.

[16] 李卫星. 尼罗河与古埃及文明［J］. 长江职工大学学报，2002（2）：53–55.

[17] 李玉香. 古代埃及的水利灌溉［D］. 长春：吉林大学，2007.

[18] 华兹，郭晓勇，艾间游. 沿尼罗河探寻古埃及文明［J］. 今日中国（中文版），2008（5）：50–53.

[19] 刘文鹏. “治水专制主义”的模式对古埃及历史的扭曲［J］. 史学理论研究，1993（3）：18–35.

[20] 刘文鹏，令狐若明. 论古埃及文明的特性［J］. 史学理论研究，2000（1）：92–104.

[21] 郭子林. 中国埃及学研究三十年综述［J］. 西亚非洲，2009（6）：66–71.

[22] 谢振玲 . 论尼罗河对古代埃及经济的影响［J］. 农业考古，2010（1）：107-110.
[23] 王士清，田明 . 埃及法老时期的尼罗河—红海运河［J］. 内蒙古民族大学学报（社会科学版），2011（3）：57-61.
[24] 吴德成 . 古苏伊士运河［J］. 阿拉伯世界，1983（2）：104-106.
[25] 梁宏军 . 法老的船队（上篇）［J］. 大自然探索，2011（11）：68-73.
[26] 李怡净 . 尼罗河灌溉工程与古埃及的国家治理——兼论古埃及文明的形成与社会形态［J］. 铜仁学院学报，2016，18（5）：104-108.
[27] 袁指挥，谢振玲 . 论尼罗河对古代埃及文明的影响［J］. 农业考古，2010（4）：92-94，117.
[28] 吴天恩 . 破译哈拉巴铭文——印度河文化的遥远回声［J］. 知识就是力量，2003（8）：51-53.
[29] 刘安武 . 关于印度恒河的神话［J］. 南亚研究，1981（Z1）：138-142.
[30] 曾榛 . 瓦腊纳西的恒河天堂的入口［J］. 南方人物周刊，2010（15）：84-85.
[31] 张永秀 . 论古印度文明的特性［J］. 潍坊学院学报，2011（1）：86-89.
[32] 王锡惠 . 印度早期城市发展初探［D］. 南京：南京工业大学，2015.
[33] 肖福林，潘莉 . 古印度的建筑空间和城市文明——以摩亨焦达罗和哈拉巴古城遗址为分析样本［J］. 建筑与文化，2012（5）：101-105.
[34] 于冰沁，王向荣 . 浅析古文明的兴衰与自然生态环境的关系［J］. 辽宁行政学院学报，2008（9）：246-247.
[35] 梁宏军 . 法老的船队（下篇）［J］. 大自然探索，2011（12）：72-77.
[36] 郑曦原出席"班卡达东方研究所"玄奘研讨会——中华人民共和国外交部［EB/OL］.（2016-08-21）. https：//www.fmprc.gov.cn/ce/cgmb/chn/zxhd/t 1390492.htm.
[37] 桑德 . 略论古印度梵语文化对藏族传统文化的影响［J］. 中国藏学，2005（4）：92-101.
[38] 严文明 . 中华文明起源［A］// 赤峰市人民政府 · 第五届红山文化高峰论坛论文集［C］. 赤峰市人民政府，2010：6.
[39] 赵辉 ."多元一体"一个关于中华文明特征的根本认识［J］. 中国文化遗产，2012（4）：47-51.
[40] 覃德清 . 从多元起源到一体结构的演进律则——兼论中华民族凝聚力的考古文化渊源［J］. 东南文化，1993（1）：22-29.
[41] 陈连开 . 论中华文明起源及其早期发展的基本特点［J］. 中央民族大学学报，2000（5）：22-34.
[42] 方启 . 中华文明起源的特征［J］. 历史教学，2011（8）：10-14.
[43] 单霁翔 . 谈谈中华文明的几个特点［J］. 求是，2009（14）：55-57.
[44] 郑重 . 中国文明起源的多角度思索［J］. 寻根，1995（6）：4-6.
[45] 佚名 . 为什么黄河、长江被誉为中华文明的摇篮［J］. 河南水利与南水北调，2015（11）：15-15.
[46] 朱利民，朱昭 . 中国文明起源形成与黄帝华胥文化类型问题研究［J］. 西北大学学报（哲学社会科学版），2014（6）：77-82.
[47] 方修琦，葛全胜，郑景云 . 环境演变对中华文明影响研究的进展与展望［J］. 古地理学报，2004（1）：85-94.
[48] 李先登 . 夏文化与中国古代文明起源［J］. 中原文物，2001（3）：11-17.
[49] 施劲松 . 中国古代文明的起源及早期发展国际学术讨论会纪要［J］. 考古，2001（12）：

80–87.

［50］ 王东．中华文明的文化基因与现代传承（专题讨论）中华文明的五次辉煌与文化基因中的五大核心理念［J］．河北学刊，2003（5）：130–134，147.

［51］ 叶舒宪．物的叙事：中华文明探源的四重证据法［J］．兰州大学学报（社会科学版），2010（6）：1–8.

［52］ 赵春青．中国文明起源研究的回顾与思考［J］．东南文化，2012（3）：25–30.

［53］ 袁靖．中华文明探源工程十年回顾：中华文明起源与早期发展过程中的技术与产业研究［J］．南方文物，2012（4）：5–12.

［54］ 易中天．中华文明的根基［J］．西安交通大学学报（社会科学版），2014（5）：1–3.

［55］ 叶万松．中国文明起源"原生型"辩正［J］．中原文物，2011（2）：10–34.

［56］ 白云翔，顾智界．中国文明起源研讨会纪要［J］．考古，1992（6）：526–549.

［57］ 丁新．中国文明的起源与诸夏认同的产生［D］．南京：南京大学，2015.

［58］ 赵志军．中华文明形成时期的农业经济发展特点［J］．中国国家博物馆馆刊，2011（1）：19–31.

［59］ 佚名．两大农业体系支撑起中华文明［J］．理论与当代，2009（3）：53–53.

［60］ 蒋明智．"熊龙"辨——兼谈龙的起源与稻作文明［J］．黄河文明与可持续发展，2013（1）.

［61］ 牟永抗．河姆渡干栏式建筑的思考和探索［J］．史前研究，2006（00）：11–28.

［62］ 刘亭亭，郭荣臻，曹凌子．石家河文化玉雕人像的考古学观察［J］．文物鉴定与鉴赏，2017（4）：74–78.

［63］ 靳松安，张建．从郑州地区仰韶文化聚落看中国早期城市起源［J］．郑州大学学报（哲学社会科学版），2015，48（2）：135–140.

［64］ 巩启明．从考古资料看仰韶文化的社会组织及社会发展阶段［J］．中原文物，2001（5）：29–37.

［65］ 杜金鹏．石家河文化玉雕神像浅说［J］．江汉考古，1993（3）：51–59.

第3章 中华传统文化构筑独特水民俗水思想

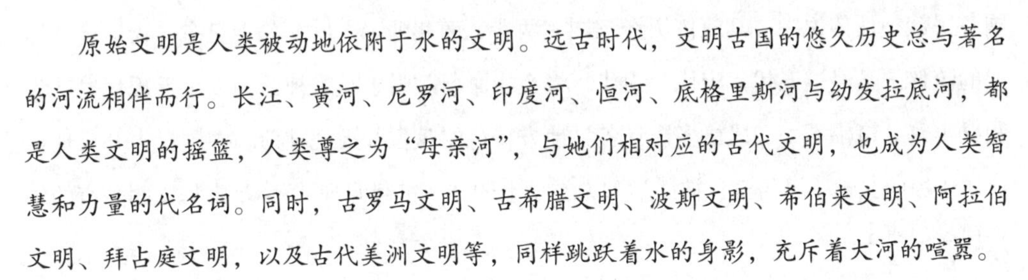

原始文明是人类被动地依附于水的文明。远古时代，文明古国的悠久历史总与著名的河流相伴而行。长江、黄河、尼罗河、印度河、恒河、底格里斯河与幼发拉底河，都是人类文明的摇篮，人类尊之为“母亲河”，与她们相对应的古代文明，也成为人类智慧和力量的代名词。同时，古罗马文明、古希腊文明、波斯文明、希伯来文明、阿拉伯文明、拜占庭文明，以及古代美洲文明等，同样跳跃着水的身影，充斥着大河的喧嚣。

河流纵横密布在地球的每一个角落，书写不同民族的历史，承载不同民族的命运，滋养不同民族的灵魂。长江、黄河流域，由于具有多元一体化的文明发源特质，使中华文明在“和而不同”中形成了独特的水民俗、水思想。

3.1 上古神话衍生神秘水文化

❶ 上古神话中关于水的文化。

❷ 大洪水神话传说与历史典籍中关于大洪水记载的联系。

❸ 中国传统文化中的水图腾。

上古神话衍生神秘水文化

学习思考

❶ 水神共工、相柳从我国上古神话“登上”国际天文学舞台，对增强中华文明传播力影响力有什么现实意义？

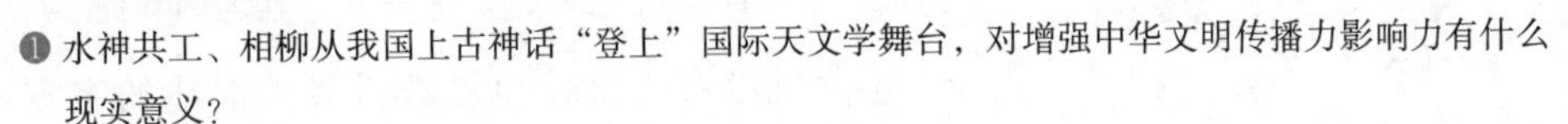

❷ 谈谈你对中华优秀传统文化“创造性转化与创新性发展”的理解。

水的文化是人类最古老的文化，在《圣经·旧约·创世记》以及伊斯兰教的《古兰经》中分别有关于大洪水与诺亚方舟的人类文明故事。在美索不达米亚文明中，也有与《创世记》平行的故事。不同流域地区的地理环境，造就了不同文明的水文化。在华夏文明中，最早的历史文献《尚书·尧典》篇载"汤汤洪水方割，荡荡怀山襄陵，浩浩滔天，下民其咨"。第一部纪传体通史《史记》，已经有五帝时代尧舜禹治水的原始文明记载。远古时期，世界各地分别有消除水旱灾害的习俗和关于水的图腾崇拜。《山海经》最早记载了龙王作为水崇拜的图腾，佛教《十善业道经》等多部经典专讲龙王。不仅如此，中国在有文字记载以前的上古神话也充满了水的文化，神话中的主角往往与原始水崇拜直接相关。

3.1.1 盘古开天地，血液凝江河

中国盘古开天地的神话是原始人解释宇宙万物最初来源的故事，它很早就出现于中国各民族神话传说中。其流传历经三国、两晋、南北朝。之后，关于盘古开天地神话异式的流传，又经过五代、宋代、明代，将实物命名黏附于盘古神话，以至近现代发展为题材丰富、篇幅不一、风格多样且各具地方特色的盘古开天地神话。中国盘古开天地神话属于民间文学、民俗学、神话学和人类学上的"宇宙起源神话"，是中华文明独有的创世故事（图 3.1）。

由于盘古神话是史前的文化，在出现文字记载之前，只是通过口述代代相传。直到三国东吴人徐整著《三五历纪》和《五运历年纪》，才有佚文传下：

图3.1　河南南阳魏公桥汉墓出土的盘古像

天地混沌如鸡子，盘古生其中。万八千岁，天地开辟，阳清为天，阴浊为地。盘古在其中，一日九变，神于天，圣于地。天日高一丈，地日厚一丈，盘古日长一丈，如此万八千岁。天数极高，地数极深，盘古极长。后乃有三皇。（唐欧阳询《艺文类聚》卷一引《三五历纪》）

首生盘古，垂死化身。气成风云，声为雷霆，左眼为日，右眼为月，四肢五体为四极五岳，血液为江河，筋脉为地理，肌肉为田土，发髭为星辰，皮毛为草木，齿骨为金石，精髓为珠玉，汗流为雨泽，身之诸虫，因风所感，化为黎甿。（清马骕《绎史》卷一引《五运历年纪》）

远古时没有天地，也没有世界，混沌的宇宙浑然像一个大蛋。伟大的盘古就孕育在这个大蛋里，一直睡

了一万八千年，醒来时已长成巨人。盘古慢慢地睁开眼睛，这可是人类第一次睁开眼睛！眼前只有厚重黏稠的黑，浑无边际的黑。他站起身，举起长臂，蹬直双腿，使出浑身力气打了一个威力无比的哈欠，打过哈欠的盘古再次睁开眼睛，却发现厚重黏稠的黑暗竟被他“啊”出一道缝隙。盘古高兴了，接连打了三个哈欠。当哈欠打到第三个时，只听轰隆一声巨响，大蛋裂开，一片光亮透进来。他怕被撑开的黑暗再合上，就伸直胳膊挺直腿使劲往外撑。奇迹出现了：盘古手推的部分慢慢往上长，一天长高一丈；盘古脚蹬的部分渐渐往下沉，一天增厚一丈；盘古在中间，一天长高一丈。

又经历一万八千年，上升的部分极高极高了，下沉的部分极厚极厚了，中间的盘古极长极长了。上升的部分，人们叫它清气，也说它是蛋清，它就是现在的天，所以天总是澄澈透亮。下沉的部分，人们叫它浊气，也说它是蛋黄，它成了今天的地，所以地总是朴厚浑黄。天地相距九万里，也说九重天。

盘古开天辟地，耗尽了心血，流尽了汗水。在睡梦中他还想着：光有蓝天、大地不行，还得在天地间创造日月山川、人类万物。可是他已经累倒了，他想：把我的身体留给世间吧。

于是，盘古的头变成了东山，脚变成了西山，身躯变成了中山，左臂变成了南山，右臂变成了北山，左眼变成了又圆又大又明亮的太阳，右眼变成了光光的月亮。他的头发和眉毛，变成了天上的星星，洒满夜空。

盘古嘴里呼出来的气，变成风、云、雾，使万物生长。他的声音变成雷霆闪电，肌肉变成大地土壤，筋脉变成道路。他的手足四肢变成高山峻岭，骨头牙齿变成埋藏在地下的矿藏。他的血液变成滚滚江河，汗水变成雨和露。汗毛变成花草树木……

盤古氏

图3.2　盘古氏

（资料来源：嘉靖年间王圻父子合编版画古籍《三才图会》）

神话中最初的盘古是一位舍生取义的英雄，当他生命的血液化作江河湖海，汗流化为雨泽，水已不再是自然现象而被视为生命之源的精神象征时，盘古完成了作为神的嬗变，并成为远古先民最早崇拜的神，赋予了中华文明最原始的信仰（图 3.2）。

3.1.2　共工怒撞不周山，女娲炼石补青天

盘古担心天地会重新合拢，于是用自己的身躯撑在天地之间，不让两者合拢。久

而久之，他的身躯就变成了一根擎天大柱——不周山。这个故事对应中国另一创世神话《女娲补天》：“昔者共工与颛顼争为帝，怒而触不周之山，天柱折、地维绝，天倾西北，故日月星辰移焉；地不满东南，故水潦尘埃归焉。”（《淮南子·天文训》）于是，女娲“炼五色石以补苍天，断鳌足以立四极，杀黑龙以济冀州，积芦灰以止淫水。苍天补，四极正，淫水涸，冀州平，狡虫死。”（《淮南子·览冥训》）

水神共工氏姓姜，是炎帝的后代。传说中的他人首蛇身，满头赤发，骑下两条飞龙，活动于现今河南北部一带。他对农耕、水利十分精通，发明了筑堤蓄水的方法，是继神农氏后又一个为发展远古农业作出杰出贡献的代表。

话说共工有个儿子叫后土，对农业也很精通。为了发展农业、兴修水利，父子俩对部落的土地进行了勘查。他们发现有的地方地势太高，田地灌溉困难；有的地方地势太低，容易被积水淹没，非常不利于农业生产。因此，共工氏制订了一个计划，把高处的土运去垫高低地，认为下洼地垫高可以扩大耕种面积，高地去平利于水利灌溉。

部族首领颛顼不赞成共工氏的做法。颛顼认为，在部族中至高无上的权威是自己，整个部族应当只听从他一个人的号令，共工氏不能自作主张。他以上天发怒为理由，反对共工氏的水利建设计划。于是，颛顼与共工氏之间发生了十分激烈的斗争。表面上是对治土、治水的争论，实际上是对部族领导权的争夺。

愤怒的共工氏驾起飞龙，猛地撞向不周山。不周山被共工氏拦腰撞断，整个山体轰隆隆地崩塌下来。天塌东北，地陷西南，洪水汹涌而下，女娲和弟弟伏羲躲在一只巨鳌腹中才躲过这场灾难。

当女娲和伏羲从巨鳌口中钻出来时，天还没有长好，到处都是裂缝，洪水还没有消尽，滔滔奔流。女娲在弟弟的帮助下，着手炼石补天。天补好了，姐弟俩长大了。因为洪水毁灭了万物生灵，遍天下不见一个人影儿。那只搭救他们的巨鳌又出现了，劝说女娲和伏羲姐弟俩结为夫妻，生儿育女。

一日，女娲行至河边，抓起泥巴照着自己的影子捏了一个泥人，对着泥人吹了一口气，然后放到地上，泥人竟然活了，欢欢实实地跑起来。女娲好感动，好高兴，蹲到地上飞快地捏起来。她又让伏羲和自己一起照着对方的样子捏。女娲捏出来的全是男人，伏羲捏出来的全是女人，男女双双婚配，从此人类得以繁衍不息。女娲仍然觉得人烟稀少，于是把藤条的一头系在水边的大树上，另一头扎进泥浆，用劲摆动，飞溅的泥浆也变成了人。

透视这个上古神话，可以看到：远古时代的水权就是统治权，共工的水利计划是对统治者的“藐视”。而“补天”是原始先民们对地震、洪水等自然灾害以原始思维方式认识的实迹。《山海经·大荒西经》有郭璞注:“女娲，古神女而帝者，人面蛇身，一日中七十变。”女娲“炼五色石以补苍天”“断鳌足”“杀黑龙”“积芦灰以止淫水”以治水，均为原始先民祭祀天地的巫术活动。直到汉代，女娲一直被作为水神供奉，有东汉王充著《论衡·顺鼓》载:“雨不霁，祭女娲。”

另据考证，共工是指供奉、祭祀龙的神职人员，共工氏世代作为供奉龙的巫神，一面祈求龙的庇佑，一面修葺堤防，开展治水基本建设。西汉董仲舒在《春秋繁露》中称，当时民间春旱祈雨，要用八条活鱼祭祀共工。传说中，颛顼生前惩治黄水怪，死后仍可退水救民，广受民众爱戴，后世亦作为水神崇拜。由此，远古人类因水而生的图腾、先祖、神、宗教祭祀活动，以及人类对水的敬畏与崇拜等尽收眼底。2020 年 2 月 20 日，国际天文学联合会正式将矮行星 2007 OR10 以中国上古神话中的水神“共工”(225088 Gonggong) 命名 (图 3.3)，其卫星以共工的臣属、水神“相柳”(相繇，Xiangliu) 命名。关于水神相柳，《山海经》也多有记载，如《山海经·海外北经》云:“共工之臣曰相柳氏，九首，以食于九山。相柳之所抵，厥为泽溪”尔尔。

图3.3　以“共工”命名的矮行星和其卫星“相柳”

在中国上古神话中，伏羲与女娲的神话故事流传久远，在古墓、壁画中多有体现 (图 3.4 ~ 图 3.10)。

图3.4 马王堆1号墓帛画局部图中的女娲（湖南省博物馆馆藏）

图3.5 西魏时期敦煌壁画《伏羲女娲图》（莫高窟第285窟的穹顶局部）

图3.6 新疆阿斯塔那墓葬出土的唐代绢画《伏羲女娲图》（新疆维吾尔自治区博物馆馆藏）

图3.7 河南新野出土伏羲女娲尾缠玄武图（新野县博物馆馆藏）

图3.8　南阳市麒麟岗汉墓出土伏羲捧日图　图3.9　南阳市麒麟岗汉墓出土女娲捧月图

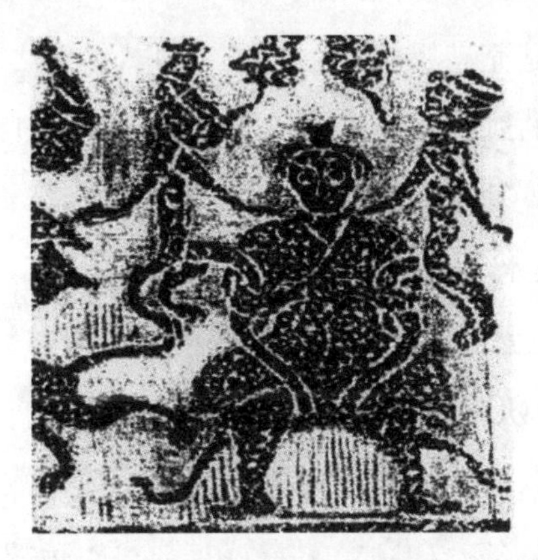

图3.10　河南南阳唐河针织厂汉墓出土盘古、伏羲、女娲画像石

3.1.3　精卫衔微木，将以填沧海

“精卫填海”文字记载首见于《山海经 · 北山经》:“又北二百里，曰发鸠之山，其上多柘木，有鸟焉，其状如乌，文首，白喙，赤足，名曰‘精卫’，其鸣自詨。是炎帝之少女，名曰女娃。女娃游于东海，溺而不返，故为精卫。常衔西山之木石，以堙于东海。漳水出焉，东流注于河。”

东晋张华《博物志》卷三“异鸟”又将其摘抄书中:“有鸟如乌，文首、白喙、赤足，名曰精卫。昔赤帝之女名女娃，往游于东海，溺死而不返，其神化为精卫。故精卫常衔西山之木石，以填东海。”此后，郭璞注《山海经》时写的《山海经图赞》则有“精卫”专条:“炎帝之女，化为精卫。沉形东海，灵爽西迈。乃衔木石，以填攸害。”陶渊明《读山海经 · 其十》:“精卫衔微木，将以填沧海。刑天舞干戚，猛志固常在。”

南朝梁任昉《述异记》卷上再次提到此神话时，与《山海经》相比，差距很大，增加了精卫与海燕"通婚"、溺水处及精卫别称的内容，可见"精卫填海"神话有异文流传。后来"精卫填海"虽不断征引，皆不出《山海经》《博物志》《述异记》等书。

2001年10月，于重庆丰都袁家岩发掘出的"汉代神鸟"（东汉红陶衔珠神鸟，见图3.11），轰动了考古界，现藏于三峡博物馆，被推举为五件镇馆之宝之一。其通高16厘米，长27厘米。双足立地状，右目硕大，口中衔有一珠，两翼平伸，呈昂首展翅飞翔状。其头部后方有一圆饼形状。神鸟最重要的特征是鸟头正后方上的圆盘及嘴中所衔圆珠。巴人先祖，把神鸟当作神供奉，生前祭祀，死后随墓。同时，还因其嘴衔圆珠，我们也许可以大胆猜测这就是巴人奉为神鸟的原型——传说中的精卫鸟。

精卫填海的神话是古人关注海洋、认识海洋的一种表达方式。考古学文化表明，自古以来，从北到南的海岸线把中华民族的先民紧紧地与大海联系在一起，中华民族的古老文明中很早就孕育着海洋文化的基因。

在古人看来，海洋是充满黑暗、令人恐惧的"化外之域"，认为地下世界的黄泉之水同围绕九州陆地的海水互为一体。因之《释名》曰："海，晦也。主引秽浊，其水黑而晦。"西晋张华《博物志》则云："天地四方，皆海水相通，地在其中，盖无几也。"既然地底的大水与地四周的海水是相通的，那么阴间的两大特征——黑暗不明与无边大水——也就同时属于海了。张华《博物志》亦云："海之言，晦昏无所睹也。"所谓晦，指月朔或日暮，昏暗之意。与此同时，中国人视海洋为灾难之源，是凶险和荒蛮的代名词。由此，有了"苦海"，把北方西伯利亚荒凉不毛之地称之为北海，把茫茫沙漠称之为瀚海，等等。"海夷不扬波"成为天下清平的象征。成语中的"海晏河清"，更是把平静的海洋与水清的黄河作为理想的生存条件。

古人认为，中国四面临海，"四海之齐谓中央之国"（《列子·周穆王》），《尔雅·释地第九》解释："九夷、八狄、七戎、六蛮，谓之四海。"以中国为海内中心，荒远之地即谓"海"。据《山海经》等文献记载，北海之神禺强（中国最早出现的海洋神），形象十分凶恶，且地处幽暗，掌管生杀予夺，实际上也是一位死神。《山海经》中记载的大量海外世界的异国奇民的神话，比如"讙头国""长股国""大人国"等的

图3.11　重庆丰都袁家岩发掘出的"汉代神鸟"（东汉红陶衔珠神鸟，重庆中国三峡博物馆馆藏）

生活情况，充满了奇诡怪诞。这些神话折射出远古先民对海洋的认识——强大、凶险、变化莫测以及不可知。精卫填海更是体现了中国古人心目中的海洋观——海洋是阴森可怖的死亡之所，人类对大水泛滥充满忧虑，因之填海以消除水患。

课后习题 3.1

课后习题 3.1 答案

3.2 水崇拜主导传统民俗文化

❶ 中国水崇拜历史渊源。

❷ 民俗活动中的水崇拜原始形态。

3.2 水崇拜主导传统民俗文化

学习思考

❶ 以你熟知的水崇拜原始形态为例，分析它对民风民俗的影响。

❷ 长江、黄河滋养的中华文化独具中华文明的精神标识和文化精髓，尝试从家乡的河流入手，讲述你身边的中国故事。

水崇拜最初表现为对水的神秘力量的崇拜，后来发展到对司水之神的崇拜，意即赋予水以人格和神灵，使之具有与人类相似或相同的思想、情感、行为等，甚至还赋予水以超自然的力量，成为无所不能的神灵，便形成了水神。水神主要有动物水神和人物水神。前者大多数是事实存在的动物，与水都有某种联系，也有幻想出来的，如龙神。后者多是由动物水神演化而来，也有神话传说和历史中确实存在的治水英雄等。

水崇拜是人类最早产生并延续持久的自然崇拜。中国上下五千年的文明史一直以农耕经济为主，农业对水的倚重，使中国人对水的崇拜有增无减，愈演愈烈，形成了千奇百怪、无以数计的水崇拜衍变形式，并影响、渗透到中国人物质生活和精神生活的各个层面。研究水的崇拜，不仅可以揭示种种与水相关的民俗背景，更可以探究中国传统精神文化现象的形成与价值挖掘。

3.2.1 中国水崇拜渊源

中国历朝都把祭祀各种司水神灵列为重要的政事活动。在殷商的甲骨卜辞中，多有对河流神虔诚奉敬及隆重祭祀的记载，其中有关黄河神祭祀的不下五百条。在祭祀中，人们常常把大量牛、羊等物沉入河中，甚至用人作祭品，以示诚意。周代出现了所谓“四渎”的说法，具体指长江、黄河、淮水、济水四条著名河流，官方主要祭祀“四渎”。民间一般只祭祀自己居住区附近的河神。天旱祭祀祈雨，水涝祭祀祈晴，日

常定期祭祀祈风调雨顺。这些活动，不仅有各级官吏参与，而且有最高统治者的主持与倡导。一些朝代还把对某些司水神灵的祭祀，列为国家祀典，设专职管理，并一再为这些神灵加封晋爵。

3.2.1.1　原始形态及其产生

水崇拜起源于原始社会，是最典型的早期原始自然崇拜。远古人类因水而生、沿河而居。水给予人类生命、生活，水害又给人类带来灭顶之灾、滔天恐惧，水带给人类的祸福远远超过了其他自然物。原始初民的水崇拜，在很长一段时间直接表现为对水体本身的崇拜。迄今可见，最早水体崇拜痕迹应是史前文化遗址中的陶器刻纹。如西安半坡的鱼纹彩陶和陕西临潼姜寨出土的鱼纹彩陶（图 3.12）及人体钵等，都有《山海经・大荒西经》所描述的偏枯人面鱼身图像。这种偏枯人面鱼，正是古代活动于这一带的夏民族信奉的水神。中华先民崇拜人鱼图腾，可追溯到新石器时代，来自仰韶文化的人面鱼身纹陶壶，陶文人鱼符号等。另外，仰韶文化、细石器文化、印纹陶文化、大溪文化、屈家岭文化等史前文化遗址出土的陶器上，绘有大量的条纹、涡纹、三角涡纹、水波纹、漩纹、漩涡纹等代表水的饰纹，是远古先民对水的信仰的直接佐证（图 3.13）。

图3.12　姜寨遗址出土的人面鱼纹（偏枯人面鱼）尖底陶器（西安半坡博物馆馆藏）

图3.13　仰韶文化早期三角斜线方纹彩陶盆（甘肃省博物馆馆藏）

原始水崇拜的第一目的是祈求充沛的雨水。在以采集为生的原始社会时期，原始初民已体验到雨水与植物生长的关系。只有雨水充沛，植物生长旺盛，人们才能从植物中采集到较多的叶、茎、果实和根块。进入农耕时代后，原始农业的丰收几乎完全建立在风调雨顺的基础上。在距今 7000 年的河姆渡文化遗址中，发掘出一种称之为骨耜的农具。据宋兆麟考证说，这既是翻地的农具，又是水利工具。说明当时人们已经懂得引水灌溉农田。对水的依赖，必然导致对水的崇拜。

原始水崇拜的第二目的是祈求人类自身的生殖繁衍。从多个民族的创世史诗和后世典籍可以看出，原始人认为人是从水中来。云南乌蒙山彝族的彝文典籍《六祖史诗》载：“人祖来自水，我祖水中生。”在原始先民眼里，不仅人是水生，而且天地万物皆从水生。《管子·水地篇》曰：“水者，何也？万物之本原，诸生之宗室也，……万物莫不尽其几，反其常者，水之内度适也。”这种水生人、生万物的观念，并非后世杜撰，而是原始水崇拜的延续（图3.14）。1986年，四川省广汉市三星堆遗址，出土了轰动考古界的商代“青铜神树”，它生动展现的中国上古时期干支历法和治水图腾应龙，与著名先秦古籍《山海经》相关水崇拜神话惊人吻合（图3.15）。

图3.14　江苏南京祖堂山出土南唐人首鱼身俑（南京博物院收藏）

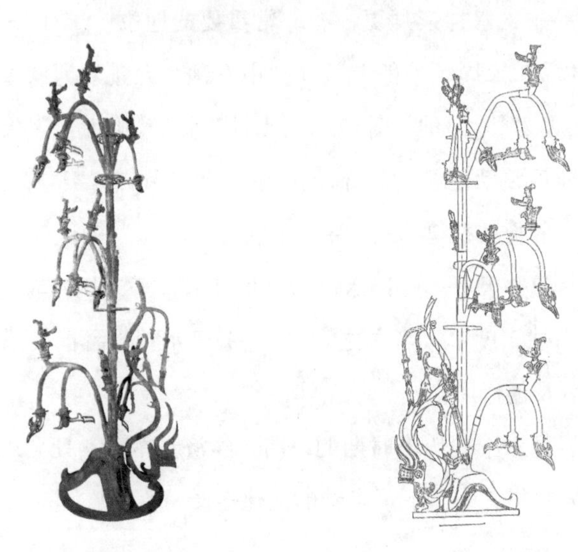

图3.15　三星堆遗址出土商代“青铜神树”（三星堆博物馆馆藏）

3.2.1.2　水崇拜的文化影响

水崇拜对中国古代文化的发展，无论是民俗、宗教、文学等都起着重要的影响。

在民俗文化方面，如：诞生礼俗中的洗礼、送水礼、冷水浴婴，婚俗中的泼水、喷床、喝子茶，巫俗中的符水禁咒等，无不深深烙印着水崇拜的痕迹。而耳熟能详的端午节，则是一个包含更多水崇拜内容的传统民俗节日。民间关于端午节的起源，有几种说法：一是龙的节日说。古代吴越族以龙为图腾，端午节是古代吴越族举行图腾祭祀的节日。二是纪念说。纪念人物有屈原、伍子胥、孝女曹娥等。三是驱毒避邪禳灾说。无论哪种说法，端午节都主要与水神崇拜相关。

在宗教文化方面，比如道教中的神灵往往直接由水神发展而来。龙是水崇拜中的主要水神，道教在它的神仙谱系中通过吸收龙神，塑造出自己的龙王。而且根据传统的四海海神的观念，创造出东海龙王敖广、南海龙王敖明、西海龙王敖闰、北海龙王敖顺。长江上游的岷江流域尊都江堰创建者李冰为水神，自汉代起立祠祭祀。之后，道教将神话人物二郎神附会为李冰之子，并将父子二人合祀于道观中（图3.16）。除此以外，中华传统水崇拜中的风、云、雷、雨、电、江、河、湖、海等水神都为道教所承袭，成为道教的水神，且皆具有司水的神性。

图3.16　都江堰“二王庙”

在古代文学作品中，水神崇拜更占有非常重要的地位。《诗经·周颂·时迈》有“怀柔百神，及河乔岳”，《周颂·般》载“堕山乔岳，允犹翕河”，《楚辞》中的《九歌》有《湘君》《湘夫人》《河伯》等专门的水神篇目。《山海经·大荒西经》还提到一种“鱼妇”具有死后复活的神力：“有鱼偏枯，名曰鱼妇，颛顼死即复苏。”西汉司马迁所著之《史记·秦始皇本纪第六》中，有关于“人鱼”的记载，其中提到：“始皇初即位，穿治骊山，及并天下……以水银为百川江河大海，机相灌输，上具天文，下具地理。以人鱼膏为烛，度不灭者久之。”这些关于水神崇拜的文学创作，极大地影响了后世的文学发展及创作风格。

除此之外，水崇拜对不同历史时期的政治、经济、军事、社会思想等方面都产生着重要的影响，也为中华文明留下了丰富的文化遗产。

3.2.2 民俗活动中的水崇拜

水在人类生活、生产中占据着不可替代的重要作用，原始祖先大都依水而居，农作物生长也需要水的滋润，远古初民自然对水体产生了崇敬之情。进入农耕时代后，农业丰收倚靠风调雨顺的天气，但过度降雨又引发洪涝灾害。江河湖海肆意泛滥给人类带来毁灭性灾难，使人滋生畏惧之情，相信有神灵掌管水，控制江河湖海，促使水崇拜逐渐向神灵化和人格化发展，并与各民族古老的传统民俗与活动密切相关。

3.2.2.1 岁时民俗与水

岁时是民间文化中传承性最强的部分，也是民族文化中最具共性的部分。尤其是在中国这样的传统农业国度，水对农业生产起决定性作用。因此，凡农事性岁时风俗，几乎直接与水相关。例如，元宵节舞龙灯、立春迎春鞭春、春社祭社神祈雨、龙抬头节祭龙接龙祈丰年、三月三水滨浴洗、端午节龙舟竞渡、七夕沐浴汲圣水等，无不包含着水与农事的关系，以及传统民俗对水的原始崇拜。

1. 元宵节

“元宵节”又名“元夕节”“上元节”，起源于上古时期的农业祭祀活动，元宵张灯与燔燎祈谷都有灯火娱神、祈求丰收的意思。元宵节张灯习俗流传至今，其中龙灯最具元宵节标志意义。龙是中华文明传统观念中的司雨水神，中国传承几千年的民俗中至今仍把龙当作掌管雨水的水神立祠祭祀。元宵节为一年岁首，也是春节的尾声，过了正月十五，一年的农事活动便开始了。所以，元宵节舞龙，以祈求一年风调雨顺、五谷丰登。而且民间为了突出舞龙祈雨求丰年的主题，龙灯上会依例写上“风调雨顺”“五谷丰登”“国泰民安”等字样。

有传说，元宵节是拜天神“太乙”的日子。古人认为天神决定人类世界的命运，太乙麾下拥有 9 条龙，掌管饥荒瘟疫之祸、旱灾水涝之苦。从统一中国的第一个皇帝秦始皇开始，每年都举行国家祭祀大典，祈求太乙神赐予风调雨顺、健康长寿。汉武帝对元宵灯会特别重视，太初元年（公元前 104 年），他把元宵钦定为最重要的佳庆之一，庆祝仪式通宵达旦。

2. 龙抬头节

农历二月二的龙抬头节是我国民间的又一重要传统节日，而且是专门祭祀龙神的日子。一般来说，过了农历二月二，雨水逐渐增多，农事活动次第展开。龙抬头节，正是古代为满足农业生产适应气候需要而产生的节日。

“二月二”习俗的文化渊源可以追溯到远古的龙崇拜与社祭习俗。“二月二”作为一种节日的文献记载，可见诸元代熊梦祥所著《析津志·岁纪篇》：“二月二日，谓之龙抬头。五更时，各家以石灰于井畔周遭糁引白道，直入家中房内，男子、妇人不用扫地，恐惊了龙眼睛”。为了使龙能够顺利结束冬眠回到人间，并尽快履行降雨职责，民间形成了一系列祭龙和接龙、引龙的俗事活动。各地龙抬头节习俗的内容十分丰富，包括祭龙、撒灰、击房梁、熏虫、汲水、理发、儿童佩戴小龙尾、儿童开笔取兆、食猪头（龙须面、龙鳞饼）等。其中，祭龙即祭祀龙神。祭龙是龙抬头节的一项重要活动，届时，要用猪头敬奉龙神，祈求全年风调雨顺、渔猎丰收。而撒灰的目的是以撒下的灰线引龙回归，称“引龙”。龙抬头节撒灰至井边或者河边引龙，请龙神行使司雨的神职，按照农时及时降雨。

3. 上巳节

在中国，三月三上巳节是一个非常古老的节日。据史载，上巳节早在西周时就已存在，到汉代正式列为节日。经过魏晋南北朝传承，至唐代更加繁盛，官方和民间都非常重视。

图3.17　龙舟夺标图（元 · 吴廷晖）

农历三月三为三月上旬的巳日，故称“上巳”。魏晋以后逐渐固定为三月三日，中心活动是水滨沐浴。古人认为洗浴能祓除不洁与疾病，称之为祓禊，寓意以水消灾、以水疗伤病、以水促男女性爱，以及浴水孕子、浣衣孕子等，充满对水的神秘力量的崇拜。

4. 端午节

农历五月初五端午节，又称龙船节、端阳节等。按干支推算，“五五”为“戊午”，“端”即“初”，故而得名。端午节的历史极为悠久，节日风俗也极其丰富，其中龙舟竞渡是端午节最重要的民俗活动之一（图 3.17）。据考证，吴越之地于春秋之前就有在农历五月初五以龙舟竞渡形式举行祭祀的习俗。屈原《楚辞 · 涉江》有云：“乘舲船余上沅兮，齐吴榜以击汰。船容与而不进兮，淹回水而凝滞。朝发枉渚兮，夕宿辰阳。”

五月仲夏时节，干旱时有发生，而此时正是水稻生长的关键时期，农家对雨水的期盼心情可想而知。人们用龙舟竞渡的形式，模拟龙的形象，显现龙的神威，其用意在于激发龙的神性，保佑一方风雨遂人。

5. 七夕节

农历七月初七，俗称七夕，传说是天上牛郎织女相会的日子（图 3.18）。因这一节日的主要活动为妇女乞巧，所以又称为“乞巧节”。这一天，还有七夕沐浴汲圣水的重要习俗。传说这一天，天上的仙姬织女要下天河沐浴，因而天河之水便有了仙灵之气。

图3.18　牛郎织女汉画像石

在古人的自然信仰中，认为天、地、人是相互感应的，天河的水与地上的水相通，因之地上的水也具有了仙灵之气。可见，七夕汲圣水与沐浴习俗都是对水之神秘力量的崇拜。

除了以上著名的岁时习俗外，与水相关的岁时习俗还有立春、迎春、鞭耕牛和春社祭神祈雨等。

3.2.2.2 祈雨风俗

中国是一个古老的农业大国，农作物收成与雨水的丰寡关系最为密切。历代先民先后创造了诸多与水旱灾害有关的雨水神话。祈雨，又可称为“乞雨”“求雨”“祷雨”等，是古代重要的农事活动之一。干旱缺水是发展农业生产最大的障碍之一。据西汉历史记载，一旦旱灾发生，上至帝王官僚，下至平民百姓无不积极投入祈雨活动。

图3.19　黄帝战蚩尤（汉画像石）

《山海经·大荒北经》云:“有人衣青衣，名曰黄帝女魃。蚩尤作兵伐黄帝（图3.19），黄帝乃令应龙攻之冀州之野。应龙蓄水，蚩尤请风伯、雨师，纵大风雨（图3.20）。黄帝乃下天女曰魃，雨止，遂杀蚩尤。魃不得复上，所居不雨。叔均（周先祖）言之帝，后置之赤水之北。”由此可知，女魃原是天上的一位旱神，帮助黄帝战败蚩尤后成为人间的旱鬼。古人认为旱灾的原因就是旱魃在作怪。如果设法把旱魃赶走或除掉，旱灾就会自然消失了。于是就出现了驱赶、暴晒、溺水及虎食等诸种形式的除旱魃祈求雨的风俗活动。

图3.20　应龙、游鱼（南阳画像石拓片）

1. 食旱魃

《虎吃女魃》画像在河南的洛阳及南阳等地均有发现（图3.21）。洛阳西汉壁画

墓中的一幅《虎吃女魃》画像的内容大致如下：图中有一女子裸上身，乳下垂，闭目扬手横卧于一树下，树木作焦枯状，一鸟从树上飞过。女子的长发系于树上，树上挂一件红色上衣。女子右侧身后有一虎，有翼，瞪目，虎右爪按着女子头部，以口食其肩，女子裸体作紫灰色，肩部有血痕。河南南阳汉画馆现存有一《虎吃女魃》画像石，画左右有二虎，一虎生翼。二虎正低首扑食一女子，女子瘦弱纤小，上身裸露，下着裳，赤足，伏于地，一臂上举，作挣扎状。另外，二虎中间正上方又有一熊作人立状，双臂左右平伸，指向二虎。

图3.21　虎吃女魃（南阳汉画像石拓片）

古人认为虎能食鬼魅。《风俗通义》云："虎者，阳物，百兽之长也，能执搏挫锐，噬食鬼魅。"在汉代的"大傩"活动中，就有以人装扮成十二神兽驱逐鬼怪的表演。虎属十二神之一，而旱魃是为害人类的恶鬼。汉人在墓葬中描绘《虎吃女魃》画像，用以祈求消除旱灾。

2. 驱旱魃

《山海经·大荒北经》云："魃时亡之，所欲逐之者，令曰：神北行。先除水道，决通沟渎。"郭璞注曰："言逐之必得雨，故见先除水道，今之逐魃是也。"时至今日，在我国僻远的乡间，仍然保留有远古流传下来的驱旱鬼遗俗。如河南的一些乡村，当久旱不雨时，就传闻出现了"旱鳖"或"旱姑装"，或是一枯瘦老妪或是一身裹素装的女子，认为正是因为这类旱鬼在作怪，从而导致干旱无雨，于是民众们便执杖举刀、赶杀旱鬼。这里的旱鬼皆为女性，显然应是从旱鬼女魃神话演变而来的。

3. 溺旱魃

汉代有将旱鬼女魃投入水中以求免除旱灾的做法。张衡《东京赋》云："囚耕夫于清泠，溺女魃于神潢。"《后汉书·礼仪中》注曰："耕夫、女魃皆旱鬼。恶水，故囚溺于水中使不能为害。"除此之外，更有把旱魃投入粪坑中的做法。《太平御览》卷八八三引《神异经》云："……名曰魃。所见之国大旱，赤地千里。一曰旱母，一曰狢，遇者得之，投溷中乃死，旱灾销也。”

4. 晒旱魃

《山海经》中还记载有晒旱魃之俗。如《海外西经》云：“女丑之尸，生而十日炙杀之，在丈夫北，以右手障其面。十日居上，女丑居山之上。”又据《大荒北经》及《大荒西经》记载，女丑与女魃皆衣青衣之女子。因而，女丑很可能就是旱鬼女魃或装扮成旱魃的女巫。时至近代，四川绵竹县的民间仍然保留有晒旱魃的遗俗。当大旱之时，人们用纸糊一女人，披发，面部极丑恶，用一滑杆悬于高杆上，太阳晒之，以示惩罚，兼祈雨。当地称此种做法叫“挂旱魃虫”。另外，广东潮州民间求雨时，当祈求和贿赂均不灵验时，就将雨仙爷抬到烈日下暴晒。江苏阜宁县也有晒菩萨以求雨的习俗。这些风俗实际上都是古代晒旱魃求雨习俗的变种。

此外，民间各种祈雨仪式多种多样。例如：

课后习题 3.2

课后习题 3.2 答案

以龙祈雨。龙是最有影响的水神，以龙祈雨也是最悠久、最常见的文化现象。其基本方法都是模拟龙的形象或行为，鼓噪或要挟龙王以求降雨。由于具体方式的不同，又分为造土龙祈雨、画龙祈雨、舞龙祈雨等。其中，造土龙祈雨发端于殷商时代。《淮南子》载：“用土垒为龙，使二童舞之入山，如此数日，天降甘霖也。”故《淮南子·地形训》曰：“土龙致雨。”高诱注：“汤旱，作土龙以象龙，云从龙，故致雨也。”汉代，这一方式极为盛行，一直延续到宋代。画龙祈雨是造土龙祈雨的演变，出现于唐代，至清代仍有遗存。舞龙祈雨在汉代已有明确记载，是至今仍然流行的一种民间习俗，尽管原始的祈雨目的已不多见。此外，在民间还出现过晒龙王、游龙王等祈雨仪式，以要挟的方法，让龙王忍受烈日暴晒的痛苦，以降雨。之后还会抬着龙王游街，使其感受民众的呼声，早日降雨。或者定期到龙王庙祭祀，祈求龙王保佑平安，把龙王尊为保护神。角抵戏中的“鱼龙蔓延”（图 3.22），由人装扮成巨鱼和巨龙的祈雨表演，之后演化为舞龙、舞狮等表演活动。这类由演员扮作兽形、神仙之类的动物戏、人物戏，当时又称为“象戏”。传统乐舞百戏不仅是民俗和娱乐，更是祭祖、娱神、求仙活动中的重要礼仪。

图3.22　山东沂南北寨汉墓出土“鱼龙蔓延”画像

献祭祈雨。献祭祈雨是一种用沉、漂、埋、投和供奉等形式，以食物等物品祭祀祈雨的方式。从祈祷的对象来看，不仅将龙神、水神、河神、雷神、雨师神、风伯神、虹神等与降水有关的神灵作为祈雨的对象，而且诸如城隍、土地等似乎与降水关系不大的神灵也常常作为祈雨对象。

雨状祈雨。这是一种以模拟降雨祈雨的巫术，最常见的手法是泼水和戴雨具。古人相信，再现降雨的情景会诱发神灵降雨。

祭水风俗。尧舜时期，已经形成了有意识的山川祭拜活动。秦代供奉河神庙，汉代以后，除河神外，海神、湖神、泉神等水神都成为了古人的祭祀对象。居于大江大河河谷平坝的人多祭祀河神、江神，居于湖泽附近的人多崇拜湖神、渊神，居于海滨的人多崇拜海神。古代农耕社会，汉族乡村普遍存在祭祀井神的遗风，一些少数民族则对与自己有关的湖、潭、渊、溪、井等水源进行祭祀。

3.3 水思想凝结古代哲学精髓

❶ 管子、老子、孔子、孙子等水思想著述。

❷ 传统水思想所蕴含的哲学智慧。

学习思考

❶ 举例说明：中国古代哲学精髓中的水哲学思想，对民族文化、民族精神有哪些深远影响？

春秋战国时期正处于历史大变革年代。社会的动荡与变迁，促使各国君王广纳贤才，激发饱学之士上下求索，使这个时期成为中国文化史上百家争鸣、百花齐放的伟大时代。并且，由于社会经济的急剧变化，水利事业在社会中的地位变得日益重要，也使这一时期的政治家、思想家、哲学家、军事家都纷纷把目光投向水。诸子百家对水的论述，形成了中国最早最丰富的传统水思想、水哲学，被近现代中国乃至世界尊为中国古代哲学精髓。

3.3 水思想凝结古代哲学精髓

3.3.1 “水者，万物之本原”

管子（？—公元前645年）（图3.23），即管敬仲，颍上人。名夷吾，字仲，是我国春秋时期著名的政治家、军事家、经济学家、哲学家。管仲所处的时代，正是中国历史上礼崩乐坏、社会急剧变化的时代。几经人事波折的管仲终由鲍叔牙推荐，担任齐国的相国。管仲相齐的四十年间，大刀阔斧地进行改革，在军事、政治、经济、哲学等方面均取得卓越成果，并协助齐恒公成就霸业。管子的思想和主张集中体现在《管子》一书中。

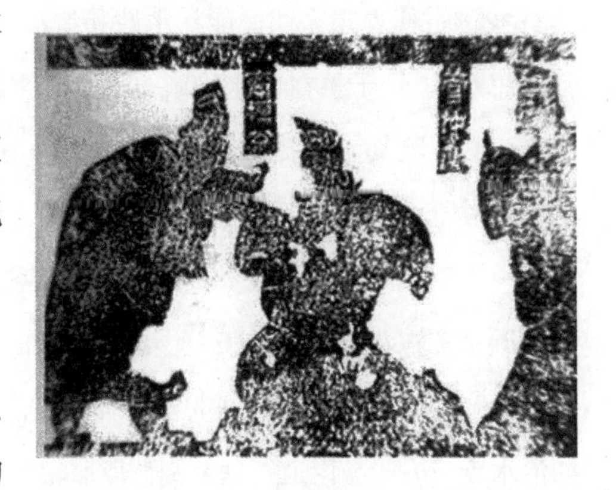

图3.23　管仲（右一）
（山东嘉祥武氏祠汉画像石）

3.3.1.1　水之哲学——万物之本原

我国古代朴素唯物论把金、木、水、火、土“五行”视为世界的本原。水生万物的哲学观念具有明显的朴素唯物论思想，《管子》正是其中的典型代表。如《管子·水地篇》曰：“是以水者，万物之准也，诸生之谈也”，“水者何也？万物之本原，诸生之宗室也。……万物莫不以生”，“是故具者何也？水是也。万物莫不以生，唯知其托者能为之正”等，都明确地把水看作世间万物的根源，是世界的本原、生命的根蒂。

为了增强上述论点的说服力，《管子·水地篇》又载：“是（水）以无不满，无不居也。集于天地而藏于万物，产于金石，集于诸生，故曰水神。集于草木，根得其度，华得其数，实得其量。鸟兽得之，形体肥大，羽毛丰茂，文理明著。万物莫不尽其几，反其常者，水之内度适也。”这段话主要表达了两层涵义：其一，水浮天载地，无处不在，世间万物中都有水的存在，这是水独具的神奇之处；其二，万物之所以繁衍生息，充满生机与活力，靠的是水的滋养哺育。如果没有水，万物就失去了生存的根本，包括人的生命。“人，水也。男女精气合，而水流形。……凝蹇而为人。”（《管子·水地》）

3.3.1.2　水之治——兴利除害

管子关于水之治理的韬略，主要集中在《管子·度地篇》中。一曰：“水有大小，又有远近。”将水分为经水、枝水、谷水、川水、渊水，提出按照水性和不同类型采取不同的治水措施，以兴利除害。二曰：“请为置水官，令习水者为吏。大夫、大夫佐各一人，率部校长、官佐各财足。乃取水左右各一人，使为都匠水工。令之行水道、城郭、堤川、沟池、官府、寺舍及州中，当缮治者，给卒财足。”这样的管理理念，充分体现了管子的水政思想。三曰：“常以秋岁末之时，阅其民，案家人比地，定什伍口数……并行以定甲士，当被兵之数，上其都”，提出农闲时宜组织民众兴修水利，并对筑堤、灌溉等多有论述。

3.3.1.3　水之道——治国与理民

我国古代思想家往往能从水性和治水活动中得到治国安邦的启发，并升华为治国安邦的思想。《管子》在以水喻政方面，也多有精辟阐释。如《管子·度地篇》论："善为国者，必先除其五害"，"五害之属，水为最大"，"除五害，以水为始"；《管子·牧民篇》论："下令于流水之原（源），使居于不争之官（职业）；……下令于流水之原，令顺民心也。……令顺民心，则威令行"等，以水喻民。用水自源头顺流而下、自然而然的形态，说明颁布实施政令应顺应民心、易于推行的道理，提请统治者顺民。《管子·七法篇》中提出治国治民必须要掌握好七条基本原则，其中用好"决塞"之术是重要的一条。"治人如治水潦……居身论道行理，则群臣服教"。《管子·君臣篇下》又载："天下道其道则至，不道其道则不至也。夫水波而上，尽其摇而复下，其势固然也。"论述人君须行道，天下就会归附，这好比浪头涌起，到了顶头又会落下来，乃是必然的趋势。

3.3.1.4　水之德——君子之德

管子对水特别推崇，认为人的性格、品德、习俗等都与水有着密切关系。其《管子·水地篇》云："水，具材也，何以知其然也？曰：夫水淖弱以清，而好洒人之恶，仁也。视之黑而白，精也。量之不可使概，至满而止，正也。唯无不流，至平而止，义也。人皆赴高，己独赴下，卑也。卑也者，道之室，王者之器也，而水以为都居。"管子依据水的不同功能和属性，以德赋之，与老子"上善若水"和儒家"以水比于君子之德"的观念一脉相承。《管子》通过盛赞水"仁德""诚实""端正""道义""谦卑"，规劝世人效法水的无私善行，达到至善至美境界。

3.3.1.5　水之用——环境为先

《管子·乘马篇》云："凡立国都，非于大山之下，必于广川之上。高毋近旱而水用足，下毋近水而沟防省。因天材，就地利，故城郭不必中规矩，道路不必中准绳。"《管子·度地篇》曰："故圣人之处国者，必于不倾之地，而择地形之肥饶者。乡山，左右经水若泽，内为落渠之写，因大川而注焉。"管子提出：选择城郭或城市的位置，要考虑地形与水的因素，既要有充足的水源，又要有较好的防洪条件，因地制宜。管仲认为城市建设应该重视水环境，全面考虑供水、排水、防水等方面的问题。

明万历六年（1578年），为纪念管仲和鲍叔牙，安徽省阜阳修葺了管鲍祠（图3.24）。

图3.24　明万历六年（1578年）建管鲍祠

3.3.2 “上善若水，水善利万物而不争”

老子（约公元前571—？），姓李名耳，字聃，楚国苦县（今河南鹿邑东，一说为今安徽涡阳人）厉乡曲仁里人，与孔子同时期且年长于孔子。老子是道家思想的创始人，也是中国古代最有影响的思想家、哲学家之一（图3.25）。老子晚年著书上下两篇，共五千多字，即流传至今的《老子》，亦称《道德经》，是老子哲学思想的集中体现。老子在《道德经》中反复以水或与水有关的物象，比况、阐发“道”的精深博大，甚至推崇水为“道”的象征，认为水“几于道”。有人说老子的哲学就是水性哲学，提出：如果把水作为老子文化思想框架中的一个十分重要的标记，从这个角度回溯老子的文化思想，则更能把握老子之“道”的深厚底蕴和内涵。

图3.25　老子骑牛（清·管希宁）

3.3.2.1　水之道——天下莫柔弱于水

老子曰:“道者，万物之奥。”(《道德经·六十二卷》) 即“道”是独立存在的万物之源。老子哲学从“道”中展开，并由此揭示出“人法地，地法天，天法道，道法自然”(《老子·二十五章》) 的天、地、人法则。同时，老子提出“道”由“水”生。“道冲而用之，或不盈。渊兮似万物之宗。”道是看不见的，但它又好似大海永远装不满，像深渊那般深邃，为万物之宗。自然界中的水普遍存在并孕育生命万物，与老子的“道”有着十分相似之处。从一定意义上说，老子哲学正是将对水性的感悟高度抽象的智慧结晶。

老子以水论“道”曰:“天下莫柔弱于水，而攻坚强者莫之能胜”“天下之至柔，驰骋天下之至坚”。在老子看来，世间没有比水更柔弱的，然而攻坚，没有什么能胜过水。水性至柔，却无坚不摧，正所谓“天下至柔驰至坚，江流浩荡万山穿”。当然，这里老子所谓的“柔弱”，并不是通常所说的软弱无力的意思，而其中包含有无比坚韧不拔之意。“人之生也柔弱，其死也坚强。草木之生也柔脆，其死也枯槁。……是

以兵强则灭，木强则折。”（《老子·七十六章》）刚的东西容易折断，柔的东西反倒难以摧毁，所以最能持久的东西不是刚强者，反而是柔弱者。将这种柔弱胜刚强的规律运用于人生，老子强调“知其雄，守其雌”，“知其白，守其黑”，“知其荣，守其辱”（《老子·二十八章》），主张“将欲歙之，必固张之；将欲弱之，必固强之；将欲废之，必固兴之；将欲夺之，必固与之，是谓微明，柔弱胜刚强”（《老子·三十六章》）。柔能克刚是自然界的重要法则，老子哲学在自然之水启示下对这一法则进行了精辟阐释，并将之引申至人生、战争中，说明柔弱的东西往往充满活力，可能战胜一切，以此传达深邃的辩证法观念：事物往往是以成对的矛盾形式出现，矛盾的双方在一定的条件下可以互相转化。

3.3.2.2 水之德——上善若水

“上善若水”是老子哲学的总纲，也是老子人生观的综合体现。老子曰：“上善若水，水善利万物而不争，处众人之所恶，故几于道。”这其中包含了三方面内容：第一，“善利”。即“居善地，心善渊，与善仁，言善信，正善治，事善能，动善时”。具备这七种美德，就接近“道”了。第二，“不争”。“夫唯不争，故无尤。”《老子·八十一章》云：“圣人之道为而不争。”可见，不争是圣人处世境界的标准。第三，“处下”。“处下”是“不争”的重要表现形式。水，“善利”“不争”“处下”的崇高品德，正是老子之“道”的鲜明特征。

《老子·六十六章》曰：“江海所以能为百谷王者，以其善下之，故能为百谷王。是以圣人欲上民，必以言下之；欲先民，必以身后之，……是以天下乐推而不厌。”老子由水的处下而成江海，阐发善于“处下”的积极作用，并借此告诫统治者，谦虚处下才能得到天下人的拥戴。

山东嘉祥齐山出土汉画像石《孔子见老子》见图3.26。

图3.26 山东嘉祥齐山出土汉画像石《孔子见老子》拓片局部

3.3.3 “智者乐水，仁者乐山”

孔子（公元前 551—公元前 479 年），名丘，字仲尼，是春秋末期著名的思想家、政治家、教育家（图 3.27）。他开创的儒家文化，是中华民族传统文化的主体与核心，深刻地影响和塑造了中国人的文化思想和国民性格。孔子一生与水结下不解之缘，其博大精深的哲学思想蕴涵着丰富的水文化。孔子通过对水的观察、体验和思考，或从社会、历史的层面，或从哲学思辨的角度，或从立身教化的观念出发，阐发对水的深刻理解和认识，并使之与自己的学术思想、政治主张、哲学观点有机融合。

图3.27　孔子画像（唐 · 吴道子）

3.3.3.1　水之道——“仁”

“仁”是孔子思想学说的核心。孔子以水阐述何为“仁”，以及何以为“仁”的论述贯穿《论语》。《论语 · 卫灵公》篇载：“子曰：‘民之于仁也，甚于水火。’”乃以水之比喻论仁德。《论语 · 雍也》又载“智者乐水，仁者乐山”，更将智者与水联系，宣扬“仁”的哲学思想。

孔子的“乐水”，是“智者达于事理而周流无滞，有似于水，故乐水”（朱熹《四书集注》）。而“智者不惑”（《论语 · 子罕》），通过对水的观察和体验，从中领略世间万物真谛。汉代刘向《说苑 · 杂言》载：“夫智者何以乐水也？曰：‘泉源溃溃，不释昼夜，其似力者。动而下之，其似有礼者。赴千仞之壑而不疑，其似勇者。障防而清，其似知命者。不清以入，鲜洁而出，其似善化者。众人取平品类，以正万物，得之则生，失之则死，其似有德者。淑淑渊渊，深不可测，其似圣者。通润天地之间，国家以成。是知之所以乐水也。’”又载：“子贡问曰：‘君子见大水必观焉，何也？’子曰：‘夫水者，君子比德焉。遍予而无私，似德；所及者生，似仁；其流卑下，句倨皆循其理，似义；浅者流行，深者不测，似智；其赴百仞之谷不疑，似勇；绵弱而微达，似察；受恶不让，似包；蒙不清以入，鲜洁以出，似善化；至量必平，似正；盈不求概，似度；其万折必东，似意。是以君子见大水必观焉尔也。’”水的“似德”“似仁”“似义”“似勇”“似智”“似圣”等特点，与儒

家的伦理道德有着十分相近的特征，因而为孔子和儒家的“智者”“君子”所悦。孔子便顺理成章地把水的形态和性能与人的性格、意志、知识、道德培养等联系起来，使水自然体现孔子伦理道德体系的感性形式和观念象征，并成就了儒家文化的道德之水、人格之水。

从一定程度上讲，这种对水的社会化、道德化的认识，正体现了古代“天人合一”的思想。孔子尤其重视道德教化，其创立的儒家学说从某种意义上讲主要是道德学说。而水这种自然世界普遍存在、人类须臾难离的物质，恰恰具有孔子阐发其道德思想的深厚底蕴。

3.3.3.2　水之哲学——逝者如斯夫

孔子对于水的流动性特征的深刻领悟，使他在流水与时间之间也建立了一种特别的隐喻关系。《论语·子罕》记载：“子在川上曰：‘逝者如斯夫！不舍昼夜。’”便是对这种隐喻关系的表达。正如我们所知道的，《论语》中很多言论皆因为缺乏具体语境而造成后世阐释的困难，但孔子关于流水与时间的这一隐喻表述却显得确凿无疑，其中，“子在川上”构成一个言说的背景，使我们得以知道孔子所说的“逝者如斯”究竟何指，而“不舍昼夜”则担当了流水与时间这一隐喻关系之间的相似点，同时将时间的维度（昼夜）巧妙地蕴涵其中，使得流逝之水与流逝之时间相互的隐喻关系更确凿地彰显。这是孔子站在岸边观察滚滚奔流的河水发出的感叹和哲学思考。

孔子观水历来都为人津津乐道，如《孟子·离娄下》载，孔子观水在孟子时代就已受到哲学家关注。而后世文人也对孔子观水非常看重，无论是“乐山乐水”背后的体验思维，还是“逝者如斯夫！不舍昼夜”背后隐藏的人文情怀，都对中国文人产生了深远影响。

图3.28　孟子

后世，作为孔子后继者孟子（图3.28），在其《孟子》的众多比喻中，“水”反复作为喻体出现。孟子往往通过对水象的合理运用，生动阐发他的人性论和治国理念。如，孟子对“水之就下”的特点非常看重。他不仅通过“水之就下”比附人性向善的必然趋势，而且也利用水这个特点强调施行仁政的必要。《孟子·梁惠王上》记载，梁襄王曾经问孟子，什么样的君主能统一天下，获得人民的归附？孟子答曰："王知夫苗乎？七八月之间旱，则苗槁矣。天油然作云，沛然下雨，则苗浡然兴之矣。其如是，孰能御之？今夫天下之人牧，未有不嗜杀人者也，如有不嗜杀人者，则天下之民皆引颈而望之矣。诚如是也，民归之，由水之就下，沛然谁能御之？"东汉赵岐注曰："今天下牧民之君，诚能行此仁政，民皆延颈望欲归之，如水就下，沛然而来，谁能止之。"同时，孟子的德教主张也借助了"水之就下"的特点。《孟子·离娄上》载："孟子曰：为政不难，不得罪于巨室。巨室之所慕，一国慕之；一国之所慕，天下慕之，故沛然德教溢乎四海。"孟子认为，国家道德教化的推行应像水流一样，自上而下，蔚然成风。

3.3.4 "水无常形，兵无常势"

春秋战国时期，战争频繁，经年不断的征伐实践为军事思想的产生和繁荣提供了沃土，涌现出大批著名的兵家，被誉为兵圣的孙子（图 3.29）是其中最杰出的代表。孙子名武，字长卿，春秋末期齐国乐安人（今山东惠民人，或说博兴、广饶人）。生卒年代已不可考，与孔子同时期或稍晚。孙子在军事上的伟大建树主要体现在他为后人留下的不朽军事著作——《孙子兵法》(图 3.30)。

在兵家圣人孙子看来，作战取胜的基本要素在于实力强大、速战速决，而且能够出奇制胜。这种道理很像水的品性，因为水的势能一旦积蓄，沉重的石头也能浮出水面。"激水之疾，至于漂石者，势也……是故善战者，其势险，其节短"(《孙子兵法·势》)。而若懂得出奇制胜，则其取胜智谋就像天地那样无穷无尽，像江河之水那样源源不绝："故善出奇者，无穷如天地，不竭如江河"(《孙子兵法·势》)。在排兵布阵之际，则应讲究势不可当、避实就虚、因敌制胜，这又与水的运动态势非常相像，因而用水来解说作战实在是再恰当不过了。比如驻扎军队要居高临下，就像水一样，一旦居高临下，则势不可当，即"胜者之战民也，若决积水于千仞之溪者，形也"(《孙子兵法·形》)。又如军队的阵形布置要避实就虚，这就像水一样，若要顺畅地流淌，则应避免往高处走，而应尽量往低处流，即"夫兵形象水，水之形，避高而趋下；兵之形，避实而就虚"(《孙子兵

图3.29　孙子

法·虚实》)。同时，排兵布阵还应该因敌制胜，这就像水无常形、因地制流一样神妙非凡，即“水因地而制流，兵因敌而制胜。故兵无常势，水无常形，能因敌变化而取胜者，谓之神”(《孙子兵法·虚实》)。在《孙子兵法》十三篇中，有七篇直接论述了水与战争的关系。孙子以水论兵，哲理精微，堪称《孙子兵法》特色之一。

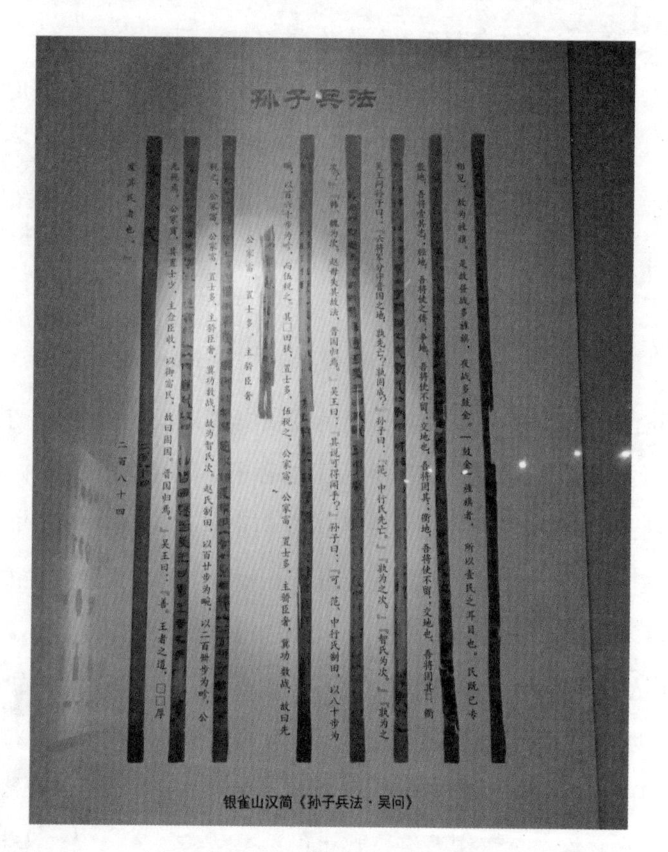

图3.30　山东临沂银雀山汉墓竹简《孙子兵法·吴问》
(山东博物馆馆藏)

3.3.4.1　水与势、形

孙子注重造势，即在战争中造成有利的态势。在《计篇》中，孙子对决定战争胜负的道、天、地、将、法等“五事”进行比较分析后，紧接着提出了一个关于“势”的命题：“计利以听，乃为之势，以佐其外。势者，因利而制权也。”就是说，好的计谋被采纳后，还要设法制造有利的态势，将胜利的可能变为现实，并用激水漂石作比喻。《势篇》有云，湍急的流水，以飞快的速度奔泻，其汹涌之势可以把大石头冲走。善于作战的人，他所造成的态势是险峻的，他所掌握的行动节奏短促而猛烈。这里孙子提出了“势险”和“节短”两个重要原则。“势险”说的是军队运行速度。“激水之疾(急速)，至于漂石”的比喻，形象地强调了速度是发挥战斗威力的重要条件。“节短”说的是军队发起冲锋的距离。

交战的双方是否处于有利的态势固然重要，但战争的胜负还主要取决于军事实力的对比。因此，孙子又提出了“形”的概念。《势篇》曰：“强弱，形也。”孙子认为，创造条件，积蓄军队的作战力量，使自己立于不败之地，是战胜敌人的客观基础；在此前提下，去等待和寻求战胜敌人的机会，才能取得胜利。故《形篇》以千仞高山积水奔腾而下，其势不可当的力量比喻军形，说明军队只有具有强大的军事实力，才会有横扫千军如卷席之势，不可抵挡。

《孙子兵法》中的“势”，主要讲的是发挥主观能动作用，造成有利形势。“形”，主要指军事实力。

3.3.4.2 水与奇正、虚实

用兵作战，灵活运用战略战术十分重要。对此，孙子提出了“奇正”和“虚实”的原则，即指挥作战所运用的常法和变法。孙子曰：“战势不过奇正，奇正之变，不可胜穷也。奇正相生，如循环之无端，孰能穷之？”“故善出奇者，无穷如天地，不竭如江河。”（《势篇》）孙子将“奇”与“正”相变相生的军事思想，以大千世界的天地和江河喻之，指出：一个高明的将帅，应随机应变地活用奇正之术和变化奇正之法。在广阔的战场上，尽管奇正的变化“无穷如天地，不竭如江河”，但落脚点往往在一个“奇”字上。唯有善出奇兵者，才算领悟了奇正变化的要旨。

与奇正之法相对应，孙子又进一步提出“虚实”思想，即“避实而击虚”“因敌而制胜”的作战指挥原则。“虚实”是奇正的具体表现形式，指军队作战所处的两种基本态势——力弱势虚和力强势实之间的辩证关系。在深刻的观察和思考中，孙子发现水形与兵形有十分相似之处，故《虚实篇》载：“夫兵形象水，水之形，避高而趋下；兵之形，避实而就虚。”即用兵的法则像流动的水一样，水流动的规律是避开高处而向低处奔流，用兵的规律是避开敌人坚实之处而攻击其虚弱的地方。孙子因水论兵法的“避实就虚”的战争原理，为历代兵家所推崇。

3.3.4.3 水与地利

关于水与地利，孙子在《行军篇》对依水作战的原则有一段精辟论述：“绝水必远水，客绝水而来，勿迎之于水内，令半济而击之，利；欲战者，无附于水而迎客；视生处高，无迎水流，此处水上之军也。”孙子提出五条依水作战的原则。

第一，“绝水必远水”，部队通过江河后必须迅速远离河流，以免陷入背水作战的险境。远离江河，既可引诱敌人渡河，致敌于背水之地，又可使自己进退自如，不受阻挡。

第二，“客绝水而来，勿迎之于水内，令半济而击之，利”，如果敌军渡河前来进

攻，不要在江河中迎击，而要趁它部分渡水时予以攻击，这样才有利。

第三，“欲战者，无附于水而迎客”，包括两方面的含义：一方面，如果我方决心迎战，那就要采取远离河川的布置，诱敌半渡而击；另一方面，如果我方不准备迎战，那就背水列阵，使敌人不敢轻易强渡。

第四，“视生处高”，在江河地带驻扎，也要居高向阳，切勿在敌军下游低凹地驻扎或布阵。

第五，“无迎水流”，不要处于江河下游，以防止敌军从上游或顺流而下，或决堤放水，或投放毒药。水战占据上游，有地利的优势。

孙子强调，在涉江渡河时，要注意观察水势，不能莽撞行事。“上雨，水沫至，欲涉者，待其定也。”（《行军篇》）意即：河流上游下暴雨，看到水沫漂来，要等水势平衡以后再渡水，以防山洪暴至。

关于在山地行军作战，孙子认为应“绝山依谷”，即通过山地必须沿着溪谷行进，因为山谷地形比较平坦，取水方便，且丛林密布，隐蔽条件好。关于在盐碱沼泽地行军、作战，孙子认为要“绝斥泽，惟亟去无留；若交军于斥泽之中，必依水草而背众树”。因为一旦缺乏水草和粮食，军队就会陷入十分被动的境地。

孙子对水在作战中的重要性有非常深刻的认识，强调在各种地形与条件下作战都必须考虑水的因素，以免陷入十分被动的境地。在《火攻》篇中，孙子不但强调以火助攻，还提倡以水助攻。“以水佐攻者强，水可以绝。”意即：用水辅助进攻，攻势可以加强。水可以分割、断绝敌军，从而达到战胜敌人的目的。

课后习题 3.3

课后习题 3.3 答案

参 考 文 献

［1］蔡萍．中国上古神话思维与审美意识发生［D］．西安：陕西师范大学，2002.

［2］郭芳．中国上古神话与民族文化精神［J］．管子学刊，2000（1）：72–76.

［3］李佩瑶．出土上古文献的神话传说研究［D］．济南：济南大学，2012.

［4］张华．《史记》中的上古神话传说研究［D］．西安：陕西师范大学，2009.

［5］谭达先．“盘古开天地”型神话流传史［J］．文化遗产，2008（1）：91–97.

［6］郑土有．创世神话“盘古开天地”的现代启示［N］．解放日报，2015-10-18（007）.

［7］李道和．女娲补天神话的本相及其宇宙论意义［J］．文艺研究，1997（5）：100–108.

［8］王金寿．关于女娲补天神话文化的思考［J］．甘肃教育学院学报（社会科学版），2000（2）：40–44.

［9］林美茂．神话“精卫填海”之“女娃遊于东海”文化原型考略［J］．中国人民大学学报，2014（1）：134–144.

［10］高朋，李静．“精卫填海”神话的文化内涵解析［J］．淮阴工学院学报，2012（4）：64–68.

[11] 文忠祥.神话与现实——由精卫填海神话谈中国人的海洋观[J].青海社会科学，2012(5)：204-209.
[12] 于成宝，曹丙燕.从“精卫填海”与“黄帝擒蚩尤”看上古部落的冲突与融合[J].中国海洋大学学报(社会科学版)，2015(1)：66-70.
[13] 黄剑华.略论盘古神话与汉代画像[J].地方文化研究，2014(5)：8-28.
[14] 刘砚群.“精卫填海”的神话学解读[J].长江大学学报(社会科学版)，2008(4)：12-14.
[15] 刘挺颂.论盘古神话的演变及其文化意义[J].贵州文史丛刊，2008(1)：1-5.
[16] 李丹阳.伏羲女娲形象流变考[J].故宫博物院院刊，2011(2)：140-155，161.
[17] 陈烨.初谈“巴渝神鸟”的文化来源[J].现代装饰(理论)，2013(10)：208.
[18] 向柏松.中国水崇拜文化初探[J].中南民族学院学报(哲学社会科学版)，1993(6)：49-53.
[19] 向柏松.中国水崇拜祈雨求丰年意义的演变[J].中南民族学院学报(哲学社会科学版)，1995(3)：72-76.
[20] 李小光.太一与中国古代水崇拜 —以彩陶文化为中心的考察[J].宗教学研究，2009(2)：31-39.
[21] 向柏松.中国水崇拜与古代政治[J].中南民族学院学报(哲学社会科学版)，1996(4)：53-57.
[22] 袁博.近代中国水文化的历史考察[D].济南：山东师范大学，2014.
[23] 李永婷.民俗文化的教育价值研究[D].济南：山东师范大学，2014.
[24] 何悦.《中国民俗文化》选修课教材及教学探究[D].石家庄：河北师范大学，2014.
[25] 吉成名.龙抬头节研究[J].民俗研究，1998(4)：28-34.
[26] 张丑平.上巳、寒食、清明节日民俗与文学研究[D].南京：南京师范大学，2006.
[27] 孙思旺.上巳节渊源名实述略[J].湖南大学学报(社会科学版)，2006(2)：118-123.
[28] 王新文.古代山东地区的祈雨风俗考述[D].济南：山东师范大学，2012.
[29] 崔华，牛耕.从汉画中的水旱神画像看我国汉代的祈雨风俗[J].中原文物，1996(3)：76-84.
[30] 高晓凤.从《祈雨感应碑记》看元代大同地区的祈雨风俗[J].山西大同大学学报(社会科学版)，2007(2)：56-57，71.
[31] 杨青云.四川汉代画像砖石乐舞图像研究[D].成都：四川省社会科学院，2017.
[32] 梁爽.徐州汉画像石乐舞图像的图像学研究[D].北京：中国矿业大学，2015.
[33] 黄浩.“二月二”传统节日研究[D].武汉：中南民族大学，2010.
[34] 杜蕾.山东汉画像石乐舞图像研究[D].北京：中国艺术研究院，2005.
[35] 王博.《管子·水地》篇思想探源[J].管子学刊，1991(3)：8-10.
[36] 李云峰.试论《管子·水地》中水本原思想及其历史地位[J].武汉水利电力大学学报(社会科学版)，2000(3)：60-62.
[37] 张连伟.《管子·水地》与古代水文化[J].殷都学刊，2005(3)：102-104.
[38] 牛翔.《管子》的自然观[D].郑州：郑州大学，2015.
[39] 杜春丽.先秦儒道哲学中的水象[D].北京：北京大学，2013.
[40] 于泳波.“水可以绝，不可以夺”新解[J].军事历史，2016(3)：39-43.
[41] 宋彦芳.《孙子兵法》汉代流布及其影响研究[D].郑州：河南师范大学，2012.

[42] 苏成爱.《孙子》文献学研究[D].合肥：安徽大学，2012.
[43] 章国军.误读理论视角下的《孙子兵法》复译研究[D].武汉：中南大学，2013.
[44] 万志全，万丽婷.先秦诸子以水说理趣论[J].南昌工程学院学报，2015（5）：15-19.

第4章 治水先驱书写不朽史诗

中国是一个洪涝灾害频发的国家，有关大洪水的记载史不绝书。远古时期，先民为避江河洪水泛滥择丘陵而处。进入农耕社会后，由于适宜耕作的地区多处在河谷低地，洪水对农业生产和人类生命财产安全威胁极大。与洪水作斗争，成为人类生存和经济社会发展的必要条件。

一部中华文明的发展历史，在一定意义上也是中华民族与洪涝、干旱作斗争而不断前进的历史。数千年来，在中华民族以农业立国的历史进程中，水利文明自始至终发挥着决定性的作用。中华民族自大禹治水至夏启建国，发生了包括大禹治水及其伴随的征有苗、画九州、合诸侯、杀戮防风氏等社会变革，完成了中华文明史上的第一次飞跃。大禹治水如喷薄的曙光开启了中华文明的历史，中华民族治水兴水从此翻开光辉灿烂的新篇章。

4.1 大禹——“微禹，吾其鱼乎”

❶ 大禹治水的历史性变革。

❷ 大禹治水开启中华文明的曙光。

4.1 ▶

大禹——“微禹，吾其鱼乎”

学习思考

❶ 参考《尚书》,《山海经》《论语》《淮南子》《墨子》《史记》等古籍记载，尝试用自己的语言解析大禹治水精彩故事及民族其精神内核。

中国原始社会最著名的治水传说当属大禹治水（图4.1）。古文献也记载了尧、舜、禹时期发生大洪水，被禹征服的史实。据载，禹之前有共工氏和禹的父亲鲧负责治水。共工“壅防百川”，鲧则“障洪水”“作城”，均以修筑堤埂，用围、堵的方法，保护居住区及耕地，亦即最早的防洪工程。然而，这种筑堤围护的方法只能在发生一般性洪水时有效，并不能阻挡来势凶猛的世纪大洪水。

图4.1　山东嘉祥武氏祠东汉时期大禹像拓本

尧舜禹时代，洪水一度成为华夏居民生存的巨大威胁，如《尚书·尧典》载：“汤汤洪水方割，荡荡怀山襄陵，浩浩滔天，下民其咨，……”当时尧舜部族联合体的居民被洪水围困冲上山丘，农田被淹，粮食无以为继，万民哀叹。空前的洪水灾害，范围辽阔，持续时间长，灾情十分严重。

中国神话传说和部分文献认为，这场洪水源于共工氏。《淮南子·天文训》：“（共工）怒而触不周之山，天柱折，地维绝。天倾西北，故日月星辰移焉；地不满东南，故水潦尘埃归焉。”现代人则给出了科学的解释。著名学者竺可桢认为，中国在5000年前的仰韶时代到3000年前的殷商时代，气温比现在高2℃左右，温暖、潮湿的气候是造成黄河流域雨水偏多的重要原因。有的学者进一步认为，尧舜禹时代大体处于新生代第四纪全新世的“大理冰期”或“末次冰期”，由于气温升高引发了全球性洪水。也有的学者认为，尧舜禹时代的洪水是由于九星地心会聚引发自然灾害，导致黄河改道而形成的。

无论何种原因造成的，从历史文献和考古发掘来看，尧舜禹时代的这场洪水不是一般的河道决口事件，而是世纪洪水，且有以下几个方面的特点：第一，时间长，从尧时代，洪水就开始泛滥，即使鲧治水9年，大禹治水13年，也有22年，史称“当尧之时，洪水横流，泛滥于天下”；第二，量级极大，《淮南子·览冥训》载：“四极废，九州裂；天不兼覆，地不周载……水浩洋而不息”；第三，洪水倒流，《孟子·告子下》云：“水逆行谓之泽水，泽水者，洪水也”；第四，破坏性大，中国西南很多少数民族的创世传说中，都充满了洪水毁灭的内容。纳西族的《创世纪》、土家族《摆手歌》、仡佬族《洪水滔天》、彝族《洪水纪略》中，都有惊人相似的洪水灭绝人类和世间万物的内容。

有学者研究表明，当时洪水发生的地域，主要应在兖州地界和豫州、徐州的一部分（据《禹贡》记载），如果对照现在的地质图，正好与全新世黄河在下游泛滥冲积成的黄河冲积扇大致吻合。考古资料证明，此次洪水在黄河下游地区实为距今4000年前后的黄河南北改道，而改道又加剧了洪水泛滥。据《尚书·尧典》记载，为战胜前所未有的大洪灾，在部族联合体议事会上，尧询问有谁能领导治理洪水，“四岳”（部落首长）均推荐鲧：“试乃可已。”尧于是任命鲧领导万民治水。然，鲧“九载，绩用弗成”。为此，尧“殛鲧于羽山”（《尚书·舜典》）。而鲧的儿子大禹继承父业，继续治水（图4.2）。

图4.2　汉画像石《大禹治水》（局部）

又据《尚书·皋陶谟》记载，舜与禹、皋陶等部族首领集会，禹一一陈述自己带领百姓治水的方法路径，并强调治水的同时要兼顾国计民生。禹曰：“洪水滔天，浩浩怀山襄陵，下民昏垫，予乘四载，随山刊木，暨益奏庶鲜食。予决九川，距四海。浚畎浍距川。暨稷播，奏庶艰食鲜食，懋迁有无，化居，烝民乃粒，万邦作乂。”意思是说：“洪峰波涛汹涌，大水与天边相连，水势浩渺，包围了所有的山冈和丘陵，民众被洪水吞没。我乘着四种交通工具奔走各地，沿山脚边缘勘察并作出标记，和伯益一起把猎获的鸟兽送给灾民充饥。我挖掘、疏通九条大河的河道，把河水引入大海。又疏通田间沟洫，使水流入河道中。我还与后稷一起教导民众种植庄稼，向民众提供谷物和肉食，并引导民众贸易，交换有无，使民众得以安居乐业，获得粮食，各个邦国

（部族）都得到了治理。”关于大禹治水的过程，说法很多，大致是先划定区域，定九州，在高处标出山河位置，再用准绳、规矩和计时器等做测量，疏导河流排入大河，再分入海。由于治水成功，禹被拥立为各部落联盟的共主，建立了中国历史上第一个朝代——夏。

大禹治水措施主要有三：

第一，凿山导水。大禹“凿龙门，辟伊阙”，“疏川理水”。路线大抵如《禹贡》所说：“导河积石，至于龙门，南至于华阴，东至于砥柱，又东至于孟津。东过洛汭，至于大伾。北过降水（漳水），至于大陆。”

第二，九河入海。大禹带领民众疏通了大陆泽以下的黄河尾闾，将其“分播为九”（“九”为众多之意），使洪水通过众多河道入海。《尔雅·释水》列“九河”，为徒骇、太史、马颊、覆釜、胡苏、简、絜、钩盘、鬲津等。

第三，尽力沟洫。大禹大搞水利基本建设，排除涝水，开辟沃野良田。《尚书·禹贡》言，济水与黄河之间的兖州，因为雍水与沮水汇合后流入雷夏泽，百姓回到平地上居住，可以种树养蚕；大海与泰山之间的青州，疏通了潍水和淄水，地为肥沃白壤，莱夷一带可以放牧，进贡海盐、细葛布和海产品；大海、泰山及淮河之间的徐州，河水归于大野泽后，东原（东平）可以耕种。经过治理后，“淮沂其乂，蒙羽其艺”，淮河和沂水流过的地方，蒙山和羽山之间，这片淤积大水的地方，经过治理，开辟出许多良田和桑土，成为人民安居乐业的地方。

大禹治水成功的历史性变革，在于改前人围堵的方法为疏导。禹在治水的过程中，同时兼顾人民生计，指导发展农业生产，特别是治水患时就考虑到兴修水利，修筑沟渠，使其兼具排水和灌溉的功能。《尚书》载“决九川距四海，浚畎浍距川”，即不但疏通大江大河，还开通了田间沟渠。《淮南子·原道训》亦载：“禹之决渎也，因水以为师。”以水为师就是善于根据水流运动的客观规律，因势利导，疏浚排洪。如禹所云，疏通主干河道，导引洪水入海。有研究表明，大禹治水是以黄河中下游的洪潦为对象，是大规模洪灾发生后的抗灾行为。这不是治理简单的水潦灾害，而是“尽力乎沟洫”，将肥沃土地中的积水排到河、济中，又疏通河、济的河道，将其分流入大海，以达到顺通河道、利于泄洪的目的。

据考，大禹治水时已经出现了原始的测量，即所谓“左准绳，右规矩”，“行山表木，定高山大川”。“准绳”和“规矩”就是类似今天的测量工具，如角尺、圆规等原始的简单测量工具。“行山表木”“随山刊木”大概是原始的水准测量，“刊”即削、刻画，就是将刻度尺作为测量工具。许多记载都表明大禹治水确实采用了一些基本的勘察、测量方法。禹在领导治理水患的斗争中，使用规矩、准绳，在河闸设置水文标杆，在山丘上设立水准标杆。同时，禹还将计时工具和气候观测工具等引入治水。并根据地势、水位等勘察，从整体上制定疏导治水方案和措施。

大禹治水，首先是规划并疏通黄河的走向和河道，凿龙门，决伊阙，使之注入大海。同时，又“决汝、汉，排淮、泗”使之注入长江，然后入海。中原地区的江河湖泊，经过禹的治理后，消除了“水逆行，泛滥于中国”的严重威胁，人民得以“平土而居”，从事农业生产，解决了缺粮少食问题，消除了鸟兽的灾害，其他社会的事务也随之得到了治理，即所谓“烝民乃粒，万邦作乂”，亦即《史记·河渠书》所载：“九川既疏，九泽既洒，诸夏艾安，功施于三代。”所谓“功施于三代”，即是说大禹治水的成功，为夏、商、周三代的物质文明奠定了基础。

《尚书·皋陶谟》中的“万邦作乂”，意即《孟子·滕文公下》载“禹抑洪水而天下平”。大禹治理洪水所取得的成功，标志着华夏居民战胜自然灾害的能力有了质的飞跃。治水的巨大成果，消除了危及华夏居民生存的洪水大患，使农业生产活动得以正常进行。后世称其为“大禹”，意即“伟大的禹”。春秋时期的刘定公称：“美哉禹功！明德远矣。微禹，吾其鱼乎！”在刘定公看来，如果没有大禹治水，那将会是“人或为鱼鳖”了。《庄子·天下》赞曰：“禹，大圣也。”

大禹治水的功绩与后世影响，不只是解除了洪水泛滥的巨大灾害，还在于大禹治水所引发的一系列重大历史事件，把原始社会的军事民主制度推到了顶峰，为国家的出现创造了必备的条件，而大禹也成为中国历史上野蛮与文明交替时期承上启下的伟人（图 4.3）。

图4.3　出土东汉画像石《大禹治水》（徐州汉画像石艺术馆馆藏）

大禹治水行经之地跨越洪荒世界进入文明社会，彼时“禹迹”成为文明之邦的代名词。“芒芒禹迹，画为九州”(《左传》)，在“禹迹”的范围内又划分为九个州，于是“九州”也成为文明之邦的代名词。从历史地理的角度看，“九州”比“禹迹”有了更进一步的演进，因为“九州”涵盖了一套地理分区体系和一个大范围的地理格局。从洪荒世界到“九州”的演进，是中国古代文明发展的一个侧面。

关于大禹治水的事迹，至春秋战国时期，如秦公墓铭文、叔夷钟铭文都有记载。在《诗经》《尚书》《左传》《孟子》《墨子》《荀子》《楚辞》《管子》《国语》等书中，也均有记载。在上述各书中，对此记载比较详细的有《孟子》《尚书》和《墨子》等。其中，最完整的记录是《史记·夏本纪》。民国时期著名的历史学家、文学家王国维根据当时出土不多的甲骨文资料，证明了卜辞所记殷商先公先王世系与《史记·殷本纪》所记殷商先公先王世系是基本一致的，证实《史记》记载的真实性，这不仅把我国的信史时代推到了商代，而且也间接证明了《史记·夏本纪》的真实可靠性。同时，近年来“夏商周断代工程”等都证实了大禹治水是存在的。2000年11月，我国公布了“夏商周断代工程”，运用现代科技手段，通过古文献学、天文学、考古学及甲骨文等，把社会科学和自然科学结合起来，排出了夏代君王世系，大禹列为夏代第一位君主。另外，出土文物“遂公盨”铭文也明确记载了大禹治水的史实。

图4.4　遂公盨（保利艺术博物馆馆藏）

2002年春天，北京保利艺术博物馆的专家在香港古董市场购得一件西周中期的铜器——遂公盨（图4.4）。盨的器表装饰一周凤鸟纹带及瓦棱纹，口两侧设一对兽首形耳，简洁而典雅，具有西周中晚期青铜器的典型风格。北京大学考古文博学院、上海博物馆等单位对其进行了科学检测与修复保护。夏商周断代工程首席科学家、中国社会科学院历史研究所原所长李学勤先生认为，这件铜盨为遂国国君所制。该器距今已有2900年历史，其内底的一篇98字的铭文，引起了学术界的震动。铭文开篇曰：“天命禹敷土，随山浚川，乃差地设征。”撇开铭文的其他重要内容不论，仅这十来个字，就涉及中国古代文明史的一桩大事，即大禹治水。

遂公盨的发现及其铭文的释读，将大禹治水传说的确凿证据提前到了西周时期。有了这个证据的支撑，有关西周时期大禹治水、分划九州传说的记载也相应增强了可信性。我们可以确信，在大约三千年前，大禹治水的功绩已广为传颂。而夏为“三代”之首的观念，在西周时就已深入人心。

有专家认为：在遂公盨铭文中，还有一项十分重要的地理思想史内容（图 4.5）。盨内底上铸铭文 10 行 98 字，字体优美，行款疏朗，文辞古奥，内容奇特，字字珠玑。“天命禹敷土，随山浚川，乃差地设征，降民监德，乃自作配乡（享）民，成父母。生我王作臣，厥沫（贵）唯德，民好明德，寡（顾）在天下。用厥邵（绍）好，益干（？）懿德，康亡不懋。孝友，吁明经齐，好祀无废。心好德，婚媾亦唯协。天厘用考，神复用祓禄，永御于宁。遂公曰：民唯克用兹德，亡诲（悔）。”铭文中德的内涵颇为宽泛：要求黎民百姓既要注重自身的修身养性，做人要“齐明中正”，还要孝顺父母、兄弟友善、婚姻和谐，注重对祖先和神灵的祭祀。同时，还要求君王及官吏要有德于民，顾念天下黎民百姓，只有这样，百姓才能“好其德”，君王统治才能长治久安，天下才能安定。铭文中将大禹治水与“明德”密切联系起来，也就是说，大禹治水已成为“德”的重要例证。“德”，是周人着重宣扬的精神崇拜对象，是一切事物是否具有正统性的标准。大禹治水与“德”的联结，说明“禹迹”“九州”这些连带性观念，都具有如“德”一般的崇高地位。这一思想发展，为后世以“九州”为代表的大一统地理观念之不可动摇的地位，奠定了基础。

图4.5　遂公盨铭文

4.2 王景——“王景治河，千载无患”

❶ 王景治河的特点。

❷ 王景治河带来的影响。

❶ 从王景治水的堰流法，以及“河、汴分流”“河、汴兼治”等治水经验中，分析中华优秀传统治水文化追求人与自然和谐共生的实践雏形。

❷ 举例说明，现代河流治理如何做到古为今用、推陈出新。

4.2 王景——“王景治河，千载无患”

黄河是中华民族的母亲河，但也是一条给中华民族带来众多灾难的河流，黄河洪灾始终是中华民族的心腹之患。从一定意义上说，中国5000年文明史，也是一部中华民族治理黄河的历史。治水害，兴水利，自古为治国安邦之要。水利兴，而天下定。

历史上有关黄河中含有泥沙的记载，最早见于春秋时期《左传·襄公八年》云：“《周诗》有之曰：俟河之清，人寿几何？兆云询多，职竞作罗。”这时的记载只说黄河不清。至战国时期，以浊河（即黄河）与济水相比，也只说与清济不同。这两则记载均未提到黄河之水呈现黄色，黄河这个名称也未出现。直到西汉初年，《汉书》卷一六《高惠高后文功臣表》出现了“使黄河如带”的字样，可见此时黄河的含沙量已有大量增加。

西汉中叶至东汉前期，黄河决溢频繁，灾害严重。直到东汉永平十二年（69年）王景主持治河以后，黄河的灾害才显著减少。据史籍记录：有东汉治黄先驱王景，通过封建社会最大规模的治黄活动，使桀骜不驯的黄河安流八百年。东汉末年至唐朝末年将近800年中，不仅没有看到有关黄河大改道的资料，而且一般的决溢都很少。后世皆赞：“王景治水，千载无患。”

王景（约30—85年），字仲通，原籍琅琊不其（今山东青岛市崂山区）人。东汉建武六年（30年）前生，约汉章帝建初至元和年间卒于庐江（今安徽庐江西南）。东汉时期著名的水利工程专家。《后汉书·王景传》云：“景少学《易》，遂广窥众书，又好天文术数之事，沈深多伎艺。辟司空伏恭府。时有荐景能理水者，显宗诏与将作谒者王吴共修作浚仪渠。吴用景堰流法，水乃不复为害。”受家庭影响，王景少年时期就开始学习《周易》，并博览群书，特别喜欢天文数术之学。他入仕不久，在光武帝后期或明帝初期（58年前后），就在专管水利土木工程的司空府任职。永平（58—76年）初年，有人推荐王景善于治水，汉明帝于是令王景与王吴一起疏浚浚仪渠。王景创造了“堰流法”，即在堤岸一侧设置侧向溢流堰，专门用于分泄洪水，控制水位。王景与王吴采用“堰流法”，很快修好了浚仪渠。这次治渠成功，使王景以“能理水”而闻名。永平十二年（69年），王景又受命主持大修水运交通命脉汴渠和黄河堤防，功效卓著。永平十五年（72年），明帝拜王景为河堤谒者。建初七年（82年）迁任徐州刺史。次年，又迁庐江太守并卒于任上。

据史载，永平十二年（69年）开始的汴渠大修工程，可追溯至西汉平帝时（1—5年）。当时黄河、汴渠同时决口，拖延未修。光武帝建武十年（34年），才打算修复堤防。动工不久，又因有人提出民力不及而停止。后汴渠向东泛滥，旧水门都处在河中，兖、豫二州（今河南、山东一带）百姓怨声载道。永平十二年（69年），汉明帝召见王景，询问治水方略。王景禀奏道：“河为汴害之源，汴为河害之表，河、汴分流，则运道无患，河、汴兼治，则得益无穷。”明帝很赞赏王景的治河见解，加之王景、王吴成功疏浚仪渠，于是赐王景《山海经》《河渠书》《禹贡图》等治河专著，于该年夏季发兵夫数十万人，以王吴配合王景，实施治汴工程。

王景仔细参详《山海经》《河渠书》《禹贡图》等著作，在当年夏天就开始实施治河工程，“商度地势，凿山阜，破砥绩，直截沟涧，防遏冲要，疏决壅积，十里立一水门，令更相洄注，无复溃漏之患”。（《后汉书·王景传》）

王景亲自勘测地形，规划堤线（图4.6）。先修筑黄河堤防，从荥阳（今郑州北）至千乘海口（今山东利津境内）千余里，然后着手整修汴渠。汴渠引黄河水通航，从

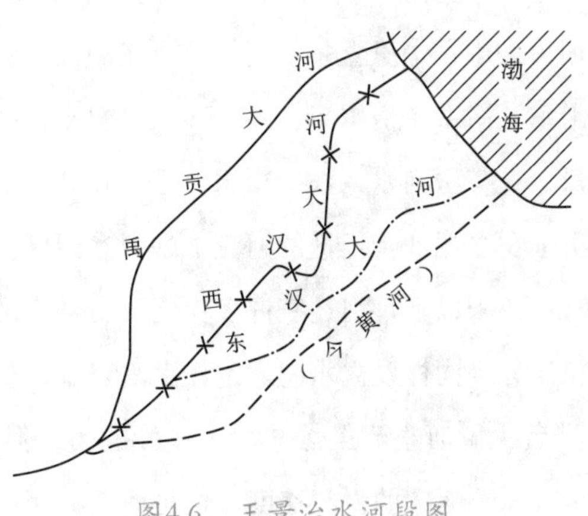

图4.6　王景治水河段图

郑州西北引黄河经开封、商丘、虞城、砀山、萧县至徐州入泗水、淮河，沟通黄河、淮河两大水系，是始于战国时期的重要水运通道。由于黄河流势经常变化，如何保持取水的稳定是一大难题。汴渠位于黄河以南平原地区，黄河南泛时往往被冲毁。黄河汛期时，引水口控制不好，进入渠内的水过多，汴渠堤岸也有溃决危险。王景在对汴渠进行了裁弯取直、疏浚浅滩、加固险段等工作后，又“十里立一水门，令更相洄注无复溃漏之患”。据史料记载，这次治水工程的主要内容是：“筑堤，理渠，绝水，立门，河、汴分流，复其旧迹。”

“筑堤”，即修筑“自荥阳东至千乘海口千余里”的黄河大堤及汴渠的堤防。王景认识到，黄河泛滥加剧的原因，是下游河道由于常年泥沙淤积而形成地上悬河，河水高出堤外平地，洪水一来，便造成堤决漫溢。于是，王景“别有新道”，选择一条比较合理的引水入海路线，并在两岸新筑和培修了大堤。这条新的入海路线比原河道缩短了距离，河床比降加大很多，河水流速和输沙能力相应提高，河床淤积速度大大减缓。特别是这条新河线，改变了地上悬河的状况，使黄河主流低于地平面，减少了溃决的可能性。这次修筑大堤，固定了黄河第二次大改道后的新河床，是东汉以后黄河能够得到长期安流的主要措施之一。

“理渠”，即治理汴渠。汴渠联系黄河与淮河两大水系，是汉代特别是东汉以后中原与东南地区漕运的骨干水道。经过认真反复“商度地势”后，王景为汴渠规划了一条“河、汴分流，复其旧迹”的新渠线。即从渠首开始，河、汴并行前进，然后主流行北济河故道，至长寿津转入黄河故道（又称王莽河道），以下又与黄河相分并行，直至千乘附近注入大海。在济河故道另分一部分水“复其旧迹”，即行原汴渠，专供漕运之用。为了实现这个规划，王景等人开展了“凿山阜，破砥绩，直截沟涧，防遏冲要，疏决壅积”和“绝水，立门”等工作。取水口位置是个关键问题。王景根据客观情况，吸取历史教训，采用“十里立一水门，令更相洄注”的办法，在汴渠引黄段的百里范围内，约隔十里开凿一个引水口，实行多水口引水，并在每个水口修起水门（闸门），人工控制水量，交替引河水入汴。渠水小了，多开几个水门；渠水大了，关上几个水门，从而解决了在多泥沙善迁徙的河流上的引水问题。这是王景在水利技术上的又一大创造。当时，荥阳以下黄河还有许多支流，王景将这些支流互相沟通，在黄河引水口与各支流相通处，同样设立水门。这样洪水来了，支流就起分流、分沙作用，以削减洪峰。分洪后，黄河主流虽然减少了挟沙能力，但支流却分走了大量泥沙，从总体上看，还是减缓了河床的淤积速度。这是促使黄河长期安流的另一重要措施。“凿山阜，破砥绩，直截沟涧，防遏冲要，疏决壅积”，清除上游段中的险滩暗礁，堵塞汴渠附近被黄河洪水冲成的纵横沟涧，加强堤防抢险工段的防护和疏浚淤积不畅的渠段等，从而使渠水畅通，漕运便利。

王景这次主持的“筑堤”“理渠”及其相应的工程设施，工程量浩大。黄河千余里，汴渠七八百里，合计约二千里的筑堤、疏浚工程，投资“百亿”钱。而施工期于次年四月结束，总共一年时间。数十年的黄水灾害得到平息，定陶（今山东定陶北）以北大面积土地涸出耕种，农业生产开始恢复起来。在当时生产力十分低下的情况下，堪称奇迹。工程系统修建了黄河大堤，稳定了黄河河床。同时，修整汴渠，又立水门，极大发展了前人的水工技术。

巩固河防，防患于未然，是东汉河防的又一重要特点。自王景治河后，又出现过几次影响较大的治河举措。第一次是安帝永初七年（113 年），“令谒者太山于岑，于石门东积石八所，皆如小山，以捍冲波，谓之八激堤”。第二次是顺帝阳嘉三年（134 年），《水经注》记载：“惟阳嘉三年二月丁丑，使河堤谒者王诲，疏达河川，通荒庶土。云大河冲塞，侵齧金堤，以竹笼石葺土而为竭，坏隤无已，功消亿万，请以滨河郡徒，疏山采石，垒以为障。功业既就，徭役用息。”第三次是灵帝建宁年间，“于敖城西北，垒石为门，以遏渠口，谓之石门……门广十余丈，西去河三里”。

王景的治河工程取得了巨大成功。工程完成不久，汉明帝诏令曰：“今既筑堤，理渠，绝水，立门，河汴分流，复其旧迹。陶丘之北，渐就壤坟。”指出王景的工作恢复了黄河、汴渠的原有格局，使黄河不再四处泛滥，泛区百姓得以重建家园。

王景治河，采取了河、汴兼治的方法。治河主要是解决西汉以来长期遗留下来的堤防问题，而治汴则是恢复汴河分水、分沙的功效。当明帝就治河问题征询王景时，王景提出：“河为汴害之源，汴为河害之表，河、汴分流，则运道无患，河、汴兼治，则得益无穷。”不仅如此，王景在治河方面积累了丰富的实践经验。如前所述，王景曾与王吴一起领导疏浚了浚仪渠，史载：“吴用景堰流法，水乃不复为害。”“堰流法”是王景的一大创造。所谓“堰流法”，就是在堤岸一侧设置侧向溢流堰，专门用来分泄洪水。王景治理黄河时便采取了这种分水、分沙方法，有效减缓河床淤积速度。之后，明代“束水攻沙”理论出现以后，完全排斥分流的方法，应该说是有片面性的。王景治河之所以成功，得益于王景能够较为客观地认识黄河水沙的规律性，采取了加固堤防、分流等多种综合治理的方法。

《后汉书》卷七十六载：“（王景）迁庐江太守，先是百姓不知牛耕，致地力有余而食常不足。郡界，有楚相孙叔敖所起芍陂稻田。景乃驱率吏民，修起芜废，教用犁耕，由是垦辟倍多，境内丰给。遂铭石刻誓，令民知常禁。又训令蚕织，为作法制，

皆著于乡亭，庐江传其文辞。”东汉明帝时，水利专家王景担任庐江太守，又大规模维修了芍陂，还大力推广牛耕，督促百姓种桑养蚕，学习丝织技术，使当地农业生产水平大幅度提高（图 4.7 ~ 图 4.10）。

课后习题 4.2

课后习题 4.2 答案

图4.7　江苏睢宁双沟出土汉画像石《牛耕图》拓片

图4-8　汉画像石《纺织图》及拓片（徐州汉画像石艺术馆馆藏）

图4.9 徐州市铜山县洪楼村出土汉画像石《庄园生活》拓片（中国国家博物馆馆藏）

图4.10 汉画像石《薄太后输织室》拓片（震旦博物馆馆藏）

4.3 潘季驯——“以河治河，以水攻沙”

本节重点

❶ 潘季驯治黄新思路与黄河自身特点相关性。

❷ 遥堤、缕堤、格堤、月堤的创造性作用。

学习思考

❶ 从“以堤束水，束水攻沙，挽流归槽”治水实践，具体分析“以河治河，以水攻沙”治水思想的新时代治水价值。

从金、元到明前期（约12世纪到16世纪前半叶），治理黄河方略均以分流治黄为主。尤其是元代为维护北方统治重心安定，明代为确保京杭大运河的畅通，都以向南分流为主要治黄手段。黄河下游主流在颍河和泗水之间往返大幅度摆动。分流治黄

实际是以牺牲南岸大片地区为代价。至明代嘉靖末年，黄河在山东鱼台至江苏徐州一带竟分作十三股散漫横流，河势敝坏已极。黄河修防已进入无可奈何的困境，治黄措施不得不谋求根本的转变。嘉靖四十五年（1566年）至隆庆六年（1572年），陆续修筑黄河两岸大堤数百里，黄河下游主流遂并作一支，从而开始了以"束水攻沙"为主导方针的治黄新阶段。

明后期采取堤防束水攻沙，这是治河防洪思想的一大转变。此后400年虽然治河工程措施有所改进，但束水攻沙一直是下游修防的主导方针之一。"束水攻沙"理论在我国和世界治河史上有着崇高的地位，在明末以至清代成为主导的治黄思想。其代表人物潘季驯（1521—1595年），字时良，号印川，浙江乌程（今浙江湖州）人。潘季驯出身于官宦家庭。父亲名为潘夔，母亲是刑部尚书闵珪之女。潘季驯排行老四，之前还有三个兄长。潘季驯幼年聪颖，六七岁就能写作诗文，在当地小有名气。嘉靖二十九年（1550年）中进士，自此走入仕途。最初在江西、广东做官，颇有政绩。嘉靖四十四年（1565年）由大理寺左少卿进右佥都御史，开始了漫长的治黄生涯。

4.3

潘季驯——"以河治河，以水攻沙"

潘季驯一生四次治理黄河。嘉靖四十五年（1566年），潘季驯以疏浚留城旧河成功，加右副都御史，不久因丁忧去职。隆庆四年（1570年）河决邳州、睢宁，再任总河，次年报河工成。但不久因为有运输船只发生事故，遭到弹劾被罢官。万历四年（1576年）夏复官，任江西巡抚，次年召为刑部右侍郎。万历六年（1578年）夏，以右都御史兼工部左侍郎总理河漕，九月兴两河大工，次年竣工，黄河下游得数年无恙。万历八年（1580年）春，加太子太保，进工部尚书，九月迁南京兵部尚书。万历十一年（1583年）正月，改刑部尚书。潘季驯数次总理河道，负责治理黄河、运河。潘季驯认为黄河、运河相通，治理黄河等于保护运河。另外，黄河又与淮河相汇，治淮、治黄密不可分。潘季驯深知黄河挟带大量泥沙，有"急则沙随水流，缓则水漫沙停"的特点，因此要使水流湍急，必须"束水攻沙"。他主持修筑具有缕堤、遥堤、格堤的堤防，构筑了完整的防洪治河体系。正是由于潘季驯正确的理论认识与实践指导，黄、淮、运河保持了多年的稳定。他的治河理论与实践，对后世治黄也产生了深远影响。

早在隋炀帝时期，大运河和物流的终点是长安、洛阳，故徐州以北的会通河，还没有成为漕河主干。明初，朱元璋定都南京，善徙多变的黄河，也未曾威胁运河。这条水上大动脉俗称渠或漕河，直至宋朝以后，每年从太湖流域调往北方漕粮由400万石增至800万石时，始有"运河"之称。而元朝廷利用隋唐以来原有河道和某些天然河道，相继开凿了济州河、会通河，开通了通州至北京的通惠河，并且在京城的积水潭、什刹海修建了终点港。由于京杭大运河自北而南，必然要与自西向东的黄河相交。特别是南宋建炎二年（1128 年）冬，东京（开封）留守杜充为了阻止金兵南下，在开封附近决开了黄河大堤，使黄河夺泗入淮，首开黄河南北游动和南下侵淮的先河，由此开启长达 700 多年的黄患历史。

黄河沙多水少，河床淤积越来越高，“黄高于徐，淮高于泗”成为高悬在人们头上的“悬河”。如黄河北决就会冲淤徐州至济宁段的运河（会通河），截断漕运的大动脉。明洪武元年（1368 年）至嘉靖四十四年（1565 年），黄河先后决口达 57 次。嘉靖四十四年（1565 年），黄河在江苏沛县决口，徐州以上数百里洪水泛滥，给两岸群众造成巨大损害。同时，大运河被泥沙淤塞达 100 多千米。那时的大运河是南北的重要运输通道，担负着从江南到北京的漕运任务，每年有 400 多万石的漕粮及大量日常必需品要经过这条重要线路源源不断地向北输送，保证京城及北方地区的物资需求，对于巩固明政权有着重要的作用。

嘉靖四十四年（1565 年），潘季驯奉命治理黄河。他详细勘查环境，提出早期的治河思路：“治水之道，不过开导上源与疏浚下流二端”，并确立“沿黄河修筑坚固的堤防，大幅度地缩小过水断面，让湍急的水流自行冲走泥沙”的方略。他的治水思路与过去人们沿用的办法截然不同。当时的黄河从河南归德至徐州一路向南流入黄海。自徐州至淮安 250 多千米的河道同时也是漕运线路，从淮安到扬州，是利用湖区作为运河的通道。当时的皇陵就在淮河岸边，为了保护皇陵、漕运安全以及沿河群众的生活、生产，在治理黄河的方案上，均采用在黄河北岸加固长堤阻拦河水向北流动，而让河水尽可能向南分流。反对者认为，修筑堤防减少过水断面后，会使黄河、淮河的水并流，使水量较大幅度增加，从而会导致决口，带来更大的灾害，提出继续采用从支流分水的办法，以实现减少洪水总量的目的。

激烈的反对声并没有动摇潘季驯的治河思想。他认为，采用分流的方法，固然能够减弱洪水的流量，但这个办法并不适合黄河自身的特点。黄河水混浊，含沙量多达 6 成以上，分水之后，水流变得缓慢，从而会造成泥沙沉积，引起水位不断抬高。修砌坚固的堤防，让河水冲刷泥沙，水不向两边溢流，只会直接冲刷河床。使黄河水集中通过窄窄的河道，水流则会变得急促，奔流的河水会猛烈冲刷河床，卷走泥沙，河道自然会变深，遇到大水，水位也不会上涨得很厉害。采用这种方法治理黄河，效果一定好于分流。

彼时，明代大臣朱衡则主张先将昭阳湖西南之南阳至留城“新河”先行修复开通。潘季驯则主张先复贾鲁古道，“新河”土浅泉涌，劳费太多。但是，明朝廷为了

确保漕运，采取了“用衡言开新河，而兼采季驯言不舍弃旧河”的策略。由朱衡主持由“鱼台、南阳抵沛县、留城”之新河开凿。而“浚旧河自留城以下，抵境山、茶城，由此与黄河会”的故道治理任务，交由潘季驯完成。然而，正当新河与旧河将要首尾衔接之际，黄河从沛县决口，冲毁了新河上筑成的马家桥大堤。一时“罢朱举潘”之说纷起。但潘季驯对此没有幸灾乐祸，而是顾全大局，再次上书朝廷：“新河已近完工，不能稍遇挫折，而前功尽弃。”并且主动提出，先集中力量将新河建成，再着手对黄河的贾鲁故道实施疏浚。明朝廷十分重视潘季驯的意见，立即准奏。经过潘季驯和朱衡协力“建坝、置闸、厚堤、密树”，先后修筑了马家桥大堤3.5万余丈，石堤30里，并且疏浚河道96里。嘉靖四十五年（1566年）九月上旬，终于使新开运河和疏浚的旧河完全沟通，使漕运的效率提高了17倍。

嘉靖四十四年（1565年）至万历二十年（1592年），潘季驯四次主持治河工作。对黄、淮、运三河提出了综合治理原则：“通漕于河，则治河即以治漕；会河于淮，则治淮即以治河；合河、淮而同入于海，则治河、淮即以治海。”在此原则下，他根据黄河含沙量大的特点，又提出了“以河治河，以水攻沙”的治河方策。他在《河议辨惑》中云：“黄流最浊，以斗计之，沙居其六，若至伏秋，则水居其二矣。以二升之水载八斗之沙，非极迅溜，必致停滞。”“水分则势缓，势缓则沙停，沙停则河饱，尺寸之水皆有沙面，止见其高。水合则势猛，势猛则沙刷，沙刷则河深，寻丈之水皆有河底，止见其卑。筑堤束水，以水攻沙，水不奔溢于两旁，则必直刷乎河底。一定之理，必然之势，此合之所以愈于分也。”

为了达到束水攻沙的目的，潘季驯把堤防比作边防，强调指出：“防敌则曰边防，防河则曰堤防。边防者，防敌之内入也；堤防者，防水之外也。欲水之无出，而不戒于堤，是犹欲敌之无入，而忘备于边者矣。”他总结修堤经验，提出“必真土而勿杂浮沙，高厚而勿惜居费”，“逐一锥探土堤”等修堤原则，创造性地把堤防工作分为遥堤、缕堤、格堤、月堤四种类别（图4.11）。“缕堤”，建造在河岸边，目的是为了形成固定的河道，确保水流快速通过，促使河水冲刷河床，是最重要的堤防；“月堤”，在缕堤之内水流比较湍急的地方修建，形状好像半月形，为了削弱水势，可以减少水流直接冲击缕堤，避免发生溃决事故；“遥堤”，位于距缕堤比较远的地方，大多筑在地形低洼容易决口的地方，是第二道防线，可以拦阻水流较大的时候漫过缕堤的洪水；“格堤”，建在遥堤和缕堤的中间，用于防止洪水漫过缕堤后顺遥堤而下冲刷出新的河道，并在堤坝后面形成淤滩，不但使大堤更加稳固，而且可以种植庄稼，发展农业生产。为了避免河水暴涨的时候冲决缕堤，在河道比较关键的地方修筑了四个减水坝。坝顶低于缕堤堤面近1米，用石头砌成，宽100多米。减水坝不仅具有保护缕堤和排泄洪水的功能，还避免了分流对水流速度的影响。同时，他还加高洪泽湖东岸的高家堰，提高淮河水位，减少黄河水对淮河的倒灌，并把清澈的淮河水引入黄河，提高河水的挟沙能力，增大冲刷力，最大限度地实现排沙入海。

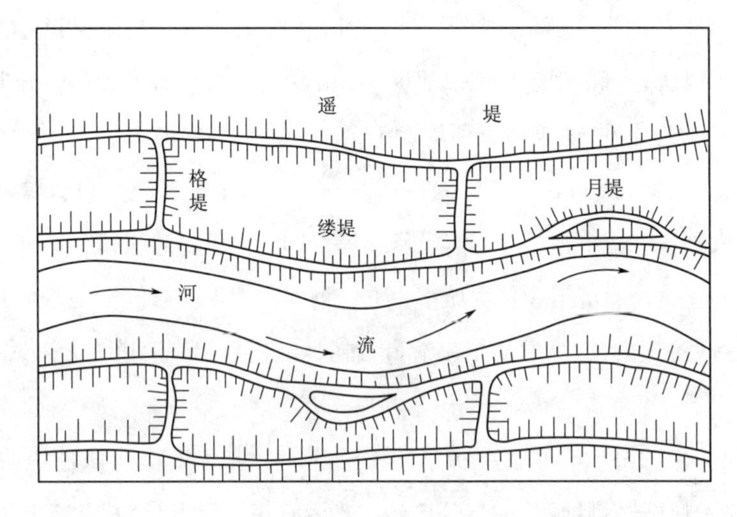

图4.11　缕堤、遥堤、月堤、格堤图示

潘季驯主张合流，但为了防御特大洪水，在一定条件下，他并不反对有计划地进行分洪，如在《两河经略疏》中就明确指出："黄河水浊，固不可分。然伏秋之间，淫潦相仍，势必暴涨。两岸为堤所固，水不能泄，则奔溃之患，有所不免。"

在束水攻沙的基础上，潘季驯又提出在会淮地段"蓄清刷黄"。他认为："清口乃黄淮交会之所，运道必经之处，稍有浅阻，便非利涉。但欲其通利，须令全淮之水尽由此出，则力能敌黄，不能沙垫。偶遇黄水先发，淮水尚微，河沙逆上，不免浅阻。然黄退淮行，深复如故，不为害也。"（《河防险要》）在这一思想指导下，根据"淮清河浊，淮弱河强"的特点，他一方面主张修归仁堤阻止黄水南入洪泽湖，筑清浦以东至柳浦湾堤防不使黄水南侵；另一方面又主张大筑高家堰，蓄全淮之水于洪泽湖内，抬高水位，使淮水全出清口，以敌黄河之强，不使黄水倒灌入湖。潘季驯以为采取这些措施后，"使黄、淮力全，涓滴悉趋于海，则力强且专，下流之积沙自去，海不浚而辟，河不挑而深，所谓固堤即以导河，导河即以浚海也"。

明隆庆四年（1570年）七月、九月，黄河在邳州、睢宁一带决口，"自睢宁白浪浅至宿迁小河口，淤百八十里"。明朝廷再次任命潘季驯总理河道。潘季驯到任后，亲自赶往邳州视察决口，调查灾情。他还不顾个人安危和病痛的折磨，亲自指挥堵

口、筑堤。在实践中，潘季驯欣喜地发现：当河水穿越相对狭窄的河道奔流时，就会出现大浪淘沙“如汤沃雪”的现象。于是，一种全新的“以堤束水，束水攻沙，挽流归槽”的治水思路油然而生。潘季驯在《议筑长堤疏》中指出：“筑近堤，以束河流，筑遥堤，以防溃决。长堤坚固，水则无处泄漏，沙随水走。”为此，潘季驯亲率军民日夜堵决固堤，动用人工 5 万，修堤 4 万余丈。

万历七年（1579 年），潘季驯第三次治河时，本着“塞决口以挽正河，筑堤防以溃决，复闸坝以防外河，创滚水坝以故堤岸，止浚海工程以省靡费，寝开老黄河之议以仍利涉”的治理原则，“筑高家堰堤六十余里，归仁集堤四十余里，柳浦湾堤东西七十余里，塞崔镇等决口百三十，筑徐、睢、邳、宿、桃、清两岸遥堤五万六千余丈，砀、丰大坝各一道，徐、沛、丰、砀缕堤百四十余里，建崔镇、徐升、季泰、三义减水石坝四座，迁通济闸于甘罗城南，淮、扬间堤坝无不修筑，费帑金五六十万有奇”。经过这次治理后，“高堰初筑，清口方畅，流连数年，河道无大患”，取得了可喜的成绩。

万历十六年（1588 年）潘季驯第四次治河时，鉴于上次所修的堤防数年来因“车马之蹂躏，风雨之剥蚀”，大部分已经“高者日卑，厚者日薄”，降低了防洪的作用，又在南直隶、山东、河南等地，普遍对堤防闸坝进行了一次整修加固工作。根据潘季驯在《恭报三省直堤防告成疏》所指出的，仅在徐州、灵璧、睢宁等十二州县，加帮创筑的遥堤、缕堤、格堤、太行堤、土坝等工程共长十三万丈。在河南荥泽、原武、中牟等十六州县中，帮筑创筑的遥、月、缕、格等堤和新旧大坝更长达十四万丈，进一步巩固了黄河的堤防。

明嘉靖四十四年（1565 年）至万历二十年（1592 年）的 27 年间，潘季驯针对“黄河斗水，沙居其六”的特点，采取“筑堤束水，以水攻沙”（图 4.12）的治黄策略，方才结束黄河长达 700 余年分道乱流的历史。特别是“束水攻沙”论的提出，对明代以后的治河工作产生了深远影响。清康熙年间的治河专家陈潢指出：“潘印川以堤束水，以水刷沙之说，真乃自然之理，初非娇柔之论，故曰后之论河者，必当奉之为金科也。”近代的水利专家李仪祉在论潘季驯治河：“黄淮既合，则治河之功唯以培堤闸堰是务，其攻大收于潘公季驯。潘氏之治堤，不但以之防洪，兼以之束水攻沙，是深明乎治导原理也。”

在有生之年，潘季驯还完成了集治河工程实践之大成的《河防一览》，这部巨著堪称中国 16 世纪“治黄通运”的代表作。但是，也应当看到，潘季驯治河还只是局限于河南以下的黄河下游一带，对于泥沙来源的中游地区却未加以治理。源源不断而来的泥沙，只靠束水攻沙这一措施，不可能将全部泥沙输送入海，势必要有一部分泥沙淤积在下游河道里。潘季驯治河后，局部的决口改道仍然不断发生，同时蓄淮刷黄的效果也不理想。因为黄强淮弱，蓄淮以后扩大了淮河流域的淹没面积，威胁了泗州及明祖陵的安全。限于历史条件，潘季驯采取的治理措施，在当时不可能根本解决黄河危害问题。

课后习题
4.3

课后习题
4.3 答案

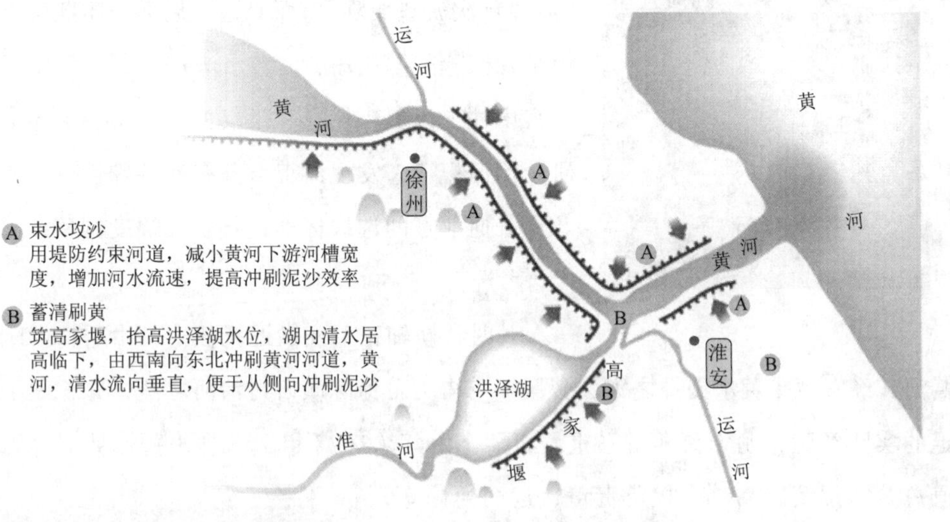

图4.12　潘季驯治理黄河“束水攻沙、蓄清刷黄”示意图

4.4

靳辅——
“疏浚并举”

4.4 靳辅——“疏浚并举”

❶ 靳辅“疏浚并举”治水思想。

❷“治河、导淮、保运”治河模式。

❸ 靳辅对近代治理黄河产生的深远影响。

学习思考

❶ 靳辅在继承潘季训治水思想的基础上，做了哪些影响后世的创新？

❷“疏浚并举”治水思想。

清初，历经朝代更迭战火的黄、淮、运水系近于崩溃。据报，彼时“淮溃于东，黄决于北，运涸于中，而半壁淮南与云梯海口，且沧桑互易”，“黄河两岸二千数百里，非一望汪洋，即沮洳苇渚”。面对极为严峻之形势，顺治元年（1644 年）袭明制，任命杨方兴为河道总督，“驻扎济宁州，综理黄运两河事务”。然而，国家初定，百废

待兴，清廷于河务往往心有余而力不逮，“期不失为治标之策而已”。

图4.13　康熙

康熙（图 4.13）继位之后，黄淮并涨，为患更甚，“清江浦以下，河身原阔一二里至四五里者，今则止宽一二十丈，原深二三丈至五六丈者，今则止深数尺，当日之大溜宽河，今皆淤成平陆”，此为“清口首次淤垫成陆”。而对这一局面，康熙帝五内俱焚，亲笔将“三藩、河务、漕运”六个大字书写于宫中柱上以夙夜轸念。不仅如此，康熙帝还通过研读治河史籍，发现河工事务有其特殊性，对河督乃至普通河官的选拔标准进行了大幅度调整，甚至亲自考选。

其时，靳辅正于安徽巡抚任上，由于辖区毗邻黄河，经常遭受黄水漫溢之灾，曾屡屡与得力幕僚陈潢研讨治河之法，并积累了一定的实践经验，尤为康熙帝看重。康熙十六年（1677 年）三月，靳辅被擢升为河道总督，位及二品，全权负责黄、运两河修守，以及维持黄、运地区的社会秩序。此举拉开了清代大规模治河与相关体制建设的序幕，在清代治黄史上具有里程碑意义。

图4.14　靳辅

靳辅（1633—1692 年），中国清代著名河臣，字紫垣，汉军镶黄旗人（图 4.14）。康熙时长期担任河道总督，在陈潢的协助下，主持治理黄、淮、运。在十余年治河中，靳辅采用明代著名治河专家潘季驯的“筑堤束水、借水攻沙”治河原理，在总结前人实践和治河原理的基础上，创制了治河、导淮、保运的“疏浚并举”治河模式，解决了清初以来的河患问题，并创造了一系列超越前人的治河技术。靳辅和潘季驯作为明清时期黄河治理的典型代表，他们所提出的治河思想和措施使治理黄河方略发生了根本转变，对近代治黄产生了深远影响。

康熙十六年（1677 年），正值黄河、淮河泛滥极坏之时。尤其是关系清朝统治命脉的运河也受到严重影响，使江南的漕粮不能顺利抵达北京。黄河自安徽砀山直到下梢海口，南北两岸决口七八十处，沿岸人民受灾，到处流浪，无家可归。黄河倒灌洪泽湖，高家堰决口三十四处。盱眙县的翟家坝成河九道，高邮的清水潭久溃，下河七州县一片汪洋。清口运河变为陆地。康熙帝派工部尚书冀如锡亲自勘察河工，冀报告：不仅河道年久失修，而且缺乏得力的治河人才；现任河督王光裕计划修的几项工程，大部分以钱粮不足未动工。在上游黄河决口导致黄、淮散漫，黄河水势流缓导致运河受堵、漕运不通。在河道敝坏已极的艰难时刻，靳辅受康熙帝委任，走马上任河道总督。康熙十六年至康熙三十一年，靳辅创建了治河、导淮、保运“疏浚并举”的治河模式，标志着中国的河流治理从此进入新的历史阶段。

4.4.1 经理河工八疏

康熙十六年（1677 年）三月，靳辅就任河道总督，四月初六，即赴宿迁河工署就任。莅任以后，他除向幕宾陈潢请教之外，并“遍历河干，广资博询”，进行了为期两个月的实地考察。不论绅士、兵民以及工匠、夫役人等，凡有一言可取或一事可行者，“莫不虚心采择”。他和陈潢一起研究我国历代治河的利弊、得失，主张继承潘季驯的“筑堤束水，以水攻沙”的理论，灵活利用。

在实地考察的基础上，靳辅秉承康熙帝“务为一劳永逸之计”的谕旨，提出自己的治河思想：“治河之道，必当审其全局，将河道、运道为一体，彻首尾而合治之，而后可无弊也。盖运道之阻塞，率由于河道之变迁；而河道变迁，总由向来之议。治河者多尽力于漕艘经行之地，若于其他决口，则以为无关运道而缓视之。”即主张实施治河、导淮、济运三者协调与综合治理的治河模式（图 4.15）。

康熙十六年（1677 年）五月，靳辅将治河应行事宜分拟《经理河工八疏》，呈交皇帝。《八疏》提出五项工程和三项保证措施：

第一，“挑清江浦以下，历云梯关，至海口一带河身之土，以筑两岸之堤”，加深从清江浦到入海口的黄河低洼河道，利用已经捞取的淤泥，建造黄河两岸的河堤。

第二，“挑洪泽湖下流，高家堰以西，至清口引水河二道”，通过维修和加深导引渠控制黄河上游的泥沙淤积，这些导引渠用以满足清口的需要，促进清水畅流，并将黄河淤泥冲刷入大海。

第三，“加高帮阔七里墩、武家墩、高家堰、高良涧至周桥闸，残缺单薄堤工，构筑坦坡”，通过受力面倾斜的方法修补和加固高家堰，减轻洪泽湖波浪冲击所带来的破坏。

第四，“并堵塞黄淮各处决口”，对于黄河与淮河的所有决口之处进行除险加固。

第五，“闭通济闸坝，深挑运河，堵塞清水潭等处决口，以通漕艘”，用北起清口南至高邮州清水潭的运河段采挖的泥沙，加固大运河的东、西大堤。

第六，“钱粮浩繁，须预为筹划，以济军需”。

第七，“请裁并河工冗员，以调贤员，赴工襄事”。

第八，请设巡河官兵，共六营5860名，配置浚船296艘，以经常维修、保护堤坝。

各项工程初步估计用银约214.8万两，后逐步增至250余万两。需用人夫数量亦很大，仅第一项工程每日即需12万余人，加上其他各处工程每日需20余万人。

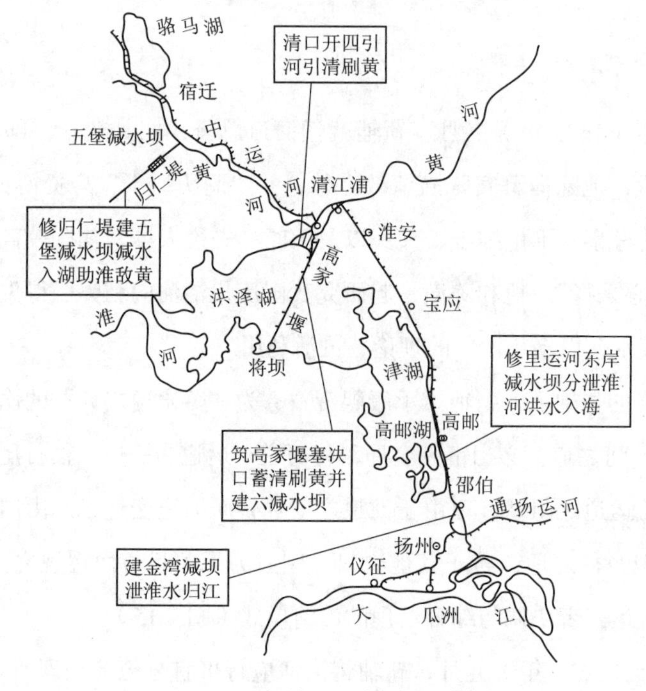

图4.15　靳辅治河模式示意图

4.4.2 系统化治水

康熙十七年（1678年）正月，康熙帝批准靳辅的治河方案。二月，支给帑金250余万两白银，限定三年告竣。“疏浚并举”的七大治理工程全面展开。

4.4.2.1 疏浚河道

靳辅治河，首先疏浚下流。他在治河第一疏中称：“治水者必先从下流治起。下流疏通，则上流自不饱涨，故臣又切切以云梯关外为重，而力请筑堤束水用保万全。”在治水过程中，根据他认知的河性因势利导，即“河之性无古今之殊。水无殊性，故治之无殊理。……惟有顺其河性而利导之一法耳”，“善治水者，先须曲体其性情，而或疏、或蓄、或束、或泄、或分、或合，而俱得其自然之宜”。

在疏浚河道时，靳辅发明用引河的方法治河。筑堤就地河心取土，将浚口、筑堤两事统一进行。在疏浚河道方面，靳辅比潘季驯更进一步，典型体现在三个工程上。

一是“导黄入海工程”。使淤塞十年的海口通流，为其他各项工程创造有利条件。据靳辅在奏疏中说：“海口大辟，下流疏通，腹心之害已除。”

二是“兴建清口工程”。为了利用淮河以清刷黄，靳辅大挑清口，在淮河出湖口开掘张福口、帅家庄、裴家场等五道引河。然后五道引河再会于一流，集中水势，由清口入黄，使河、淮并力入海。据靳辅《治河方略·治纪中·南运口》载：“运艘之出清口，譬若从咽喉而直吐，即伏秋暴涨，黄水不特不能内灌运河，并难抵运口。”“迩年以来，重运过淮，扬帆直上，如历坦途；运河无淤垫之虞，淮民岁省挑浚之苦。”

三是“开创皂河工程”。挑新浚旧，另开皂河四十里，于骆马湖之旁，上接泇河，下达黄河，行舟安全，便于漕运。又自皂河以东，历龙冈岔路口至张家庄二十里，挑新河三千余丈，并移运口于张家庄，以防黄水倒灌。皂河工程是靳辅治黄保运的一大创举，不仅防止黄河内灌，而且保证漕运畅通无阻。

4.4.2.2 堵塞决口

靳辅、陈潢亦主张堵塞决口以挽正河，修筑堤防以束水攻沙。下流河道疏通后，靳辅、陈潢即把注意力放在堵塞决口上。彼时，黄河两岸决口二十一处，高家堰决口三十四处，而且堵塞有难易，情况各不同。靳辅针对具体的情况，因地制宜，在堵塞决口处采取灵活的方法。如堵塞决口时采取先塞住小口，后塞大口的原则。“或挑引河，或筑拦水坝，或中流筑越堤，审势置宜，而大者小者，当亦无有不受治者矣”，经过精心处理，遂将小口门一一堵合，最后杨家庄大工，使黄河归入正流。

上述治河方略具体以清水潭工程为例。清水潭逼近高邮湖，地势卑洼，受害尤重，最难修治。大决口南北三百余丈，水深至七八丈，东西与湖水相连，汪洋无际，漕运受阻。历经杨茂勋、罗多、王光裕三位河道总督十余年的治理，费帑五十余万，总难见成效。靳辅经调查研究后，采取综合治理，先堵高家堰各处决口，令淮水尽出清口，杀其上流水势，并挑浚经过山阳、清河、高邮、宝应、江都五州县的运河，塞决口三十二处，疏其下流水路，然后专力以图清水潭。他吸取前人的教训，采用“避深就浅，于决口上下退离五六丈为偃月形，抱决口两端而筑之”的方法，筑成东西两堤。靳辅亲率河官，“身宿工次”，从康熙十七年九月兴工，至康熙十八年三月竣工。他向皇上奏报：“七州县田亩尽行涸出，运艘、民船永和安澜矣。”康熙阅奏，特予嘉奖，并亲自命名：“名河曰永安，新河堤曰永安堤。”

4.4.2.3 建筑河堤

靳辅、陈潢继承了潘季驯“束水攻沙”的治河思想，十分重视堤防的作用。陈潢认为:“治河者，必以堤防为先务。……堤成则水合，水合则流迅，流迅则势猛，水猛则新沙不停，旧沙尽刷，而河底愈深。”因此靳辅在主持治河的十一年中，非常注意“建筑堤防”。在修建堤坝方面，他们又借鉴不重视近海堤防的教训，在上起河南、下到海口附近，均修葺坚固堤防，并创筑从云梯关外到海口的束水堤一万八千余丈，“凡出关散淌之水，咸逼束于中”，以期“冲沙有力，海口之壅积，不侵而自辟矣”。同时，他们又对防止洪泽湖东边决口的主要屏障高家堰，进行了重点培修加固。其中，高家堰工程用于挽湖束水、蓄清敌黄，使淮水经洪泽湖而出清口。这项工程使山阳、宝应、高邮、江都四州县及河西诸湖涸出的土地，由靳辅等设法招垦，“增赋足民”。而归仁堤工程，在于加高培厚、挑引河、筑大坝及减水坝，构筑捍淮敌黄屏障。

另外，靳辅还总结群众的经验，制定了堤防的维修、养护制度，增设了护堤人员。在堤上广泛植柳，进一步发挥缕堤、遥堤、月堤、格堤的作用。层层设防，增强了防御洪水的力量。

4.4.2.4 闸坝分洪

靳辅、陈潢在治河实践中，鉴于“上流河身至宽至深，而下流河身不敌其半”，有碍行洪，在砀山以下至睢宁间的狭窄段内，沿用潘季驯修减水坝的办法，因地制宜有计划地增建了许多减水闸坝。如南岸砀山毛家铺创建减水坝一座，铜山（今属徐州）王家山建天然减水坝一座，睢宁、峰山附近凿石建闸四座，以备异常洪水分流之用。如果遇淮消而黄涨，各闸分出的水，在沿途中逐渐澄清，澄清的水流入洪泽湖，再由清口注入正河，助淮以清刷黄，达到以水治水的目的。全新的减水坝运用方略是靳辅与潘季驯治水的不同之处。但在使用减水坝的初期，靳辅并没有对水归路进行及时处理，以致水过之地多受其害，因此靳辅受到许多官员的非议。

在创建减水坝时，靳辅还实行了“以测土方之法，移而测水”的科学测水方法。“先量闸口阔狭，计一秒流几何，积至一昼夜所流多寡，可以数计矣”。先在分水闸口测量其长宽尺度，计算出闸口在一秒钟内流出水量和一昼夜流出水量，据此计算出计划在闸口分出的流量，“务使所泄之数，适称所溢之数”，为有计划地分洪提供必要条件。

4.4.2.5 修守险工

潘季驯治河四次，除修太行堤外，没有施工到中游的山东、河南，所以他离任后不久，便决口单县。靳辅于康熙二十四年（1685年）九月，在考城、仪封一带筑堤

7989 丈，又封丘县荆隆口大月堤 330 丈。在治河过程中兼顾上游与下游的关系，这是靳辅比潘季驯进步的地方。

靳辅认为“防河之要，惟有守险工而已”，他感到黄河在河南一带沙多土松，一遇河水冲刷，滩地虽有坍塌数百丈者，可是河南黄河河面宽旷，河流距堤较远，尚易于防守。江南徐、邳以下，重要城镇多濒临大河，险工林立，不得不严加修守。根据实践经验，他总结出“守险之方有三：一曰埽，二曰逼水坝，三曰引河。三者之用，各有其宜”。对埽工，主张改秸料为柳草，修埽“柳七草三”，柳多可以加大重量，易于沉底，草料可填充空隙，以防疏漏，即所谓“骨以柳，而肉以草也”，这比单纯用秸料修埽更有优越性。在兜湾顶冲之处，应该顺厢埽，可“鱼鳞栉比而下之”。当上堤下挫，埽工不能抵御时，应急于上流筑逼水坝一至三道，以挑流外移。若正河弯曲特甚，大河有入袖之势时，则相度地势，挖引河裁弯取直，险工立可平缓。如靳辅所言：“埽之用，是固其城市也；坝之用，捍之于郊外者也；引河之用，援师至近，开营而延敌者也。”此守险方略，至今仍有现实意义。

4.4.2.6 黄、运分离

潘季驯治河期间，主张利用黄河故道，反对开新河，即反对开泇河、胶莱运河，认为：“假令胶泇告成，海运无困，将置黄淮于不治乎？亦将并作之也？”潘季驯受保运护陵牵制，在治河过程中没有提出使黄、运分离的策略。靳辅治河则没有这种顾虑，他认为：“议者莫不以为治河即所以治漕，似乎舍河别无所谓漕也；虽然水性避高而就下，地为之，不可逆也，运道避险而就安；人为之，所虑者为之或不当耳。有明一代治河，莫善于泇河之绩。”黄、运分离的治河思想是靳辅治河中的一大创举。

靳辅黄、运分离的治河思想，主要体现于中河工程。运道自清河至宿迁，借用黄河，风涛险恶，常出事故。靳辅自康熙二十五年（1686 年）起，自骆马湖，沿黄河北岸，于遥、缕二堤之间开渠，历宿迁、桃源至清河仲家庄出口，名曰中河。“粮船北上出清口后，行黄河数里，即入中河，直达张庄运口（北接皂河），以避黄河百八十里之险”。这项工程是康熙治理黄、淮、运的核心部分。黄河与运河彻底分开，黄河专司泄洪，运河专司漕运，兼泄沂、泗洪水，结束了“黄、运合一”的历史。康熙高度评价开中河的功绩：“创中河以避黄河 180 里（指张庄至仲家庄段）波涛之险，因而漕挽安流，商民利济，其有功于运道、民生，至远且大。”

4.4.2.7 疏浚海口

靳辅除遵循潘季驯“筑堤束水，以水攻沙”的方略外，还提倡对海口进行疏浚，“自云梯关而下至海口，为两河朝宗要道，每堤一里，必须设兵六名。每兵一名，管

堤三十丈，……每二里半建一墩，令兵十五名居于墩侧，每墩给浚船一只，各系铁埽二个于船尾……溯流刷沙，往来上下，……专令疏浚堤外至海口一带淤沙”。并自云梯关以上至宿迁河段，都按此办法进行疏浚。在疏浚河口时，发明了带水作业的刷沙机械，在船尾系上铁扫帚，翻动水底泥沙，利用流水的冲力把泥沙送入海中，这是我国利用机械治河的开端。

靳辅治河十余年，改变了清初以来河患严重的局面，保持了漕运的畅通，使黄河河道趋于安稳。靳辅去世 10 年后，康熙帝在最后一次南巡（康熙四十六年五月）中给与高度评价：“朕今年南巡阅河，沿河百姓，无不称颂靳辅所修工程，极为坚固。自明末……决坏黄河之后，一经靳辅修筑，至今河堤略不动摇，皆其功也。靳辅殁已十余年，无有为之举奏者，然功不可泯也。”“一切治理之法，虽河臣互有损益，而规模措施不能易也。”

清代治黄遗存，如图 4.16 ~图 4.20 所示。

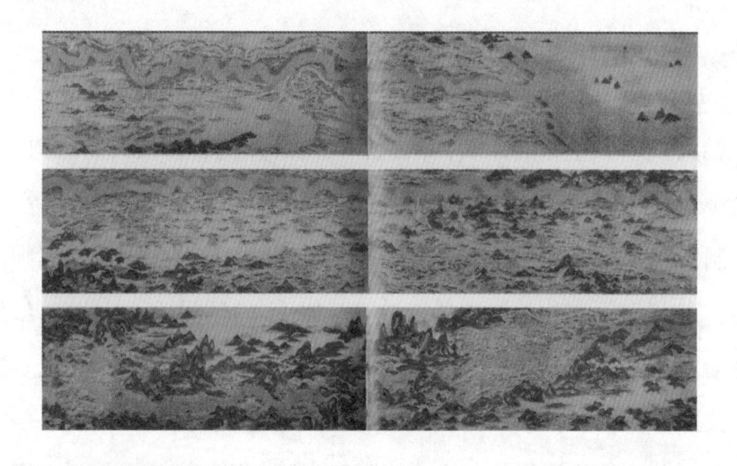

图4.16　靳辅、周洽《黄河图》全图（中国第一历史档案馆馆藏）

图4.17　清代河道总督吴大澂亲撰“郑工合龙处碑”（黄河博物馆馆藏）

图4.18　出土于河南汲县（今卫辉市）柳卫村东北的古黄河大堤“烽堠碑”（黄河博物馆馆藏）

图4.19　1843年河南省渑池县东柳窝村村民刻制“洪水刻记碑”（黄河博物馆馆藏）

图4.20　出土于河南开封黑岗口清代“壬寅下南造”穿孔河工砖（黄河博物馆馆藏）

课后习题4.4

课后习题4.4答案

参　考　文　献

[1] 朱汉明．大禹治水与山东水文明［N］．联合日报，2018-08-04（3）．

[2] 新华社．“大禹治水”有了新证据［J］．发明与创新（大科技），2016（9）：56.

[3] 胡阿祥．禹迹与九州：“创世纪”的人文意义［J］．唯实，2016（8）：79-83.

[4] 宋恩来．大禹研究［D］．济南：山东大学，2018.

[5] 尹荣方．大禹治水祭仪真相——以《山海经》“日月出入之山”与《禹贡》“二十八山”为视角［J］．中原文化研究，2018，6（1）：50-59.

[6] 周诗语．大禹的神话传说［J］．前线，2017（12）：146-148.

[7] 谢秋云，田聚常．鲧禹治水地域新考［J］．濮阳职业技术学院学报，2017，30（6）：22-24，27.

[8] 段渝．大禹史传与文明的演化［J］．天府新论，2017（6）：128-137.

[9] 张振岳．《禹贡》大禹形象刍议［J］．牡丹江大学学报，2017，26（10）：93-96.

[10] 李涛，尹维杰．“五水共治”的文化内涵及其战略意义［J］．中共浙江省委党校学报，2017，33（5）：70-76.

[11] 刘朔．从《王景治河辨》看东汉王景及其治河的历史贡献［J］．名作欣赏，2017（5）：71-72.

[12] 贺慧慧．东汉黄河安流的原因分析［J］．秦汉研究，2010（00）：212-219.

[13] 卞吉．王景治河千载无患［J］．中国减灾，2008（8）：46-47.

[14] 柯题．王景治河的启示［J］．中国防汛抗旱，2004（4）：60.

[15] 董晓泉．试论两汉的水利工程与水旱灾害［D］．北京：首都师范大学，2002.

[16] 左东启．黄河河道格局的历史演变及其对现代治黄思路的启示［C］//中国水利学会．中国水利学会2001学术年会论文集．北京：中国水利学会，2001：5.

[17] 黎沛虹．东汉王景治河与黄河八百年安流［J］．水利天地，1989（6）：28.

[18] 张景瑞．议洳河：晚明通漕与治河之争［J/OL］．河南理工大学学报（社会科学版），2018（4）：88-95［2018-10-02］．https：//doi.org/10.16698/j.hpu（social.sciences）．1673-9779.

[19] 裴阳月．万恭《治水筌蹄》研究［D］．郑州：郑州大学，2018.

[20] 赵超．《潘司空奏疏》研究［D］．合肥：安徽大学，2017.

[21] 潘季驯——四治黄河立奇功［J］．河北水利，2016（11）：31.

[22] 王艺，张小思 . 浅析潘季驯《河防一览》之奏疏 [J]. 中国水能及电气化，2017（12）：62-66.

[23] 钱汉江 . 潘季驯——明代河工第一人 [J]. 中国减灾，2012（14）：48-49.

[24] 熊慧勇 . 明代后期的治河思想 [J]. 城市与减灾，2012（2）：39-42.

[25] 陈陆 . 潘季驯：明代河工第一人 [J]. 中国三峡，2012（2）：82-89.

[26] 张艳芳 . 明代总理河道考 [J]. 齐鲁学刊，2008（3）：64-67.

[27] 孙果清 . 潘季驯与《河防一览图》[J]. 地图，2007（5）：106-107.

[28] 渭水 . 潘季驯的治河思想 [J]. 水利天地，2006（11）：22-23.

[29] 马雪芹 . 简论潘季驯的为政思想 [J]. 江南大学学报（人文社会科学版），2005（5）：45-48，57.

[30] 袁博 . 近代中国水文化的历史考察 [D]. 济南：山东师范大学，2014.

[31] 马红丽 . 靳辅治河研究 [D]. 南宁：广西师范大学，2007.

[32] 贾国静 . 清前期的河督与皇权政治——以靳辅治河为中心的考察 [J]. 中南大学学报（社会科学版），2017，23（3）：186-190.

[33] 靳辅——“疏浚并举”治黄淮 [J]. 河北水利，2017（1）：38.

[34] 季祥猛 . 洪泽湖水志考略 [J]. 淮阴工学院学报，2014，23（6）：1-6.

[35] 王兆印，王春红 . 束水攻沙还是宽河滞沙？治黄两千年之争，谁是谁非？[J]. 治黄科技信息，2013（6）：1-5.

[36] 席会东 . 河图、河患与河臣——台北故宫藏于成龙《江南黄河图》与康熙中期河政 [J]. 中国历史地理论丛，2013，28（4）：130-138.

[37] 陈健 . 清代治河名臣靳辅 [J]. 沧桑，2013（4）：18-21.

[38] 席会东 . 清康熙绘本《黄河图》及相关史实考述 [J]. 故宫博物院院刊，2009（5）：104-126，161.

第5章 古代先民创造水利工程奇迹

早在原始社会时期，华夏大地已出现治理水害和开发水利的活动。上古先民为躲避洪水修筑堤坝，形成了中国古代最原始的防洪工程。之后，随着农业的发展和生产力的进步，出现了人工灌溉和人工运河等水利工程。中国自上古时期大禹治水始，水利开启了中华文明的第一道曙光，并与中华民族的国家前途、命运紧紧相连，对社会的政治、经济、文化产生了巨大影响。早在战国时期，著名政治家、哲学家管仲就曾指出："善为国者，必先除其五害：水一害也，旱一害也，风、雾、雹、霜一害也，厉一害也，火一害也，此谓五害。五害之属水为大。……水有……经水……枝水……谷水……川水……渊水。此五水者因其利而往之可也。"

在中国历史上，治水兴水是中华民族生存发展与国家统一兴盛的首要条件。五千多年来，正是依靠水土资源的合理利用开发，中华民族持续发展，中华文明延绵不断。从一定意义上讲，中华民族悠久的文明史是一部兴水利、治水患、除水害的历史。无论是江河中下游的辽阔平原，还是山峦沟壑间的层层梯田，以至荒漠戈壁中的片片绿洲，那些灿若星河的水利工程如一座座无字丰碑，镌刻记载了中华文明几千年的人文底蕴和科学精神。

5.1 “疏浚芍陂淮水引，安澜古堰稻香存”——芍陂

❶ 古代治水先驱建造芍陂的初衷与历程。

❷ 芍陂兴废的历史沉浮。

❸ 以史为鉴，剖析芍陂兴废之路。

❶ 被誉为“世界塘中之冠”，距今2600多年前修建的芍陂，在水利史上的历史文化价值和现代使用价值。

❷ 从芍陂的修建使用，体悟中国先民伟大的创造精神、奋斗精神、团结精神、梦想精神。

5.1

“疏浚芍陂淮水引，安澜古堰稻香存”——芍陂

芍陂是我国古代淮河流域著名的水利工程，东晋以来又称安丰塘，位于今安徽省六安市寿县城南30千米处，有“天下第一塘”“世界塘中之冠”之美誉。相传公元前598年至公元前591年，由楚人孙叔敖（生卒年不详）始建（一说为战国时楚人子思所建），距今已有2500多年历史，比都江堰还要早300年，是我国水利史上最早的大型陂塘灌溉工程。

芍陂在历史上是一座引、蓄、灌、排较为完整的陂塘灌溉工程，反映出古代蓄水工程因地制宜的人水和谐智慧。它通过工程合理布局，在增加蓄水量的同时，为农业生产提供尽可能多的耕地，达成了区域人水关系的协调。它在中国传统农业社会及其区域发展史中都具有重要影响和里程碑意义，也是我国水利工程可持续利用的经典范例。芍陂主要由引水渠、陂堤、灌溉口门、泄洪闸坝、灌溉渠道等组成，目前基本保留着19世纪工程格局和运行方式，并已成为淠史杭灌区的一个反调节水库，1988年被列为国家重点文物保护单位，2015年成功入选“世界灌溉工程遗产”名录。

5.1.1 楚相修陂始建功

陂，阪也；塘，池也。陂塘指利用低洼之地汇集周边水源而形成的池塘，即今天随处可见的水库。古代人工灌溉的水源主要来自地下和地表，又以江河湖沼等地表水居多。地表水虽然易于获取，但水量受季节和气候影响较大，自然水量往往不能时时满足农业灌溉的需求。于是，古人建造了很多人工陂塘，用以存蓄水分，调节江河流量。历朝历代，为满足农业灌溉需求，所筑陂塘众多，但若以时间和成效而论，芍陂属当之无愧的佼佼者。芍陂的主要水源来自淠河，因水流经过白芍亭东，积而为湖，谓之芍陂。隋唐以后，安丰县设置于此，加之芍陂水利作用大，使周边连年丰收，所以人们又将它称为安丰塘，是中国历史上出现最早、规模最大的水库。

5.1.1.1 抗天灾，图霸业

在芍陂兴修之前，所在地区旱涝频仍、灾害严重。作为楚国北疆的农业主产区，对楚国的国家安全和百姓生计影响极大。楚庄王即位后，内平隐患，外抗强晋，呈问鼎中原之姿。芍陂的落成，无疑对楚国抗天灾、图霸业具有巨大的经济和军事价值。

一般史料认为，春秋楚庄王十七年至二十三年（公元前597—公元前591年），芍陂由楚国令尹孙叔敖所建。北魏郦道元的《水经注》载有："芍陂周一百二十许里，在寿县南八十里，言楚相孙叔敖所造。"南朝刘宋范晔所著《后汉书·王景传》最早提及芍陂的修建者孙叔敖，书中载："建初七年，（景）迁徐州刺史……郡界有楚相孙叔敖所起芍陂稻田，景乃驱率吏民，修起芜废，教用犁耕，由是垦辟倍多，境内丰给。"

孙叔敖乃楚国期思人，生长在水乡的他热衷水利，深谙水患给农业、民生、政权可能造成的灾难与威胁。《淮南子》云："孙叔敖决期思之水，而灌雩娄之野，庄王知其可以为令尹也。"楚庄王十四年（公元前600年），楚庄王任命孙叔敖为楚国国相。孙叔敖上任后，极力主张："宣导川谷，陂障源泉，灌溉沃泽，堤防湖浦以为池沼，钟天地之爱，收九泽之利，以殷润国家，家富人喜。"发动民众"于楚之境内，下膏泽，兴水利"。东汉桓谭《新论·国是》称"孙叔敖相楚，期年而楚国大治，庄王以伯"。楚庄王十七年（公元前597年）左右，孙叔敖受命主持兴建芍陂。

5.1.1.2 径百里，灌万顷

芍陂位于大别山的北麓余脉，相当于今寿县淠河与瓦埠湖之间，南起贤姑墩、北至安丰铺和老庙集一带，"径百里，灌万顷"，对春秋时期楚国而言是国之"粮仓"，具有至关重要的战略地位。当地地势东、南、西三面较高，北面低洼，向淮河倾斜。孙叔敖顺应南高北低的地势，利用山溪来水和淠河引水，成功解决了芍陂的水源问题。

孙叔敖将东面横石山（今积石山）、东南面龙池山和西南面六安龙穴山上流下的溪水，一并汇聚在北面低洼的芍陂之中。考虑到溪水受降雨影响大，且上游拦蓄，很难保证水源的稳定性，不能达到芍陂预定的蓄水目标，他又从淠河（今淠河干渠下游段）开子午渠引水，以保证芍陂水源稳定。在淠河上开子午渠是孙叔敖一举两得的创

举：引水入陂，既确保芍陂有足够水量供应农田灌溉，又能为汛期的淠河起到分洪作用（图 5.1 和图 5.2）。最终，建成周围二三百里，占地约 145 万亩，蓄水约 1.7 亿立方米的人工水库。

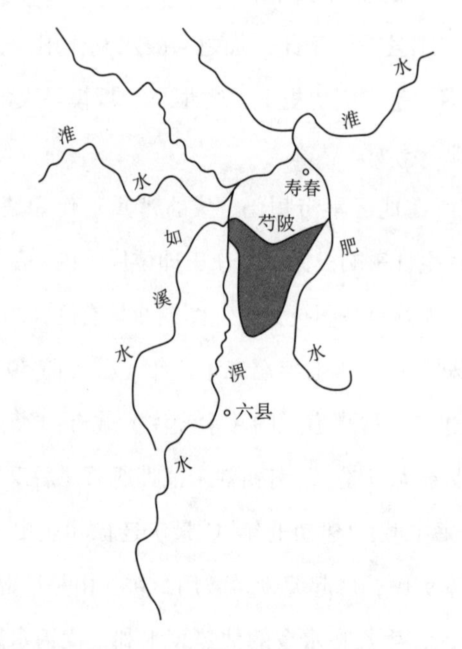

图5.1　古芍陂水系示意图

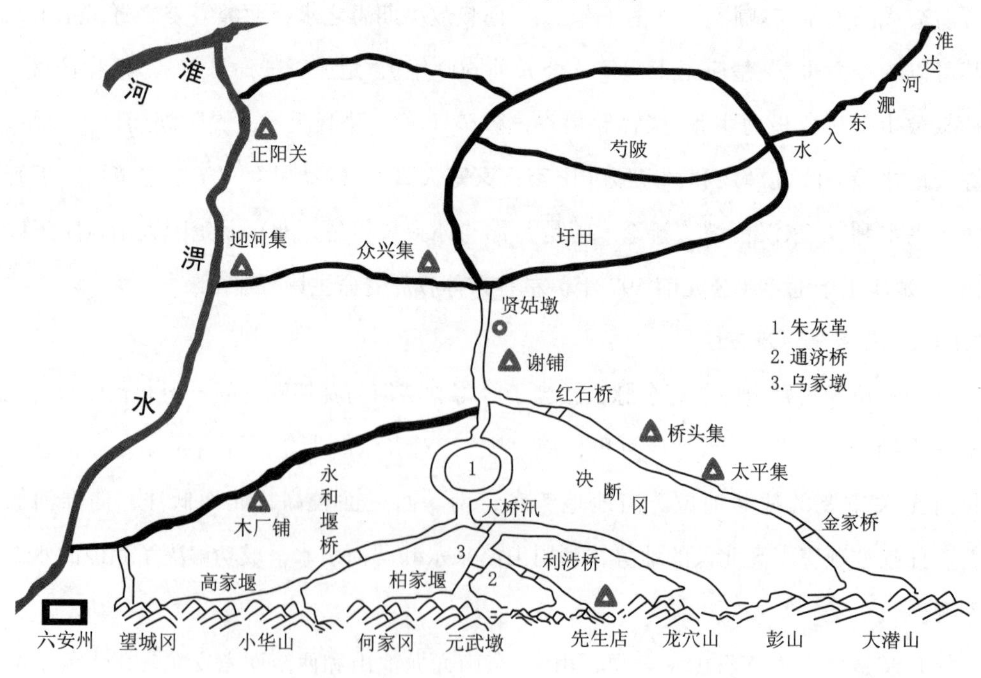

图5.2　芍陂龙穴山水源示意图（清光绪《寿州志》卷首《安丰塘图》所载）

《水经·肥水注》曾详述芍陂源流及规模，“陂有五门，吐纳川流”。为便于灌溉取水和调整陂内的水量，芍陂在四周共修建了五个水门，并用石质闸门加以控制，

“水涨则开门以疏之，水消则闭门以蓄之”。芍陂建成后，使安丰一带粮食产量大增，并很快成为楚国的经济要地。楚国的根基得以更加稳固，国力更加强大，楚庄王遂问鼎中原，成为“春秋五霸”之一。

楚地信奉道家思想，安逸不争的楚人躺在水温柔的怀抱里，统一天下的野心并不强大。面对从干旱中走来的虎狼之国强秦的攻伐，楚国于公元前241年被秦国打败。基于芍陂的重要经济、战略地位，楚考烈王迁都寿春，改名为“郢”，即历史上的“郢都”。之后，芍陂经过历代的整治，一直发挥着重要作用。有北宋王安石诗云：“鲂鱼鲅鲅归城市，粳稻纷纷载酒船。”

后世皆言，芍陂是孙叔敖留给后人的最大财富。其实，据史书记载，早在公元前605年，孙叔敖就主持修建了我国最早的大型引水灌溉工程——期思雩娄灌区。在史河东岸凿开石嘴头，引水向北，称为清河；又在史河下游东岸开渠，向东引水，称为堪河。利用这两条引水河渠，灌溉史河、泉河之间的土地。因清河长90里，堪河长40里，共130里，灌溉有保障，被后世称为“百里不求天灌区”。经过后世不断续建、扩建，将河水、溪水蓄存于陂塘，而后引导多条水渠纵横交错直达农田，形成灌区内有渠有陂，引水入渠、由渠入陂、开陂灌田的“长藤结瓜”式灌溉体系，今天的淠史杭灌区修建依然沿用了这种模式。

5.1.2 千年沧桑之路

芍陂建成之后，经历战国、秦国和西汉，六百多年没有修治记载，之后的两千多年间，时兴时废，历经沧桑，泽及当时，名留后世。

5.1.2.1 大事记

1. 东汉时期

东汉建初八年（83年），芍陂第一次大修。是庐江太守王景看到百姓“食常不足”，知道郡界（当时芍陂属庐郡）境内“楚相孙叔敖所起芍陂稻田”已经毁坏，于是督率吏民“修起芜废”，又“教用犁耕”，使农业生产大大发展。据杜佑《通典》记载，王景重修芍陂后，“境内丰给，其陂径百里，灌田万顷”。

196年，曹操实行“以农治国”“兵农合一”的耕战政策，颁布“置屯田令”，积极提倡兴修水利，改进耕作方法，改革农具，推广水稻。当年在许昌试行，取得“得谷百万斛”的成绩后，便向各地推广。曹魏屯田时期，芍陂得到较为彻底的修治，是历史上“最称极盛”阶段。

建安五年（200年），扬州刺史刘馥积极招抚流民，组织生产，“广屯田，修治芍

陂……，以溉稻田，官民有蓄”。

2. 三国时期

魏正始二年（241年），魏国尚书郎邓艾重修芍陂，其蓄水能力大幅提高，灌溉面积空前扩大。“自锺离（今凤阳东北）而南，横石以西，穿渠三百余里，溉田二万顷，淮南淮北皆相连接，自寿春到京师，农官兵田，鸡犬之声，阡陌相属。”

3. 两晋南北朝时期

西晋之初，武帝司马炎为了巩固自己刚刚建立起来的封建政权，在“厉精于稼穑”“劝务农功”的政策推动下，泰始十年（274年）曾修过新渠、富寿、游陂三渠，“凡溉田千五百顷”。由于政权分裂，芍陂时兴时废。

西晋太康年间（280—289年），淮南相刘颂每年“用数万人”维修芍陂。但同时，豪强地主在芍陂周围大肆兼并土地，给兴修芍陂带来了极大阻碍。西晋末年，芍陂开始荒废。

430年，南朝豫州刺史刘义欣较彻底地修治芍陂，出现“灌田万余顷，无复灾害”的大好景象。农业生产又有了新的发展，芍陂一带成为南朝的主要经济地区，芍陂灌区内的寿春亦成为当时北方最大城市之一。

南齐时期，淮河流域战事频繁，“比年以来，无日不战”“淮南旧田，触处极目，陂堨不修，咸成茂草。平原陆地，弥望尤多”，芍陂又渐渐衰落。梁时，曾先后两次整修了芍陂，使它恢复往日荣光。

4. 隋朝时期

隋开皇年间，寿州长史赵轨重修芍陂，将原有五个水门改为三十六个。据载：“芍陂旧有五门堰，芜秽不修，轨于是劝课人吏，更开三十六门，灌田五千顷，人赖其利。”

5. 唐朝及五代十国时期

据唐《太平御览》记载，唐肃宗时曾“于寿州置芍陂屯，厥田沃壤，大获其利”。唐王朝后，出现了五代十国短暂的封建割据局面，战祸连年，豪强分占，芍陂大废，“堤任倒塌，人苦荒旱，塘不注水，豪右分占。水小则阻以利己，大则决以害人”。

6. 宋朝时期

宋初（960年以后），李若谷迁给事中，知寿州，申禁令，摘占田，复堤止决，芍陂又兴。

宋真宗年间（998—1022年），安丰知县崔立修治芍陂，“大水坏期斯塘，立躬督缮治，逾月而成”。

宋仁宗明道年间（1032—1033年），淮南地区水旱灾害频繁，饥荒严重。安丰知县张旨“大募富民输粟以给饥者，既而浚淠河三十里，疏泄支流注芍陂，为斗门，溉田数万顷，外筑堤以备水患”。王安石有七律诗《安丰张令修芍陂》，盛赞张旨修安丰塘。

7. 元明清时期

元代以后芍陂逐渐淤塞。芍陂淤积日益严重，湖田不断增加，虽进行了修治，但收效不大。

明永乐十二年（1414年），寿县庶民毕兴祖上书请修芍陂。户部尚书邝埜（野），从蒙城、霍山征调两万民工，修整了芍陂的十六座水门和从牛角铺到新仓铺之间一万三千五百余丈的堤岸，这是明代的一次大修。

明正统元年（1436年）以来，豪强地主强行侵占湖田截断芍陂上游，“陂流遂淤”。明末，豪强抢占，破坏更甚。芍陂的淤积日益严重，湖田不断增加。芍陂的面积仅有数十里。

至清代，不少皇帝都对芍陂进行了修治。从康熙三十七年（1698年）起，州佐颜伯珣用了六年时间，督修芍陂。雍正八年（1730年）至乾隆二年（1737年）在众兴集创建滚水坝，用以分洪减流。乾隆十四年（1749年）知州陈韶，以四个月的时间，对芍陵“疏河道，去淤塞，补崩塌，增埂堤”，进行了较大规模修整。清乾隆以后，豪强占田之风又起。光绪年间，芍陂淤塞严重，大部分成了湖田，其水利作用已经很小。光绪《寿州志》记载：“陂本长百里，周几三百里，今陂周一百二十里，又一百二十里中，其为陂者仅十之三，其余皆淤为田。”

8. 近现代及当代

中华人民共和国成立前夕，芍陂灌溉面积不足8万亩。当时流传着这样一首民谣：“安丰塘水贵如油，有钱有势满田流。地主豪门鱼米香，农民只吃菜和糠。安丰塘下哪安丰？穷人讨饭走他乡。”新中国成立后，人民政府组织修浚，对安丰塘进行了综合治理，开挖淠东干渠，沟通淠河总干渠，引来大别山区的佛子岭、磨子潭、响洪甸三大水库的水，安丰塘成为淠史杭灌区一座反调节水库。

1958年安丰塘工程纳入淠史杭工程综合规划，对引、蓄、灌、排等工程进行全面治理。

1977—1978年整修加固，蓄水能力达8400万立方米，灌溉面积4.2万公顷，并有防洪、除涝、水产、航运等综合效益。寿县再次成为安徽省粮食大县。

2007年，国家和当地政府对安丰塘进行了全面的除险加固改造。

2015年，芍陂（安丰塘）入选世界灌溉工程遗产名录、中国重要农业文化遗产名录。

5.1.2.2 历史荒废之因

芍陂在历史上不断淤塞，灌溉面积越来越少。究其原因，一方面是囿于自然条件的水源问题，另一方面是大规模屯田和战争这一致命的人为破坏。

1. 自然因素——水源问题

一是芍陂的主要水源是通过子午渠引淠河之水，宋以后，由于屡经战火，这条渠道遭到破坏，大大减少了芍陂的水量。二是黄河在金明昌五年（1194年）发生改道后，借淮河河道汇入大海，黄河河水携带的大量泥沙进入淮河，淤积了渠道和陂塘，逐渐影响芍陂的库容量。同时，黄河入淮发生倒灌，造成东淝水河下游淤积。这样，芍陂上存水源不足，下有滞泄不畅，加之泥沙淤积，终成死水一潭。

2. 人为因素——战争和屯田

历史上芍陂地处南北要冲，乃兵家必争之地。三国、南北朝时期芍陂曾多次受到战争波及。唐宋以来则多为地主豪强占垦和盗决。至明代，芍陂被占塘面约长50里，变塘为田达56967亩之多。明成化十九年（1483年），地主土豪为避免雨季汛涨时私田被淹，便盗决陂堤泄水，涸出塘底，以继续占垦。

芍陂的兴废之路，给予后世诸多经验教训：

第一，政府要高度重视水利建设。管子曰："善为国者，必先除水旱之害。"国以民为本，民以食为天。农业是立国之本，一个国家的粮食安全关系整个国家的稳定和发展。水利与农业息息相关，发展农业生产离不开灌溉，而天然拥有得天独厚灌溉条件的区域毕竟是少数，因此，水利工程的重要性尤其凸显。

第二，兴修水利要尊重自然规律。处理好"围塘造田"与"废田还塘"的关系，并遵从自然维护好既有的水利工程，尽量减少人为破坏，确保水利工程造福子孙后代。

课后习题5.1

第三，水利工程要保护好水生态环境。尤其要注意防治水利工程相关流域的水土流失，在水利工程沿岸植树造林，发挥森林这一"绿色水库"涵养水源的功能。同时，及时清理河道和水库过量的泥沙淤积，保护好水源，延长水利工程的使用寿命。

课后习题5.1答案

5.1.2.3 芍陂灌溉工程遗产价值

2015年10月12日，在法国蒙特利埃（Montpellier）召开的国际灌溉排水委员会（ICID）第66届执行理事会上，芍陂被列入世界灌溉遗产名录。芍陂灌溉工程遗产价值评价见图5.3。

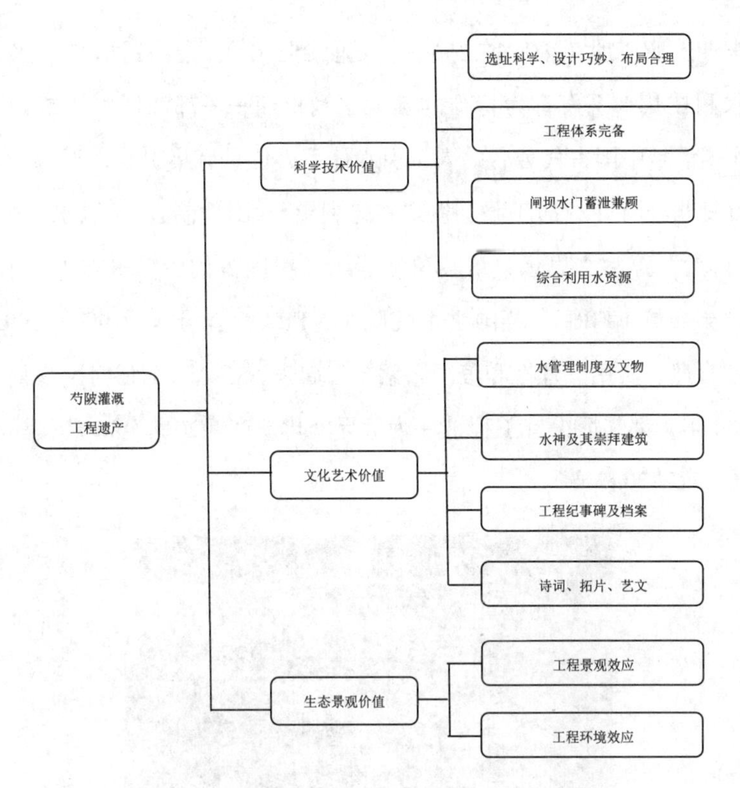

图5.3　芍陂灌溉工程遗产价值评价图
（资料来源：中国水利水电科学研究院减灾中心周波等）

5.2　“古堰历千年，至今犹伟岸”——都江堰

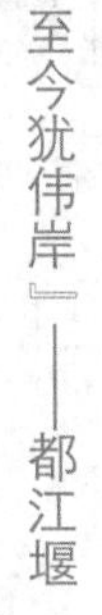

本节重点

❶ 都江堰修建的历史考证。

❷ 无坝引水和枝状水系发育设计理念与技术。

❸ 因地制宜的水工构件。

❹ 治水传统信仰。

学习思考

❶ 都江堰蕴含的“天人合一”治水思想，充满节约优先、保护优先、自然恢复为主的人水和谐智慧。

❷ 千年都江堰像保护眼睛一样保护自然和生态环境，它给予新时代水生态文明建设怎样的启示？

战国末期秦昭王时（公元前256—公元前251年），秦国蜀郡守李冰兴建完成了以无坝引水和枝状水系发育为特征的宏大水利枢纽——都江堰（图5.4）。它与郑国渠、坎儿井等都是中国古代著名的人工引水体系，但具有集引水、蓄水、水土互动为一体的不可复制独特性。都江堰工程“乘势利导”“因地制宜”“以水为师”“天人合一”“道法自然”等治水思想，最具象地展示了中国古代传统水思想、水哲学精髓。英国皇家学会会员（FRS）、英国学术院院士（FBA）李约瑟（1900—1995年）评价说：“它将超自然、实用、理性和浪漫因素结合起来，在这方面任何民族都不曾超过中国人。”2000年，都江堰渠首工程被评为世界文化遗产。2018年8月，都江堰成功列入世界灌溉工程遗产名录。

5.2-1 “古堰历千年，至今犹伟岸”——都江堰（上）

图5.4 都江堰渠首工程及干渠鸟瞰图（资料来源：陈和勇 摄影）

5.2-2 “古堰历千年，至今犹伟岸”——都江堰（下）

5.2.1 治江修堰考

岷江发源于四川北部的岷山，是汇入长江的重要支流之一。岷江口是长江中上游的分界点，岷江水流量大、流速湍急。每当春夏山洪暴发之际，江水奔腾而下，自灌县进入成都平原。古时由于河道狭窄，常常引发洪灾，洪水之后沙石千里。而灌县岷江东岸的玉垒山却因阻碍江水东流，造成东旱西涝。2000多年前，都江堰利用岷江出山口的特殊水文地理特点，科学地解决了江水自动分流、自动排沙、控制灌溉需水量等问题，创造性地改善古蜀盆地沼泽湿地生态环境，化水患为水利，是世界上迄今为止年代最久远，仍在发挥重要作用的古老水利工程之一。

5.2.1.1 敕命

公元前316年，秦惠文王采纳了大将司马错“得蜀则得楚，楚亡则天下定矣”的军事主张，举兵灭蜀。同年10月，张仪又灭巴国。秦并巴、蜀后，公元前280年秋天，大将司马错集结巴、蜀10万兵马，以一万艘战船的浩荡之势从岷江上游出发，顺水进入长江，南下东攻楚国……鉴于战时水运需要、粮草大后方农业发展需求以及岷江水患威胁，公元前272年，秦昭襄王敕命30岁的李冰为蜀郡守，担负起治理岷江、主持修筑古堰的重任。公元前256年，一项具有为秦帝国奠基意义的宏大水利工程都江堰竣工。

有关都江堰的创建，最早见于西汉司马迁《史记·河渠书》载:“于蜀，蜀守冰凿离碓，辟沫水之害，穿二江成都之中。此渠皆可行舟，有余则用溉浸，百姓飨其利。至于所过，往往引其水益用溉田畴之渠，以万亿计，然莫足数也。”此后，班固的《汉书·沟洫志》、应邵的《风俗通义》、常璩的《华阳国志》均有详细记述。北魏时期《水经注》在引用以上史料的同时还补充:“冰作大堰于此，壅江作堋，堋有左右口，谓之湔堋，入郫江、检江，以行舟”。至唐代时，有关都江堰的记载更加详细，《元和郡县志》卷三十一《剑南道上》彭州导江县（今都江堰市）:“楗尾堰，在县西南二十五里。李冰作之，以防江决。破竹为笼，圆径三尺，长十丈，以石实中，累而壅水。”《新唐书·地理志》亦载，导江“有侍郎堰，其东百丈堰，引江水以溉彭、益田，龙朔中筑。又有小堰，长安初筑。”两宋时期，有关都江堰的文字记载较前代大有增加，由这些丰富的记载可知都江堰的主体工程包括象鼻、离堆、侍郎堰、支水和摄水等。至此，拥有分水、导流、引水和溢洪排沙综合功能的工程体系形成，标志着都江堰作为一项综合性的水利工程已经进入了成熟期。

5.2.1.2 “都江堰”由来

都江堰位于四川省都江堰市灌口镇，关于都江堰名字的来历争论较多。秦蜀郡太守李冰建堰初期，都江堰名“湔堋”。都江堰旁的玉垒山，秦汉以前谓之“湔山”，而都江堰周围的主要居民氐羌人称堰为“堋”，都江堰因曰“湔堋”。

蜀汉时期，都江堰地区设置都安县，因县得名，都江堰称“都安堰”。唐代，都江堰改称“楗尾堰”，因彼时用以筑堤的材料和办法，主要是“破竹为笼，圆径三尺，以石实中，累而壅水”，即用竹笼装石，称为“楗尾”。

唐《括地志》载:“都江即成都江”，都江堰即成都江上的堤堰。

宋史第一次提及“都江堰”：“永康军岁治都江堰，笼石蛇决江遏水，以灌数郡田。”

《蜀水考》有载：“府河，一名成都江，有二源，即郫江，流江也。”流江是检江的另一种称呼，成都平原上的府河即郫江，南河即检江，它们的上游为都江堰内江分流的柏条河和走马河。《括地志》曰：“都江即成都江”。因此，有学者认为都江堰的“都”意为“聚集、汇总、围堵”，“江”即“岷江”，“堰”即“堤堰”，都江堰即是聚集控制岷江水的堤堰。自宋代始，都江堰水利工程系统统称“都江堰”，并一直沿用至今。

5.2.2 无坝引水设计

都江堰水利工程历经两千多年，至今仍正常使用的奥秘在哪里呢？都江堰水利工程分为渠首和灌区两大部分，李冰将渠首建在了岷江进入成都平原的出山口，渠首高而灌区低，通过渠首三大主体工程鱼嘴分水堤、飞沙堰溢洪道、宝瓶口引水口，保留河流本身和流域的原始生态，有效运用自然弯道形成的流体引力，自动引水、泄洪排沙，形成自流灌溉良性系统，使成都平原成为“水旱从人，不知饥馑，时无荒年”（《华阳国志·蜀志》）的天府之国（图5.5）。

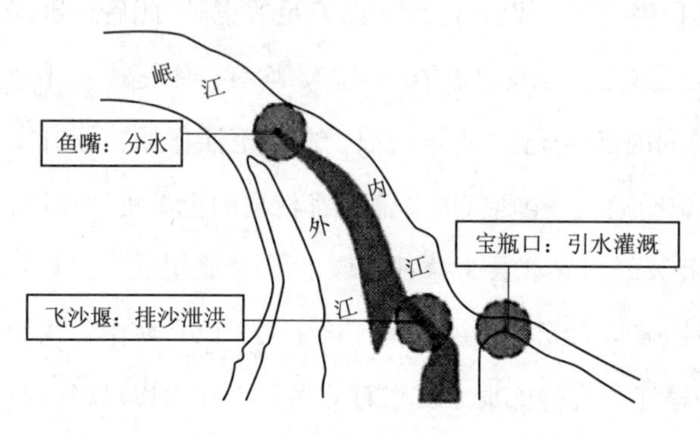

图5.5　都江堰渠首工程及功能示意图

5.2.2.1 鱼嘴分水工程

鱼嘴分水工程由鱼嘴与分水堤（也称内外金刚堤）组成，古代也称“楗尾堰”“象鼻”等。它是都江堰的第一道分水工程，将岷江分为内外二江，内江为人工引水渠，外江即岷江正流。

鱼嘴设计因势利导，分水导流精准。枯水期（冬春季），外江和内江分水比例分别占总水量的四成和六成。水量充沛的丰水期（夏秋季），在水流自身弯道环流作用下，分水比反过来为外六内四。这样仅利用鱼嘴的独特位置，就解决了枯水期成都平原供水、汛期分洪的问题，有“分四六，平潦旱”的功能。历史时期内，因岷江河道的多次变迁，鱼嘴分水堤的位置也随之多次变动，但是鱼嘴分水堤的形制和功能却始终如一（图5.6、图5.7）。

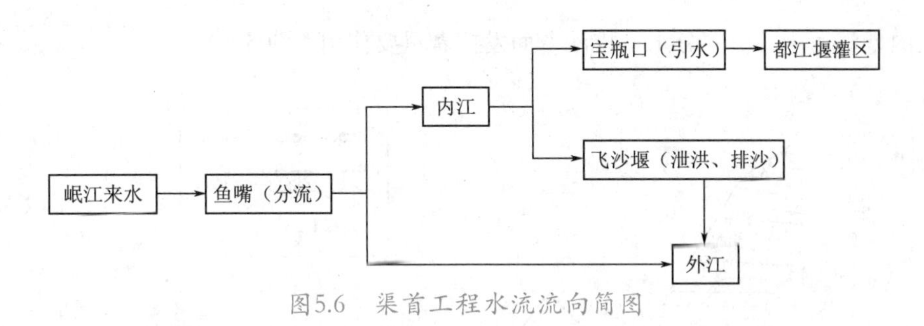

图5.6　渠首工程水流流向简图

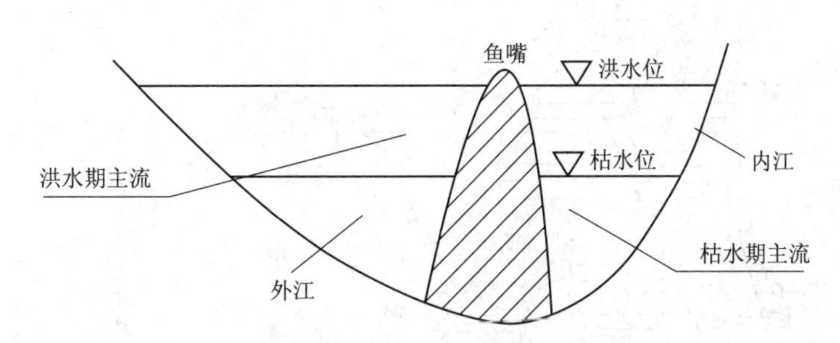

图5.7　鱼嘴工程“分四六”原理

5.2.2.2　飞沙堰溢洪排沙工程

经过鱼嘴分水，80% 的沙排入外江，仍有 20% 的沙进入内江，且洪水季节 40% 的水排入内江超出成都平原的需求量，因此，紧接鱼嘴分水堤尾部，设计了都江堰所独有的泄洪、排沙工程“飞沙堰”，再次分流排沙、调节水量。

飞沙堰古称“侍郎堰”“中减水”，是保证宝瓶口进水量并使宝瓶口不致堵塞的关键所在。当内江水位低于堰堤，飞沙堰自动失去泄洪功能，而壅水回流，保证有足够的水量流过宝瓶口排出沙石；而水量和水速超出标准时堰体就发生溃堤，使飞沙堰溢洪的同时带走沙石等。困扰现代水利工程的排沙问题，就这样依靠自然之力消解于无形。

5.2.2.3　宝瓶口引水工程

据文献记载，玉垒山原有一余脉伸进岷江，李冰在其自然缺口基础上人工开凿出更大的引水口，即第三项工程宝瓶口，距鱼嘴 1020 米，口底宽 17 米，水面宽 19 ~ 23 米，古称“离堆”“石门”“灌口”等。人工开凿之后，与玉垒山隔江相望的这段余脉逐渐被称为“离堆”，不似早期“离堆”被更多地用以指“宝瓶口”。

作为内江进水的咽喉，宝瓶口严格控制着内江进入成都平原的水流量，使岷江水顺着西北高、东南低的地势，流入宝瓶口以下大小不一的沟渠，形成遍布成都平原的自流灌溉网络，成为成都平原能够“水旱从人”的关键之所在。

5.2.2.4　附属工程技术

除渠首三大主体工程外，都江堰的附属工程百丈堤、人字堤、二王庙顺水堤，在

稳定内外江河床，协同分水、排沙方面发挥着重要作用（图 5.8）。

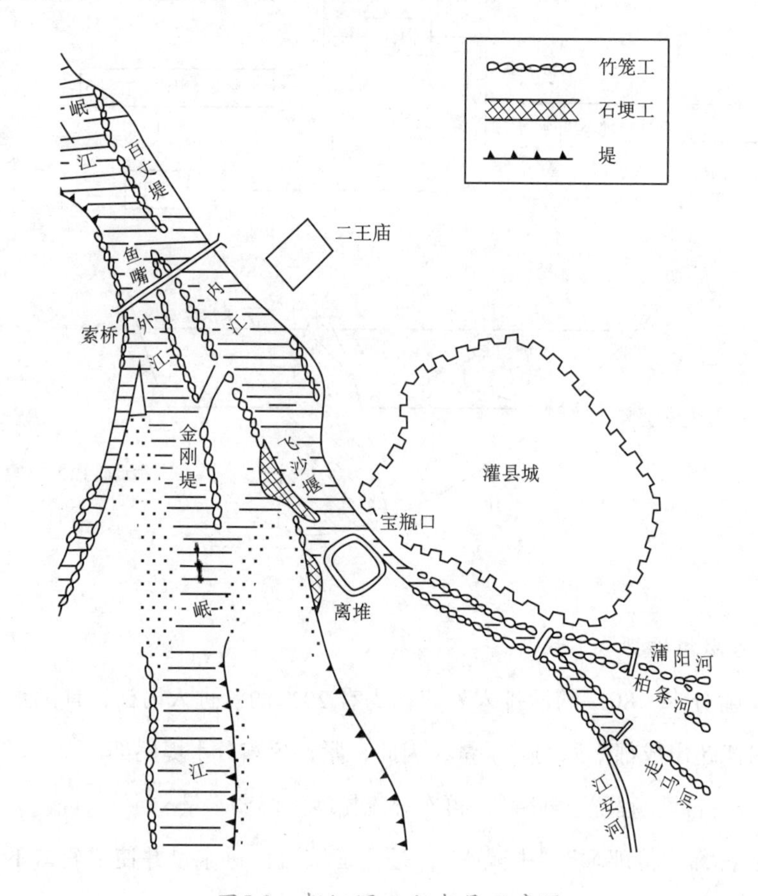

图5.8　都江堰工程布局示意图

1. 附属三堤

（1）百丈堤。

百丈堤位于岷江左岸，长 820 米，约“百丈”而得名。最初是一条用竹笼卵石垒砌的导水顺流，因而内外都有水。后来，随着每年“岁修淘滩”时，取出的砂卵石不断地填入，简便的导水埂慢慢变成了护岸工程。原为卵石和以石灰、糯米稀饭所修筑，后经整治护理，现在所见的百丈堤主要是在混凝土基础上再浆砌卵石。

百丈堤的存在，使得鱼嘴上游岷江左岸的凹岸变成直岸，以使江水可以直奔鱼嘴，从而稳定鱼嘴前的岷江河床，保证内外江入口宽度的不变，同时达到分水和排沙的双重效果。

（2）人字堤。

人字堤位于飞沙堰下游，紧靠离堆。宽约 40 米，古代主要是用竹笼卵石堆砌的临时工程，如今已改用混凝土浇铸。过去的文献中常将飞沙堰、人字堤合称“人字堤”，可见人字堤与飞沙堰一样，主要起泄洪排沙的作用。后来随着两者的建筑形式和功能逐渐区别，尤其是飞沙堰的作用不断地突出，人字堤逐渐演变为飞沙堰的辅助设施，如今主要是与宝瓶口、飞沙堰联合作用，以排出内江多余的进水。

（3）顺水堤。

二王庙顺水堤全长 350 米，1950 年修建，原为一低琐式笼石堤埂，后修成混凝土基础，同时干砌大卵石护面，主要作用是保持内江河床的稳定，降低飞沙堰溃决和凤栖窝淤积的风险。

2. 传统水工构件

几千年来，一直维系都江堰运转的竹笼、杩槎、桩工等传统水工构件及技术，充满人与自然和谐相处的智慧。即使水泥和钢筋混凝土等现代工程技术的普遍使用，竹笼、杩槎、桩工等传统水工构件及技术依然在防洪抢险、岁修截流等特殊时期起着不可替代的作用，甚至成为生态型水工结构和材料的创新源泉。

（1）竹笼。

竹笼的设计源于洗衣竹篓带给李冰的启示，以竹子编织成长笼，内装卵石，常被用以筑堰壅水、抢险堵口等，又名“篓石蛇”。《元和郡县志》最早记录了竹笼在都江堰中的作用，且制作技术和形制都已标准化，据载：“破竹为笼，圆径三尺，长十丈，以石实中，累而壅水。”（图 5.9）柔中带刚的竹笼既能适应砂砾石的河床，又能减轻江水的冲力，始终紧固堤基。

图5.9　竹笼和杩槎（资料来源：《青城山—都江堰申遗文本》）

（2）杩槎。

杩槎早期被称为“闭水三足”，利用三角形稳定的科学原理，采用原木做成三足架，若干个杩槎用木梁、篾笆等相连成排，上负以卵石使其稳固，在迎水面外置多层竹笆并倒上黏土，便构成了简易的截流工程。

（3）干砌卵石。

干砌卵石是不使用任何胶结物，以卵石为材料，同时辅以专门的炮筑工艺修筑的工程形式，所用卵石均就地取材。干砌卵石的形式，最早来源于在河道中堆砌卵石阻

拦水流或稳定进水口的临时做法，具有优良的抗水流冲刷能力、良好的渗透性，有利于边坡稳定和地表水回归，还能使堤防产生较好的生态和景观效果。后来，干砌卵石的工艺不断改良和完善，传承至今。

（4）桩工和羊圈。

桩工和羊圈是都江堰中常见的木柱工程，具有加固堤堰基础和护岸的作用。桩工，简单来说就是立木桩。都江堰渠首段多是挖坑埋桩，可以使单个的竹笼在结构上具有较好的整体性。羊圈是以木桩构成木框，在框内填以较大粒径的卵石，比竹笼和木桩更稳固和耐久，多被用在河道的急流险工段以保护重要的工程或堤岸的基础。桩工和羊圈也是灌区各级堤堰、堤防工程中普遍采用的消能防冲设施。

3. 水文测量设施

水则和卧铁，是分别位于飞沙堰和人字堤的两个重要水文测量设施。

（1）水则。

水则刻于宝瓶口内江左岸与离堆相对的位置，既是测量内江进水量的准则，也是控制河道疏浚和飞沙堰、人字堤顶高的重要标尺。都江堰水则最早见于常璩的《华阳国志》，“于玉女房下白沙邮作三石人，立水中。与江神要：水竭不至足，盛不没肩”。其中，“石人”应是中国古代的水位计。至宋代，都江堰的水则刻于今斗犀台下，元明时期沿用，但水则的划数不断增加。现存宝瓶口处的水则，为清代所刻，共有22划，超过16划即启动防洪抢险预案。水则的不断变化，成为都江堰灌区面积不断扩大的佐证之一，同时为后世研究都江堰发展历程提供了重要参考。

（2）卧铁。

卧铁埋于飞沙堰对面左岸凤栖窝下，是淘滩时的标记（图5.10）。在河道疏浚中，政府常以淘挖出卧铁为验收河方工程的标准。据文献载，李冰在创建都江堰时就设石

图5.10　卧铁

马于瓶口左岸河底，用作淘滩深度的标记，后代渐改用卧铁。都江堰卧铁原有四件，现存三件，分别是明万历卧铁、清同治卧铁和民国十六年卧铁，两两相距 1.1 米，各长 4 米左右，直径 0.2 米。

此外，从古至今都江堰均完整保留了岁修制度，每年枯水季节定时疏浚河床与维护堤岸。清淤时必须要挖够深度，以宝瓶口前的河床底埋下的石马作为淘滩的标准，明代以后石马改成了坚固的卧铁。同时，还要调整飞沙堰的高度以确保排沙、泄洪功能。在岁修中总结出的“深淘滩，低作堰”的治水经验，迄今被奉为治水宝典。

5.2.3 治水传统信仰

都江堰地处川西平原和青藏高原的结合带，水文化信仰在历史上由来已久。上古时代，在以《山海经》为代表的原始神话传说中，这一带一直是我国神话传说中的“瑶池”盛景和昆仑仙山之所在。通过几千年的积淀，水文化信仰习俗深刻地影响着都江堰当地的政治、经济和文化。

5.2.3.1 水神崇拜多元演变

从原始人对龙、蛇等图腾崇拜到大禹治水传说，从拜鳖灵开明求治水到李冰化身为牛勇斗江神，从最初祭祀江神到秦代后祭祀江水，再到祭祀治水英雄李冰以及逐代衍生的李二郎等，水崇拜在都江堰治水的特殊文化背景下，逐步完成从水神到人再到水神的转变与升华。

1. 龙图腾崇拜

龙是中华民族的共有图腾，它几千年主宰风雨的象征使国人敬畏交加。龙作为水神不仅是吉祥的象征，它也会以狂暴不逊、纵水成灾的孽龙形象出现在传说中。中国民间神话故事里有很多表现龙崇拜现象的故事，如因为误食宝珠而化身成龙的“吞珠变龙形”，有四川的《望娘滩》，浙江的《龙池山》等。四川境内河湖纵布，四川民间传说“龙主水”，人们把龙与湖泊联系起来，河湖泛滥便被认为是孽龙作怪。李冰父子“寒潭伏龙”故事，曾经广泛流传于都江堰地区。

2. 大禹治水神崇拜

在李冰之前，古蜀治水最有名的人物当属大禹和鳖灵开明。上古洪水时代，古蜀大地是我国洪灾最为严重的地区之一，古人有云“治蜀必先治水”。在大禹疏导之前，岷江给四川盆地带来的几乎是十年九遇的洪水灾害。

《吴越春秋》载“禹家于西羌，地名石纽”，《水经注》载“（广柔）县有石纽乡，禹所生也”，广柔石纽就是指今天的汶山、汶川、理县和都江堰一带地方，属汉山郡。

而古蜀人的神话里大禹是出生在岷江上游的石纽，即今汉川至北川县一带。由于地缘的因素，子承父业的大禹治水最先治理的地方就是岷江。《尚书·禹贡》载“岷山导江，东别为沱”。因此，古蜀国最早出现了大禹神崇拜。

3. 开明氏治水崇拜

虽然大禹缓解了岷江的水患，但据《华阳国志》记载，大禹并没有完全根治岷江流域的水患，“沫水尚为民害也……二江未分，离堆支于山麓，水绕其东而行，奔流驶泻，蜀郡俱鱼鳖，非李公崛兴，民安得耕褥……”。之后，蜀国步入先进的农业社会，对于治水需求更加迫切。“杜宇称帝，号曰望帝，更名蒲卑。自以功德高诸王，乃以褒斜为前门，熊耳、灵关为后户，玉垒、峨眉为城郭，江、潜、绵、洛为池泽，汉山为畜牧，南中为园苑。会有水灾，其相开明决玉垒山以除水害。帝遂委以政事，法尧舜禅授之义。遂禅位于开明，帝升西山隐焉。”（《华阳国志·蜀志》）开明鳖灵受蜀王杜宇敕命，开掘玉垒山，治理都江堰水患。因治水成功，获得望帝禅让王位。《太平广记》卷三百七十四所引《蜀记》亦载:“鳖灵于楚死，尸乃溯流上，至汶山下，忽复更生。乃见望帝，望帝立以为相。时巫山瓮江蜀民多遭洪水，灵乃凿巫山，开三峡口，蜀江陆处。后令鳖灵为刺史，号曰西州皇帝。以功高，禅位于灵，号开明氏。”由此，蜀人拜开明求治水。

4. 李冰治水英雄崇拜

唐以前，都江堰的居民以氐、羌为主。羌人是以牧羊为主的游牧民族，崇拜羊。而氐人是居住在低洼地带今绵阳市白马藏族聚集区，从事农耕畜牧的民族，他们崇拜牛。在氐羌人的宗教祭祀习俗中，牛扮演着十分重要的角色。“李冰作都江堰大堰，多得湔氐之力。”都江堰也称湔堰，这也使得李冰化身为牛，同江神斗法的神话极富土著色彩。

关于江神，庾仲雍《江记》曰:“奇相，帝女也，卒为江神。”《山海经》载“神生汉川，马首龙身，禹导江，神实佐之。”《风俗通义》记载了李冰斗江神的故事，“秦昭王使李冰为蜀守，开成都两江，溉田万顷。江神岁娶童女二人为妇。冰以女与神为婚。经至神祠，对神酒……冰厉声以责之，因忽不见。良久有两牛斗于江岸旁。有间，冰还，流汗，谓官属曰‘吾斗大亟，当相助也。南向腰中正北者，我绶也。’主簿刺杀北面者，江神遂死。”李冰与江神斗法的故事，反映了古蜀先民寄希望将李冰化身神牛，击败象征水害的江神这一集体潜意识。

从古都江堰人关于鲧禹治水的神话到奇相沉江的传说，从最初兴起的祭祀江神到秦大一统后祭祀江水，再到李冰修筑都江堰之后，对治水英雄李冰以及之后逐代延伸的有关李二郎等的祭祀，足足经历了2000多年的演化过程。

5.2.3.2 李冰受封

从汉代至清代，李冰经历了1500年的漫长受封过程，如图5.11所示。

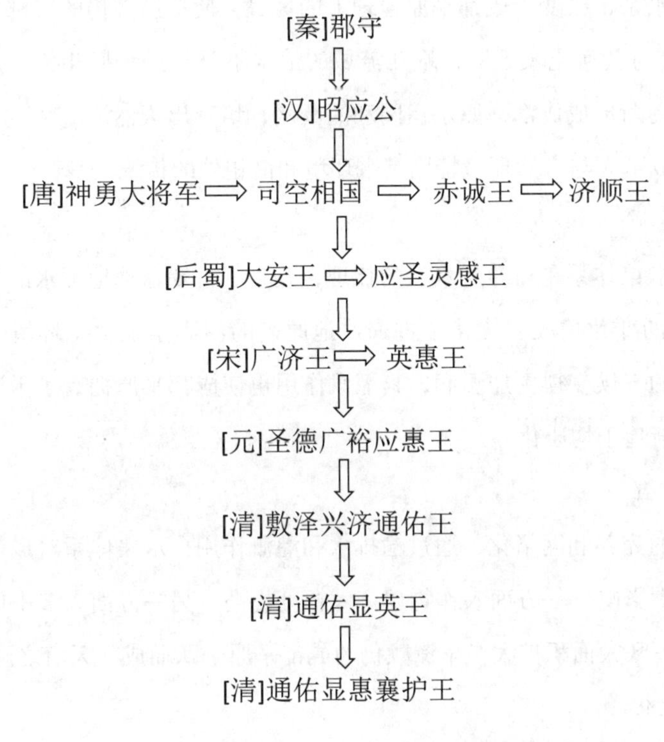

图5.11　李冰受封历程示意图

汉代，李冰作为封建社会第一位对蜀地农业生产具有重大影响的治水英雄，被作为劝农的典型代表，蜀人遵从国家祀典、礼制为李冰立祠。

李冰受封的祭祀典礼，自宋代以来形成了一整套特有的规程。宋代崇尚科技、崇尚道教，都江堰作为“道法自然”“天人合一”的形象载体，其建造者李冰被封王并进入官祭范畴。

元代将李冰的神话加以实用性改造，应用于具体的水利建设，并出现了以吉当普等为代表的治水英雄。元代对汉文化消化性吸收，使李冰从水神地位回到治水英雄地位。

至清代，官方祭祀李冰的礼仪，严格按照祭列九品、主祭官穿公服、行二跪六叩，宣读祝文等礼仪规程执行，而民间祭祀主要由乡民自发集会，无固定形制。

中华人民共和国成立后，官祭不再举行。逢重大节日，都江堰也会依照文献所载礼仪展演官祭的盛大场面。而都江堰的放水仪式仍延续古代民俗传统，以“少牢”之礼祭祀李冰礼毕，然后砍杩槎放水。

5.2.4 江水浸润天府国

都江堰及其成都平原河流灌溉渠系，沟通了岷江、沱江等大小河流，造就了纵横于成都平原的人工水系，改变了成都平原地理上的劣势，使旱潦频仍的成都平原一跃而成“天府之国”。与黄河流域不同，岷江流域的治水不是与洪水搏斗，而是将堰渠不断扩大和完善，逐渐形成成都平原水运网和灌溉网，培育出天然河流和人工渠道交错的堰渠体系，形成了人与自然环境特别是水环境和谐相处的传统。

5.2.4.1 生态趋向均质

成都平原新的堰渠体系是对原生水系的梳理，改良了古蜀盆地地下水的分布，调节了河流水量四季的变化情况，优化了古蜀盆地原来的沼泽湿地生态环境。日积月累，不仅古蜀盆地的气候变得更加温润，其灌溉作用也使成都平原拥有了干湿交替的环境，自然生态逐渐趋于均质化。

5.2.4.2 经济优势明显

随着堰渠体系的完善和网络化，通过输排水和灌溉作用，堰渠体系对成都平原的农业生产产生了重大影响。一方面农作物单产大幅度提高，另一方面大多中低产田生产条件显著改善，灌区大面积扩大，旱潦频仍的成都平原一跃而成“天府之国”。

课后习题5.2

课后习题5.2答案

5.2.4.3 社会结构优化

堰渠体系对成都平原的社会组织和结构产生了重要影响。都江堰是一项由政府主导的巨大而漫长的水利工程，政府出资主持每年渠首工程、干支渠的岁修和疏浚，渠系末端工程则由居民自行组织维修，成都平原民间因此形成了许多关于水利的乡规民约。在乡规民约下，农户相互协作，共同承担堰渠的修建和维护工作，构成成都平原村镇特有的地缘、业缘社会组织结构。

5.2.4.4 文化内核形成

水是蜀文化的精神内核，在堰渠体系的影响下，成都平原的人居环境与自然生态达到了共生共荣的状态。堰渠体系深刻影响并形成了川西特色的道家文化，也深刻影响着成都平原村镇文化和民俗风情。“一生二，二生三，三生万物”，正是对堰渠体系生长状态的深刻描述。成都平原村镇也是按照“上善若水，水孕文明”的自然哲学模式形成和发展起来的。

5.2.4.5 城乡布局合理

在都江堰渠首工程建立以后，堰渠体系的扩张对村镇体系的发展产生了系统性的影响。一是扩大了灌溉面积，二是把不适合耕作的区域也变成了良田，三是稳定了城乡空间布局，不同层级的渠系与城乡人居环境空间建设一一对应。

成都平原的文明，由治水而始，也由治水成就而兴盛。旱涝保收的农业和发达的水运，造就了成都平原的富庶繁荣，也确立了成都此后长期的西南政治、经济中心地位。

5.3 “疲秦之计”建万世功——郑国渠

“疲秦之计”建万世功——郑国渠

❶ 修建郑国渠为什么是“强秦之策”？

❷ 郑国渠是我国古代人与自然和谐共生思想精神的典范。

学习思考

❶ 郑国渠是我国古代人与自然和谐共生思想精神的典范。

❷ 郑国渠的兴废史为现代水利工程的兴建提供了哪些启示？

郑国渠渠首位于今陕西省泾阳县西北 25 千米的泾河北岸，流经泾阳、三原、高陵、临潼、阎良等区县，绵延 124 千米，灌田 115 万亩，是中国古代修建的最长灌溉渠道。郑国渠与之后修凿的白渠、六辅渠等水利工程，构成了一个既引泾入洛，又引泾入渭的规模宏大的灌溉水系（图 5.12）。作为我国水利史和科技史上的一个重要里程碑，其诸多设计思想，为后世水利工程的设计提供了丰富经验。而它背后的国运兴衰故事，也无不使人为之唏嘘。2016 年 11 月 8 日，郑国渠申遗成功，成为陕西省第一处世界灌溉工程遗产。

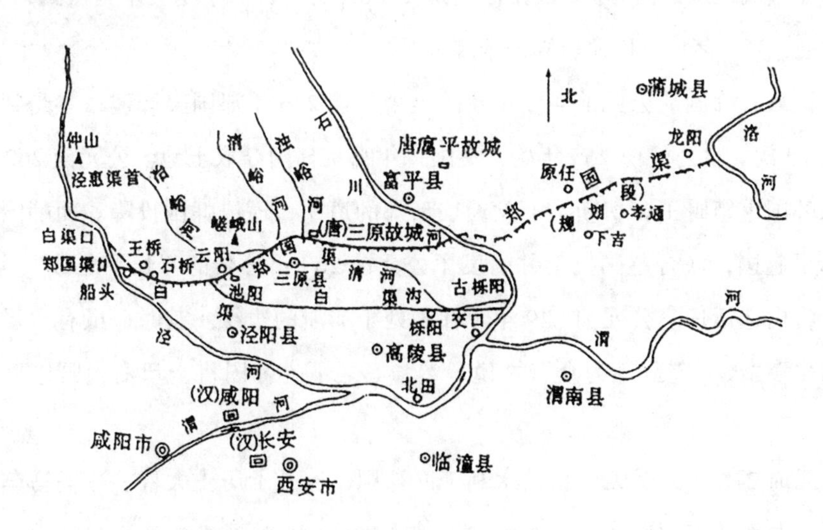

图5.12　郑国渠灌区示意图（资料来源：郑国渠遗址博物馆）

关于郑国渠渠首的具体位置，《史记》有载，“凿泾水自中山西邸瓠口为渠，并北山，东注洛，三百余里，欲以灌田”。郑国渠就是从今天的王桥镇上然村西北一公里引水，隶属于陕西省咸阳市泾阳县西北部泾河峡谷王桥镇，西依泾河西岸，东依泾惠渠东岸外沿200米为界，南依郑国渠大坝南坡外50米为界，北依今泾惠渠拦河坝北20米处为界。郑国渠渠首遗址区位于泾河自仲山的谷口出处，也是郑国渠的起点所在。

5.3.1 阴谋中诞生的郑国渠

2300年前的战国末期，韩、赵、魏、齐、楚、燕、秦七国争雄。各诸侯国为谋求生存之道和富国强兵之策，陆续开展变法，如魏国李悝变法、楚国吴起变法等。公元前356年，商鞅在秦孝公支持下实施变法。据《战国策》记载，商鞅“决裂阡陌，教民耕战”，奖励耕战政策使秦国迅速强大。经过“商鞅变法”后的秦国在七国之中脱颖而出，国力最盛，东边六国尽皆笼罩在秦帝国的阴影之下。

秦国要实现称霸天下的目的，首先要灭掉秦国最弱小的东邻——韩国，因为韩国所处地理位置正好控制了秦国东出函谷关至黄河下游地区的交通要道，成为秦国东扩的障碍。公元前249年，秦国夺取了东邻韩国都城新郑的重镇成皋、荥阳，韩国面临灭国危机。

5.3.1.1 “疲秦之计”

《史记·河渠书》载：“韩闻秦之好兴事，欲罢之，毋令东伐，乃使水工郑国间说秦，令凿泾水自中山西邸瓠口为渠，并北山东注洛三百余里，欲以溉田。中作而觉，秦欲杀郑国。郑国曰：‘始臣为间，然渠成亦秦之利也。’秦以为然，卒使就渠。渠就，用注填阏之水，溉泽卤之地四万余顷，收皆亩一钟。于是关中为沃野，无凶年，秦以富强，卒并诸侯，因命曰郑国渠。”

据记载，韩国从公元前403年建国至公元前246年郑国渠修建，共受到秦国较大进攻19次。自公元前265年始，秦国每年都从韩国夺取土地。公元前262年，秦军夺取韩国重镇野王，切断了上党通往新郑的道路，逼迫韩国投降。而韩国却把上党献给了赵国，联合赵国抗秦并引发了公元前260年著名的“长平之战”，40万赵军被秦将白起活埋。公元前249年，韩国处于崩溃的边缘。其时，虽有“强弓劲弩皆在韩出”“天下宝剑韩为众”之说，然强秦之下，韩国将士尸横遍野，百姓四散流亡。

公元前246年，手无寸铁的水利工匠郑国，撩开了历史大幕。一辆马车疾驰在韩国通往秦都咸阳的车道上，车内之人神情凝重，长途跋涉的他满脸挂满风尘。水工郑国奉韩王之命潜入秦国，“欲罢之，毋令东伐”，韩惠王的嘱托时刻在耳边回响。此时藏在他心里的，是一个惊天阴谋——游说秦王修建一项耗时十年的大型水利工程，以此消耗秦国国力和时间，使其暂时无暇东顾摇摇欲坠的韩国。

彼时，各国将水利作为强国之本的思想已然产生。对秦国而言，兴修水利更是固本培元、兼并六国的战略要务，而当时的秦国在关中平原并没有大型水利工程。在韩国看来，这一计策是危难之际“疲秦”图存的好办法。由于秦国没有常备军队，全民皆兵，修建郑国渠这样的大型灌溉工程，秦国需动用所有青壮年劳力，耗费大量财力和精力，这必然影响秦国一统天下的进程。

一次生死未卜、艰难无比的公关活动，一项成败难料、前所未有的水利工程，就这样不可思议地与政治阴谋交织在一起，并将整个国家命运系于一个普通志士郑国身上。从接受任务的那刻起，就注定一切无法回头。属于郑国的未来必然是布满荆棘、风雨涤荡的坎坷历程。马车离咸阳越来越近了，放眼望去，远山近水裹挟着大秦帝国的气息扑面而来。

秦王嬴政其时年仅 13 岁，国家大政实际由相国吕不韦主持。商人出身、并非秦人的吕不韦一直希望做几件大事巩固自己的政治地位。肩负拯救韩国命运的郑国，在咸阳宫觐见了秦国的主政者吕不韦，并提出修渠的建议。郑国的建议与吕不韦急于建功立业的想法不谋而合，郑国别有用心的游说进展得异常顺利，秦王嬴政答应了郑国的提议，吕不韦当年就组织力量开始修建郑国渠。

公元前 246 年，郑国渠开始动工，泾河边成了当时中国最为壮观的建设工地。彼时修建者多达 10 万人，郑国则成为这项大工程的总负责人。公元前 237 年，这个伟大的工程即将竣工之时，韩国“疲秦之计”败露。在暴怒的秦王面前，郑国辩曰：“始臣为间，然渠成亦秦之利也。臣为韩延数岁之命，而为秦建万世之功。”正是这句话，使秦王决定由郑国将工程继续下去。

5.3.1.2 “强秦之策”

古时候，泾河与渭河经常泛滥，给关中带来大量肥沃的淤泥。但由于关中平原干旱时有发生，上好的土地得不到充分开发。而郑国提出的引泾河河水灌溉关中的建议，也正是秦国向往已久的心愿。

郑国渠开历代引泾灌溉之先河。修筑郑国渠除了政治、军事上的需要，也因有良好的自然条件，尤其是地形优势。水工郑国，在主持修建郑国渠中表现出杰出的智慧和才能。经过实地勘察，郑国将目光锁定在泾河出山口的张家山之上，这里地势较高、水流湍急，高原与平川接壤的落差正是建造一处大型水利工程的绝佳之地。郑国在瓠口筑

石堰坝，拦截泾水入渠，利用西北微高，东西略低的有利地形，使主干渠沿北山南麓自西向东伸展，很自然地把干渠凿在灌区的最高地带，最大限度地拓展了灌溉面积，全长150千米，灌溉面积达4万余顷。《史记·河渠书》《汉书·沟洫志》均记载：郑国渠渠首工程，“东起中山，西到瓠口”。中山、瓠口后分别称为仲山、谷口，位居泾县西北，隔着泾水，东西向望，是一座有坝引水工程。

据现代测量，郑国所创造的“横绝”技术，使郑国渠平均坡降为0.64%，利用横向环流，使渠道沿途拦腰截断沿山河流，将冶峪、清峪、浊峪、沮漆等大小河流收入渠中，以加大水量，解决了粗沙入渠、堵塞渠道的问题。郑国渠巧妙连通泾河、洛水，取之于水，用之于地，又归之于水。《水经注·沮水》载：“郑渠又东，迳舍车宫南，绝冶谷水。……又东绝清水，又东迳北原下，浊水注焉。……又东历原……与沮水合。……沮循郑渠……注入洛水也。”即使在今天看来，这样的设计也可谓巧夺天工。

公元前236年，工程从戏剧性的开始，一波三折，历时十载终于完工。“于是关中为沃野，无凶年。”郑国渠修建成功之后，关中已然成为天下粮仓。据史学家估计，郑国渠灌溉的115万亩良田，足以供应秦国60万大军的军粮。郑国渠、都江堰两大水利工程一北一南遥相呼应，关中平原、成都平原两大粮仓建成。公元前230年，秦军直指韩国，“疲秦之计”真正变成了“强秦之策”，水工郑国的母国第一个被秦灭亡。当初当成救命稻草的郑国渠，最终成为导致韩国灭亡的利刃。

5.3.2 沃野关中的血脉

郑国渠建成后，在关中平原北部，泾、洛、渭之间构成密如蛛网的灌溉系统，使干旱缺雨的关中平原得到灌溉，成为沃野关中的血脉。关中大地流传着这样一首民谣：九曲径河弯，冲出龙口入径渠，灌溉良田难计数，郑国仪祉恩不忘。

5.3.2.1 “郑国千秋业，百世功在农”

郑国渠工程，西起仲山西麓谷口（今陕西泾阳西北王桥乡船头村西北），郑国在谷口作石堰坝，抬高水位，拦截泾水入渠。利用西北微高，东南略低的地形，渠的主干线沿北山南麓自西向东伸展，流经今泾阳、三原、富平、蒲城等县，最后在蒲城县晋城村南注入洛河。干渠总长近300里。它以富有肥力的泾河泥水灌溉田地，淤田压碱，变沼泽盐碱之地为肥美良田。《汉书·沟洫志》云：“举臿为云，决渠为雨。泾水一石，其泥数斗，且溉且粪，长我禾黍，衣食京师，亿万之口。”可见灌区粮食产量大增。

郑国渠修成后，大大改变了关中的农业生产面貌。干旱多碱的渭北平原，终于迎来河流灌溉。一向落后的关中农业，迅速发达兴旺。郑国渠运行几年后，出现了“溉泽卤之地四万余顷，收皆亩一钟”的喜人场面。灌水对土壤的盐分有溶解和洗涤的作用，而泾水所含的大量泥沙流入农田后，沉积在地表，则发挥了淤地压碱的作用，泥沙中的有机质，也增强了土地的肥力。雨量稀少，土地贫瘠的关中，变得富甲天下，正所谓“郑国千秋业，百世功在农”。

《史记·河渠书》有载：“用注填淤之水，溉泽卤之地四万余顷，收皆亩一钟。”根据考古专家秦中行先生估计，当时的四万顷相当于今天的 115 万亩，因此，郑国渠被称作大型水利灌溉工程。郑国治水的科学技术也成为传世典范，其设计思想可归为以下四点。

1.“泥水”灌溉淤田压碱

泾河是渭河最大的支流，同时也是世界上输沙量最大的河流，年输沙量 3 亿吨，渠水流经泾河携带泥沙可改良低洼易涝的关中盐碱地，使关中成为了沃野良田。

2.“退水”完善引水灌溉

在郑国渠总输水渠堤的南岸，是北高南低的退水渠，宽度与引水渠相同。退水渠一方面可以泄洪，将引水渠过多的水量退至泾河；另一方面可防止渠道阻塞，达到安全排沙的效果。退水渠与引水渠形成了一套完整的引水灌溉工程系统（图 5.13）。

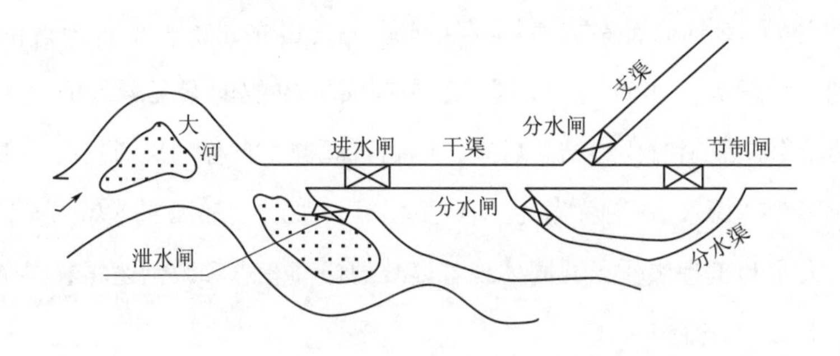

图5.13　郑国渠的引水渠与退水渠的位置（图片来源：武佳琪）

3.“横绝”发掘水利资源

季节变化决定了河水流量的变化，干旱时期，泾河的流量不能满足四万余顷农田的需水量。因此，郑国将石囷堆叠在渠道旁，横截冶峪水、清峪水、浊峪水以及沮水入郑国渠，扩大了水源，解决了早期供水不足的矛盾。

4.“高线”锁定最大效益

郑国渠穿越山川河流，需要寻找制高点布置高线，高线的位置决定了灌溉面积的大小。2000 多年前的郑国在毫无仪器的情况下，精准地确定了在沿 450~370 米的高程上会产生最大的流量，最大地控制了灌溉面积。

秦以后，各朝在郑国渠的基础上不断重修和改建，如西汉的郑白渠、宋代的丰利渠、明代的广惠渠和通济渠、清代的龙洞渠等。关中地区在秦汉隋唐时期成为全国少有的富庶之地，为秦、汉、隋、唐定都关中奠定了经济基础。

5.3.2.2 “水德之始”

春秋战国时期，诸侯国在黄河沿线筑堤，恶意将灾害加诸邻国，彼此妨碍对方的安全。公元前651年，齐桓公在葵丘登上盟主位置，分别与鲁、宋、卫、郑、许、曹等订立盟约，其中皆有“无曲防”一项，约定各诸侯国不得随意修坝阻断水源。但战国时期，“曲防”的事情又发生了，出现“壅防百川，各自为利”(《国语·周语》)的局面。水灾一旦发生，各国都把邻国当成分洪区以转嫁危机。孟子曾讥诮道：“禹以四海为壑，今吾子为邻国之壑。”(《孟子·告子下》)此外，在本国水量不足时，上游国家又实施截流，不让水流到下游国家，出现“东周欲为稻，西周不下水”的情况。更有甚者，交战双方还以水代兵，把水作为战争工具。公元前455年三家分晋时，智伯瑶就曾决坝水淹晋阳。公元前358年，楚国伐魏，决黄河水淹长垣。公元前332年，赵国与齐、魏作战，将黄河河堤决溃以浸淹对方。公元前281年，赵国攻魏，也使用了这个办法。甚至，公元前225年，秦嬴政也如法炮制，引黄河及鸿沟的水，淹没魏都大梁。

郑国渠建成15年后，秦灭六国，实现统一，建立起第一个大一统的君主制王朝——秦朝。六国灭，四海一，车同轨，书同文。39岁的秦王嬴政成为华夏第一位皇帝——秦始皇，战国时代终结。后来，他碣石颂德，自称“决通川防，夷去险阻”，又改“黄河”为“德水”，更称秦为“水德之始”。彼时，都江堰、郑国渠、灵渠等秦国治下的三大水利工程杰作，共同体现着嬴政的最高意志和政治逻辑，秦帝国创造了中国水利史上又一个辉煌时代。

但郑国渠用了不到140年就废弃了。究其原因：郑国渠位于黄土高原，渠首建在砂砾石层上，河床不断下切，使河水不能入渠，另外渠道穿越冶峪河、清峪河等河流，受到建筑材料的限制，难以持久稳定。而都江堰、灵渠这两项工程位于南方土石山区，是石质建筑工程，至今仍在发挥作用。

虽然郑国渠早因泥沙淤积而废弃，但它的作用不仅仅在于它发挥灌溉效益的100余年，还在于它首开了引泾灌溉之先河，对后世引泾灌溉有着深远的影响。

汉代郑国渠难以延续使用，新开白渠成为郑国渠的第二代工程。《汉书·沟洫志》载：“汉武帝太始二年（公元前95年），赵忠大夫白公，复奏穿渠，引泾水。首起谷口，尾入栎阳，注渭中，袤二百里，溉田四千五百余顷，因名曰白渠。”

唐代对郑白渠进行了较大规模的更新改造与整修。后在原郑白渠总干渠下建太白（又称大白）、中白、南白 3 条干渠，故又名三白渠。高士蔼在《泾渠志稿》中称：“似三白渠乃唐人所定也。”郑白渠的策划与开端，史料无清楚记载，而三白渠的逐步发展与完善，则是经历了唐代一个较长的历史阶段（图 5.14）。

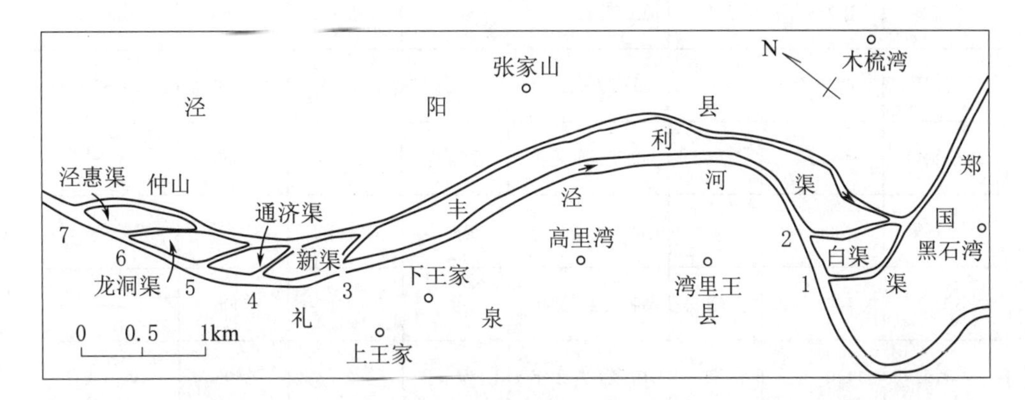

图5.14　郑国渠渠首变迁示意图
（资料来源：《秦郑国渠渠首变迁与渭河断陷北缘断裂的最新活动》）

宋代丰利渠是郑国渠的第三代工程，由员外郎穆京主持兴建，分两次施工而成。王御史渠是郑国渠第四代工程，渠道工程未变，只是迁移了丰利渠的渠口。明代广惠渠是郑国渠的第五代工程，由于径河河床下切，渠首不能使用（表 5.1）。

郑国渠虽然最终湮废了，但它一直吸引着世人探寻的目光。1985—1986 年，考古工作者对郑国渠渠首工程进行实地勘测和钻探，发现了当年拦截泾水的大坝残余。它东起距泾水东岸 1800 米名叫尖嘴的高坡，西迄泾水西岸 100 多米王里湾村南边的山头，全长 2300 多米。其中河床上的 350 米，早被洪水冲毁，已经无迹可寻，而其他残存部分，历历可见。经测定，这些残部，底宽尚有 100 多米，顶宽 1 ~ 20 米不等，残高 6 米。

2000 多年来，几乎每个王朝都曾在其基础上重新建设，直到今天，世代生活在这里的人们仍在享用着渠水带来的恩惠。今天，就在郑国渠遗址不远处，有了一座新的水利工程，名叫泾惠渠，含有惠及关中大地和百姓之意。关中平原上的 130 多万亩上好良田，其恩惠的源头正是郑国渠。泾惠渠是郑国渠的第六代工程，于民国时期兴建，是我国采用现代科学技术兴建的第一个大型灌溉工程。

1929 年陕西关中发生大旱，引泾灌溉，急若燃眉。中国近代著名水利专家李仪祉先生临危受命，毅然决然地承担起在郑国渠遗址上修建泾惠渠的重任。在他亲自主持下，1930 年 12 月破土动工，1932 年 6 月泾惠渠竣工放水，其时可灌溉田地 60 余万亩（图 5.15）。

表 5.1　郑国渠渠首变迁年代表

渠名	兴建时间			主持人		灌溉面积	备注
	公元	朝代	年号	姓名	官职	古顷	
郑国渠	前 246 年	战国	秦始皇嬴政元年	郑国	（水工）	4 万余	以 0.69 折算
白公渠	前 95 年	汉	武帝太始二年	白公	赵中大夫	4500	以 0.69 折算
白公别渠	995 年	宋	太宗至道元年	皇甫造	大理丞	8850	—
白公别渠	1006 年	宋	真宗景德三年	尚宾	太常博士		—
小郑渠	1072 年	宋	神宗熙宁五年	侯可	泾阳县令	2000	—
丰利渠	1107 年	宋	徽宗大观元年	穆京	员外部	3593	渠口尚存
王御史渠	1310 年	元	武宗至大三年	王承德	行台御史		同上
广惠渠	1465 年	明	宪宗成化元年	项忠	巡抚	8022	同上
通济渠	1516 年	明	武宗正德十一年	萧翀	巡抚		渠道改建工程
龙洞渠	1737 年	清	高宗乾隆二年	—	—	200 余	弃泾引泉
樊坑渠	1806 年	清	仁宗嘉庆十一年	王恭修	—	—	局部工程
鄂山新渠	1822 年	清	宣宗道光二年	鄂山	知府		渠道改建工程
袁保恒新渠	1869 年	清	穆宗同治八年	袁保恒	大司农	—	工程失败无成效
泾惠渠	1930 年	民国	民国十九年	李仪祉	省水利局长	—	现代水利工程

课后习题 5.3

课后习题 5.3 答案

图5.15　泾惠渠渠首枢纽（资料来源：陕西省泾惠渠灌溉中心）

5.4 “咫尺江山分楚越”——灵渠

5.4 “咫尺江山分楚越”——灵渠

❶ 灵渠修建的历史文化背景。

❷ 灵渠在选址、设计、施工过程中体现了古人哪些智慧？

学习思考

❶ 灵渠渠首工程对于现代水利建设追求人与自然和谐共生，有哪些借鉴意义。

❷ 灵渠对于秦始皇统一中国，以及之后的民族文化交流与融合的意义。

灵渠，古称秦凿渠、零渠、陡河、兴安运河、湘桂运河，位于广西壮族自治区桂林市兴安县。境内地形东南和西北高、中间低，西北部为越城岭山脉，珠江流域的漓江发源于其主峰猫儿山，东南纵贯都庞岭山脉，两大山脉中间的狭长地带称作“湘桂走廊”。

公元前218年，秦始皇大军出征岭南，在“湘桂走廊”之间开凿灵渠，沟通湘江和漓江。公元前214年灵渠建成，秦军以此为战略要道，迅速统一岭南地区，灵渠亦成为岭南与中原之间经济文化交流的民族走廊。与此同时，随着屯田发展及灵渠两岸常住人口增加，沿线土地逐渐引水灌溉发展农业，其灌溉功能也越来越突出。至20世纪30年代，桂黄公路和湘桂铁路相继通车，灵渠水运历史终结，灌溉上升为主要水利功能并进一步发展。2018年8月，灵渠成功入选《世界灌溉工程遗产名录》。

灵渠“通三江、贯五岭”，将兴安县东面的海洋河和兴安县西面的大溶江相连，沟通了湘、漓两江，连接长江和珠江两大水系，横贯东、南半个中国的水运网，构成岭南与中原的主要交通线，是秦代著名的三大水利工程之一，也是世界上最古老的运河，有“世界古代水利建筑明珠”之美誉。灵渠作为中国乃至世界水利史上具有重要地位的水利工程和水利遗产，历史、科技、文化价值均十分突出，系统总结它所承载的规划设计理念、水工技术特色及两千多年演变的经验积累，对现代水利工程建设发展仍有重要借鉴价值。

5.4.1 解战事之危难

公元前221年，秦国吞并六国一统中原之后，分天下为三十六郡。但是，在五

岭（大庾岭、骑田岭、萌渚岭、都庞岭和越城岭）以南的地区，包括今中国广东和广西大部、福建南部、越南北部等广大地域，仍属于古代百越民族的聚居地，尚未归于秦朝统治。公元前 219 年，秦始皇令屠睢为主帅，率 50 万大军南征百越。但秦军一出发即遭到百越的顽强抵抗，秦兵“三年不解甲弛弩”。岭南山路崎岖，粮饷转运困难，以致秦军受到重创，战事处于胶着状态。秦国根据当时形势决定“以卒凿渠而通粮道”(《淮南子・人间训》)。《史记・平津侯主父列传》及班固的《汉书》皆载“史监禄凿渠运粮”。东汉高诱《淮南子》注释曰:“监禄秦将，凿通湘水离水之渠”，这里的“离水”指的就是漓江。秦始皇因命史禄“凿渠”乃“灵渠”。

为了解决秦军粮草转运与后勤补给难题，公元前 218 年秦始皇敕命监御史禄在广西兴安县境内修建人工运河。欲使湘江北往，漓水南流，引湘入漓，除解决距离问题外，还要解决在当时技术条件下难于登天的水位落差、分流比例、堤坝材质、航运安全、洪涝水患等问题。秦国的能工巧匠用了仅 4 年时间，于公元前 214 年凿成灵渠并通航。它连接湘、漓二水，沟通长江、珠江水系及南中国水运网。大量经长江与湘江间的水道抵达长沙的秦军和物资，溯湘江南下，经灵渠达漓江，再经漓江进珠江，东南可至广州，入南海；由珠江支流东江可进入福建，由北江可进入湖南南部；往西可溯珠江而上，经左右江和红水河进入滇、黔地区。秦军拥有了便捷的物资供应运输线和军事行动交通线，成都平原和关中平原两大粮仓源源不断地向南征前线输送粮草，很快取得了战争主动权，建立了中国历史上第一个中央集权国家，中原文化也随之在岭南土著居民中传播。为纪念史禄修筑灵渠的贡献，前人留有诗云:“咫尺江山分楚越，使君才气卷波澜。”

5.4.2 凿渠运粮又通航

灵渠是秦人夺取岭南的制胜法宝，直至近现代，航运均未曾间断。是什么不为人知的设计与技术，使它成功跨越两千多年的漫长岁月？

5.4.2.1 选址

灵渠位于南岭西侧的群山深处，其选址之精准令后人惊叹。南岭是众多河流的发源地，向北多注入长江水系，向南多注入湘江水系。秦人选择连通湘江与漓江，即使现在看来这也是最佳捷径。

若想在最短时间修通连接两江的运河，最省时省力的做法是在两河间最近的地方开山凿渠，相隔的山脉古称越城岭，相距最近的地方叫越城峤，最近距离仅 1.6 千米。但秦人实地考察发现，这样的方法无法完成修建。

一方面，因为漓江小支流始安水地势较高，流量甚微，无法作为运河的水源；另一方面，虽然湘江上游支流海阳河水流量比漓江小支流始安水大得多，但地势低6米左右，需要拦河筑坝抬高水位，且拦河筑坝要高出河岸7米，以当时木器和石器工具无法在极短的时间内完成修筑。既然两条河流之间的高度差无法避免，只有选择海阳河与始安水高度差最小的地方修筑运河。秦人采用巧妙的水准测量，确定了以沿海阳河上溯2.3千米处作为渠首位置，这样只需修筑高出河岸1.1米的拦河坝，就可将水位抬高，虽然增加了凿渠长度，但使海阳河水能顺畅通过渠道进入始安水，注入漓江。

5.4.2.2 主坝设计

秦人在解决了灵渠引水和选址问题后，却惊异地发现此处的地质结构并不适合修建任何大型建筑。当时技术条件下，只有密实的黏土层才是最为优良的地基。在灵渠坝首所在地，地质结构却十分不稳定，地层之下是厚厚的砂卵石，无法支撑大坝的重量，加之流水侵蚀，地基很容易被水掏空，引发大坝坍塌。彼时，秦人采用了怎样的技术，使灵渠完善了坝体修建。

灵渠主体部分由铧嘴、大小天平、南渠、北渠、泄水天平、陡门以及秦堤、湘江故道组成，共同发挥蓄水、分水、泄洪作用。灵渠的渠首工程由大小天平、铧嘴以及分水塘共同组成。铧嘴因状如犁铧而得名，现存86米。铧嘴三面有石堤，一面紧接小天平，它是湘、漓二水的牵手工程，还可以起到缓冲水流，保护大坝的作用。大小天平建立在湘江上的拦江滚水坝上，一大一小，呈“人”字形，所以又叫人字天平。

灵渠的渠道工程包括：南渠、北渠、秦堤、湘江故道、陡门以及泄水天平。南渠与漓江沟通，秦堤修筑于南渠与湘江故道之间，起隔离作用。为了修筑大小天平以及铧嘴的需要，北渠是一个前期工程，它取代了被大小天平截断的湘江故道，将海阳河水引入湘江，从而使大小天平以及铧嘴的施工能够顺利进行。工程结束后，北渠顺理成章地起到了通航作用。由于南渠连接漓江，北渠连接湘江，漓江与湘江通过南、北二渠连接起来，被截断的湘江故道也仍然具有蓄水、泄洪作用。在涨水期，来自海阳河的水漫过大小天平，经过湘江故道，流入湘江，保障了秦堤的安全。泄水天平是设置于南、北二渠的溢流设施，共有5处，起排洪作用。

1979年兴安县文管所对灵渠进行维修时，意外地在坝北底部挖掘出一根重20.5千克、长2米的松木桩，揭开了这一谜底。秦人以松木作为地基材料，将松木深深打入鹅卵石层，以木笼填土的方法将地基连成整体，与今天使用钢筋水泥注入地基有异

曲同工之妙，形成坚不可摧的整体结构，在水下支撑灵渠主坝长达2000年之久。

此外，大小天平修筑内、外堤，内堤用条石铺成，外堤用巨石排成鱼鳞状，石块与石块之间凿有一个凹口，中间灌浇铁汁，冷却后变成栓子，将巨石连成一体。每当水流夹杂碎石、泥沙越过巨石接触到层层鱼鳞石（图5.16），就冲进石缝之中。泥沙填得越多，鱼鳞石就挤得越紧越牢，历经2000多年依然稳固。

图5.16　鱼鳞石

5.4.2.3　分水设计

秦人借鉴都江堰分水的成功经验，为灵渠设计了一套精密的分水系统。灵渠分水工程由“铧嘴”“大、小天平”和“泄水天平”完成。铧嘴分水原理与都江堰鱼嘴一样，是湘、漓二水的牵手工程。但以什么样的比例对湘江水进行分流，这与大、小天平堤坝的调控作用密不可分（图5.17）。

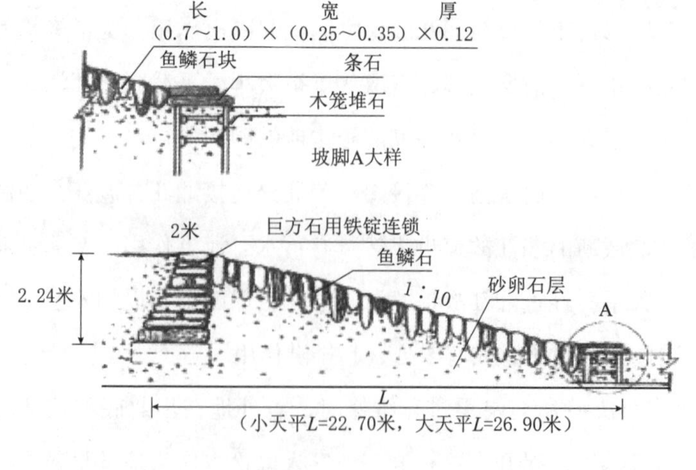

图5.17　大、小天平断面鱼鳞石示意图（图片来源：北京清华同衡规划设计研究院）

大小天平外形独特，大天平是S形北渠的一段堤坎，长约380米；小天平是南渠的一段堤坎，长约124米，共同组成“人”字形分水坝，其长度之比大约为7 ：3，实现了水满时七分水入北渠、三分水入南渠，使南北渠水量一致，都是1.5米深，能保持足够的水量通航。当海阳河水暴涨，大小天平的泄洪能力不足时，洪水势必涌进南、北渠，通过溢流设施泄水天平分洪。当南、北渠水位超过泄水天平的坝顶时，又再次分洪，泄入湘江故道，经湘江故道与北渠水汇合向北流动（图5.18）。

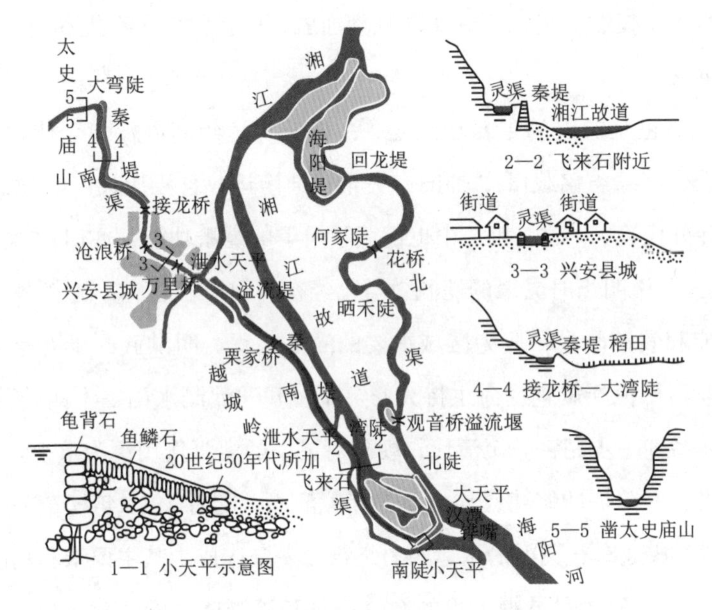

图5.18 灵渠主要工程剖面图图示

灵渠每年有4个月的枯水期，为解决不能自然通航问题，灵渠设立了陡门（即“船闸”），将渠道划分成若干段，装上闸门，打开两段之间的闸门，两段的水位就能升、降到同一水平，便于船只航行。灵渠陡门最多时有36座，因此又有“陡河”之称（图5.19）。

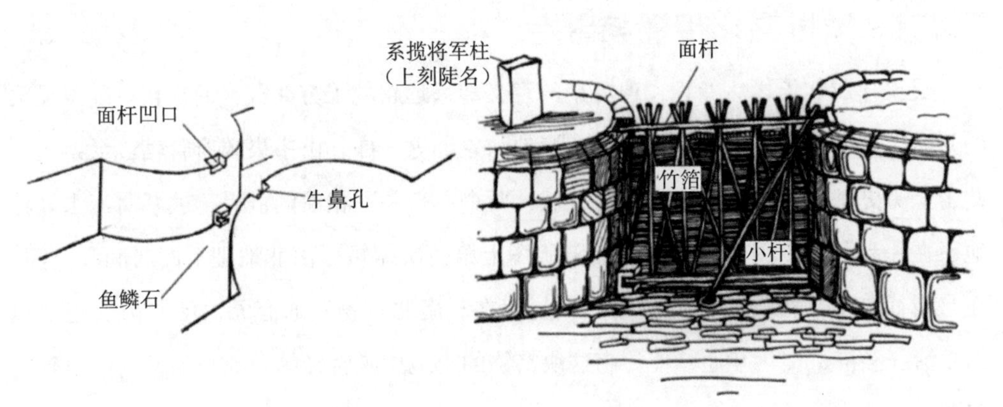

图5.19 陡门构造示意图（图片来源：北京清华同衡规划设计研究院）

淳熙五年，南宋周去非《岭外代答》卷一《灵渠》云："渠内置斗门三十有六，每舟入一斗门，则复闸之，俟水积而舟以渐进，故能循崖而上，建瓴而下，以通南北之舟楫。""时巨舫鳞次，以箔阻水，俟水稍厚，则去箔放舟焉。"《徐霞客游记校注》）著名的水利工程三峡大坝船闸通航原理与灵渠的陡门设计，有异曲同工之妙。1986年11月，世界大坝委员会专家莅临灵渠考察，称赞"灵渠是世界古代水利建筑的明珠，陡门是世界船闸之父"。灵渠通过大小天平筑坝、铧嘴分流、北渠控制流速、陡门平衡水位、泄水天平控制流量，不仅实现顺利通航，而且保护了秦堤和南、北渠，使兴安县城免受洪灾。

此外，灌溉也是灵渠的主要功能之一。南宋乾道年间静江（今桂林市）知府李浩曾修治灵渠，其墓志铭载曰："郡旧有灵渠，通漕运，且溉田甚广。"南宋地理学家周去非的《岭外代答》（1178年）中也记载了灵渠的灌溉功能，亦曰："渠水绕逸兴安县，民田赖之。"说明当时灵渠的灌溉效益已经初具规模。之后，随着人口不断增加，灵渠灌溉功能和效益凸显，成为区域重要的灌溉工程。明洪武二十九年（1396年），工部尚书兼监察御史严震直受命主持大修灵渠，建"灌溉水函二十四处"，标志着灵渠灌溉工程体系进一步完善。至清代，朝廷对灵渠的灌溉作用更为重视。雍正年间对北渠的回龙堤、海阳堤的修建，均主要为保障灌溉。随着1928年桂黄公路、1937年湘桂铁路陆续建成通车，灵渠的水运历史终结，灌溉遂成为其主要水利功能。

1949年之后，随着对灵渠工程的系统修复和灌溉体系的续建扩建，灵渠灌溉效益大幅提升。目前直接自灵渠引水的灌溉支渠共计18条（北渠4条、南渠14条）、总长129.7千米、总引水流量14立方米/秒，其中灌溉引水堰坝7座、水涵2处、引水闸9座，南渠上还保留水轮泵站9座（灌溉面积745亩）。灵渠总灌溉面积65000亩（北渠4415亩、南渠60585亩）。

5.4.3 增进文化传播与融合

灵渠建成8年之后秦亡，但灵渠的意义却远远超越了穷兵黩武的征伐。随着灵渠的开通，秦征百越，并设桂林郡、南海郡、象郡等三郡，由中央政府管辖。灵渠也由此走上历史舞台。两个天然相隔的地域，两个本来并不相通的世界，被潺潺流水轻巧地系在一起，在中国这个偌大的内陆版图上第一次缩短了南北地理上的时间和空间。在舟楫往来中，社会政治的分水岭不复存在。南北货物互通有无，中原与百越之地的政治、经济、文化互通，使岭南这块富饶的土地摆脱曾经的荒凉与闭塞，一路奔向繁荣。

5.4.3.1 移民入桂促进物质文化交流

秦代，最初的移民入桂主要源于军事需要。秦始皇三十三年（公元前214年），“发诸尝逋亡人、赘婿、贾人略取陆梁地，置桂林、象郡、南海，以適遣戍。”（《史记》卷六《秦始皇本纪》），此次带有强制性的军事移民数量众多，《资治通鉴　卷第七·秦纪一·秦始皇帝三十三年》载：“以谪徙民五十万人戍五岭，与越杂处。”据秦制，谪戍并没有期限，“行者不还，往者莫返”（《汉书》卷四十五《伍被传》）。

灵渠开凿后，军粮和兵源都得到了有力的补充，为最后平定岭南作出了突出贡献。同时，湘江、漓江从此牵手航运，两地天然隔绝荡然无存。灵渠建成的当年，秦始皇在岭南地区正式实行郡县制。为安定岭南，秦始皇除了派遣军队长期驻守外，还下令将数十万犯人发配岭南，成为首批岭南移民。汉族与苗、瑶、回等少数民族因避战乱和被贬流放等各种原因，源源不断地迁居广西。来自中原的移民，给岭南带来先进的生产工具和技术，对岭南生产力进步产生了重大影响。因移民引入的先进汉族文化，对提高岭南人文化素质起到明显效果。至汉代，中原的铁制工具和耕牛取道灵渠大量运入岭南。南下汉族人带来的先进生产技术和铁器工具在桂北一带得到广泛使用。

位于桂林市南郊的雁山镇竹园村后岭的东北端，有古墓7座。1962年，广西考古工作者对其中一座古墓进行发掘，墓中出土的“货泉”铜钱，当系西汉末年王莽统治时期铸币。墓中带铭文的“长宜子孙”铜镜，与中原东汉汉墓出土物极为相似。由此可见，秦汉时期桂林与中原的文化经济交流已相当密切，这种交往无疑促进了双方的发展。

这种人口迁移不仅是古代中原文化向岭南传播的有效途径，也构成了秦汉以后历代中央政权对广西进行统治的社会基础，包括民族融合和经济文化发展等。即便在2000多年后，漓江上游桂北地区的建筑风格、饮食习惯、民风习俗以及民间艺术，仍可追溯至彼时中原文明的渊源。

5.4.3.2 物流入桂加强商业文化交流

灵渠开凿后，不仅方便了军事运输，更加强了南北商业往来。在中国尚无公路、铁路、航空运输的情况下，灵渠成为西南的交通命脉与枢纽，直接影响广东、广西、湖南、湖北、江西、云南、贵州及四川部分地区，地域之广，不亚于长城。据史料记载，明清时期灵渠的客货来往船只日达三百多艘，如果每船运送货物十吨，每天货运量逾三千吨，假如全部载客，每船三十人，来往客商可超九千人。如此巨大的贸易量及人员往来，是西部丝绸之路的百余倍。

秦始皇统一岭南后，西瓯、骆越人与中原人的铁器交易日趋密切。秦汉时期，西瓯、骆越人的冶铁器技术进一步提高，制造出各种用途的农业生产工具。至三国两晋时期，中原汉人为逃避战乱，大批迁入瓯、骆地区，铁制农具及技术的交流更加广泛。

至唐代，灵渠经过两次大的修整，“虽百斛大舸，一夫可涉”。中原地区的商客和货物由洞庭湖溯湘江，经灵渠运河入漓江，沿漓江——桂江达梧州转容江入南流江，达合浦县后入海，这是当时最重要的南北通道。

宋代以后，桂林一跃成为南疆商业重镇，每年都有大宗粮食外销。

至明代，洪武四年（1371年）、洪武二十九年（1396年）、成化二十一年（1485年）三次维修疏浚灵渠。四通八达的交通网络促进了各族人民之间的经济文化交流，特别是壮、瑶等族人民更直接地接受中原先进文化，为推动广西各民族经济发展和社会进步起到了重要作用。

至明、清时期，灵渠运业进入黄金时代。尤其清代，南北经济、文化交流极其繁盛，清《重修灵渠石堤陡门记》载“三楚两广之咽喉，行师馈粮，以及商贾百货之流通，唯此一水是赖”。清代灵渠“官贾船只，络绎不绝”，曾出现每日有数百余艘船只列队通航的盛况。

清末民初，桂林水运业已十分发达。从上河由桂林起至兴安、全州以至湖南的邵阳、衡阳、湘潭等地，运来大米、小麦、糯米、黄豆、花生油、花生果等农产品，都以桂林为集运中心，再由桂林转运至下河梧州、南宁、广东、香港等地。

在对外贸易方面，自东汉时期郑弘开凿零陵、桂阳峤道以后，不仅交趾七郡的贡献转输皆取道广西，凡是要与中国交往的南方和西方各个国家，皆由此道。叶调（爪哇）、掸（缅甸）、天竺（印度）、安息（伊朗）、大秦（东罗马）等国的商船和使者都经过交州，从雷州半岛西端的徐闻登陆，沿河经浔州、苍梧溯漓江而上，过灵渠入湘水下中原。

灵渠通航，使中原的战略物资以及先进的耕作技术、纺织技术、建筑艺术、优秀文化成果和观念等，源源不断地涌入西南边陲。而边疆的奇珍异宝、名贵药材也通过灵渠运往中原与京城，进一步加速了文化的交流和民族的融合。随着外来物质文明的不断渗透，广西本土居民的思想观念也随之发生变化，开始接受中原文化观念影响。

5.4.3.3 教育入桂带动艺术文化交流

伴随中原地区大量移民迁入，中原封建文化教育也开始大量传入广西。

1. “书同文”

公元前221年，秦始皇统一六国后，便下令在全国范围内推行“书同文、车同轨、行同伦”的政令。在边疆少数民族地区，强行统一文字和语言。从出土的文物看，岭南广泛应用汉字是在秦汉以后，较多的文字材料始见于广西汉墓中。西汉中期以后，广西墓葬中不断有文字材料，而且范围不断扩大。这些材料说明，汉字在汉初已在广西的上层社会中流通，且流通的范围不断扩大。汉字的流通像一座桥梁，沟通了中原与南疆因语言障碍造成的隔阂鸿沟，使广西地区的文化发展水平有了质的飞越。

课后习题 5.4

课后习题 5.4 答案

2. 艺术浸润

早在春秋战国时期，瓯骆民族就逐步形成了具有本民族风格和独特韵律的山歌。随着歌舞的发展，在先秦时期，瓯骆民族已有多种多样歌舞伴奏的打击乐器。秦汉三国时期，中原文化南下交流，瓯骆民族除进一步发展本民族原有乐器外，还吸纳了中原的钟、鼓、箫等乐器。同时，由于西瓯、骆越（简称“瓯骆”）民族与中原楚汉文化交流与日俱增，到汉代瓯骆民族出现了漆画艺术。

5.5 “莫道隋亡为此河，至今千里赖通波”——京杭大运河

本节重点

❶ 京杭大运河修建背景与作用。

❷ 促进政治、经济、文化发展的历史演变。

❸ 面临的保护发展挑战与生态文明建设机遇。

学习思考

❶ 京杭大运河历史演变，对现代水利工程建设如何保护水生态环境的启示？

❷ 在水文化建设中，如何做好水利遗产保护传承，坚守中华文化立场。

京杭大运河是中华文明历史进程中的标志性工程，蕴含丰富的物质文化遗产、非物质文化遗产及自然遗产，被称为中国的活态遗产。京杭大运河北起北京（涿郡），南到杭州（余杭），途经北京、天津两市及河北、山东、江苏、浙江四省，贯通海河、

黄河、淮河、长江、钱塘江五大水系，全长约 1794 千米。它发端于公元前五世纪的春秋战国时期开凿的邗沟，完成于隋，畅通于唐宋，取直于元，繁荣于明清，迄今已存续近 2500 年。依托这条黄金水道，沿岸兴起一系列城镇、漕运设施、民俗文化等，被称作中国“古代文化长廊”。

从历史上的“南粮北运”“盐运”通道到现代“北煤南运”“南水北调”干线、防洪灌溉干流等，京杭大运河对国家统一、经济繁荣、文化融合以及国际交往都发挥着非常重要的作用。2014 年 6 月 22 日，京杭大运河在第 38 届世界遗产大会中，以其在时空跨度、文化价值、科技蕴含方面的无与伦比性成为世界性文化遗产，成功入选《世界遗产名录》。

5.5.1 历史演变

5.5 “莫道隋亡为此河，至今千里赖通波”——京杭大运河

中国运河的发展历史久远，利用天然水道航行更可追溯至原始社会时期。在江南地区，新石器遗址余姚河姆渡和萧山跨湖桥分别发现了船桨和完整的独木舟，说明这一地区彼时已有水上航运存在。而为填补自然水道种种不足，人工南北运河至春秋末年始有。据历史记载，京杭大运河始于春秋时期吴王夫差开凿的邗沟。在长江、淮水流域没有自然水道直接相通而行船艰难的条件下，由于诸侯争霸的战事催生，京杭运河孕育出最早的萌芽，并在隋、唐、元、明、清时期都有不同程度的延伸与扩展。京杭大运河经历漫长的变迁、发展，至今仍是沟通南北的交通大动脉。它自南向北，主要由江南运河、里运河、中运河、南四湖段（微山湖、邵阳湖、独山湖、南阳湖四个相连湖）、梁济运河、会通河、南运河、北运河、通惠河等构成。它所孕育的丰厚运河文化，成为见证中华文明进程的标志性文化遗产。

京杭大运河名称的由来随着历史演变也有着不同称谓。所谓京杭大运河，只是现代人对元代以来依然存在的北起北京大通桥、南至杭州拱宸桥的运河的习惯叫法。据史料记载，无论隋唐时期开通的北达涿郡、南至杭州的南北大运河，或者元朝开通的北起北京、南达杭州的京杭运河，都只有分段的运河名称而没有统一的名称。而至明朝时，将元朝形成的北至北京南至杭州的运河总称“漕河”，分段名称沿用元朝名称，依据流经之地与地理环境特征又分别命名为白漕、卫漕、闸漕、河漕、湖漕、江漕、浙漕。至清朝与民国时期京杭运河又有“运河”之称，而今已被人称之为京杭大运河。

5.5.1.1 春秋至秦汉时期——局部河段出现

公元前 494 年，吴王夫差大败越国，北上争霸。公元前 486 年，夫差为发挥其水军优势，下令在邗（今江苏扬州附近）筑城，又开凿运河，因水从邗城下流过，史称邗沟（图 5.20）。《左传·哀公九年》载："秋，吴城邗，沟通江淮。"邗沟又名中渎水、合渎渠、山阳渎，是吴国为北上争霸中原而运送军资的水运粮道。北宋乐史所著《太平寰宇记》引《吴越春秋》云："吴将伐齐，北霸中国，自广陵掘江通淮，运粮之水路也。"《左传》杜预注曰："于邗江筑城穿沟，东北通射阳湖，西北至末口入淮。"吴军从长江经邗沟进入淮水，再通过泗水、淮水到达齐国境内。邗沟沟通了江、淮两大水系，成为中国历史上人工运河的最初起点。从此，那些用简陋工具挖掘出的大大小小的运河，就像无数文明的碎片永远改变了这片土地。

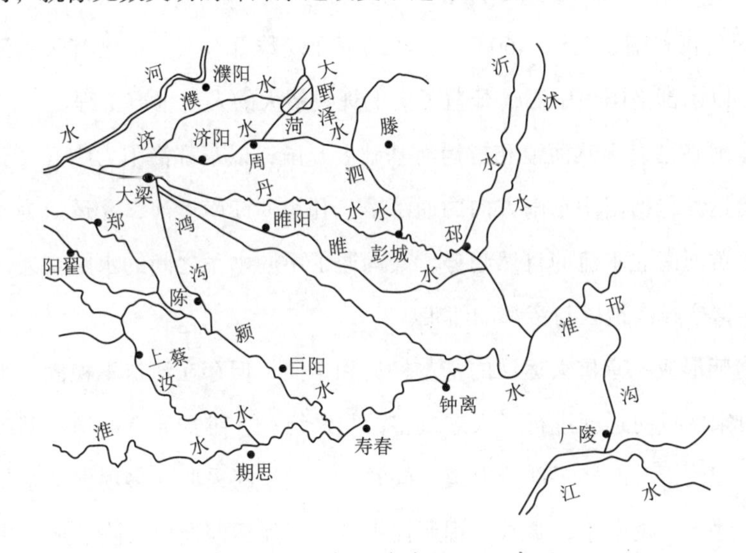

图5.20　邗沟、鸿沟经行示意图

吴胜齐后，乘胜追击继续北上攻打晋国。当时晋处黄河支流济水北岸，为使军队沿水路抵达晋，需使泗水与济水相通。在公元前 482 年，吴从今定陶县东北的古菏泽引水东流，开凿了至鱼台县北注入泗水的人工运河，即菏水。

公元前 361 年，魏惠王迁都大梁（今开封）。为战争需要，于次年开挖鸿沟。鸿沟西自荥阳以下引黄河水为源，向东流经中牟、开封，折而南下，入颍河通淮河，将黄河与淮河之间的济、濮、汴、睢、颍、涡、汝、泗、菏等主要河道连接起来，构成鸿沟水系。鸿沟有圃田泽调节，水量充沛，与其相连的河道、水位相对稳定，对发展航运十分有利。它向南通淮河、邗沟，与长江贯通；向东通济水、泗水，沿济水而下，可通淄济运河；向北通黄河，溯黄河西向与洛河、渭水相连，使河南成为全国水路交通的核心地区。秦末，楚汉相争，鸿沟为当时两军对峙的临时分界线，项羽与刘邦约定以鸿沟为界"中分天下"，以西为汉，以东为楚，这就是历史上著名的"楚汉相争，鸿沟为界"的由来。中国象棋棋盘分界线，"楚河汉界"亦取名自鸿

沟故事。

秦始皇统一中国后，充分利用鸿沟水系和济水等河流，将南方征集的大批粮食运往北方，并在鸿沟与黄河分流处兴建规模庞大的敖仓，作为转运站。汉武帝元光三年（公元前 132 年），黄河决口于濮阳，泥沙淤塞了菏水和汴水河道，鸿沟水系遭到破坏。特别是汉平帝时，黄河水冲入鸿沟，淤塞更为严重。汉明帝永平十二年（69 年），王景和王吴共同治理黄河、汴水，汴河水运能力有所恢复，但其他河道未治，鸿沟水运逐渐湮废。

5.5.1.2　隋唐时期——整体河段形成

为巩固政权和南粮北运，605 年，隋炀帝征发数百万人，在已有天然河道和古运河基础上，以东都洛阳为中心，开凿了史上规模最大的人工水道工程。

隋朝运河在已有天然河道和古运河基础上开凿，以东都洛阳为中心，分为南北两个系统。南运河包括洛阳东南方向的通济渠、邗沟、江南运河，北运河为永济渠。运河既利用了黄河南北水流的自然趋势，又沟通了不同水系之间的水路交通，使南北运河成为连接富庶经济地区与帝都的纽带。

虽然隋朝形成了京杭大运河的基本格局和走向，但存在河道不稳固、水位不稳定的问题。唐宋两代对运河进行了大规模整治与修缮，在维护原有航道的基础上进行大规模的河道疏浚，并改建了部分渠道。同时，对大运河采取了多项保证水位的工程措施，先后修建了一批引水、蓄水工程调控水位，确保运河通航。隋、唐、宋时期的大运河不断强化南北政治、经济、文化联系与交流，逐渐挣脱单一的军事功能。

5.5.1.3　元明清时期——繁荣与修缮

南宋末年因部分河道淤塞不通，运转了 500 多年的隋唐运河，逐步荒废。元初，以洛阳为中心的南北大运河由于受黄河侵淤影响已无法满足漕运需求，江南财粮运输主要依赖水路联运和海运。水路联运艰辛费时，海运风险极大，南北沟通十分不便。为了避免绕道洛阳，元朝采取裁弯取直的方式，相继开挖了济州河、会通河和通惠河，使运河由东西走向转为南北走向。今天人们通常提起的大运河，就是这条从杭州直达北京的运河，全长 1700 多千米，比隋唐大运河里程减少 900 多千米。但是，自开凿以来黄河侵淤、水源不足始终困扰着元朝的大运河，也使元朝的漕运转向海运为主。

明清两代运河畅通，漕运繁荣，是京杭大运河的黄金时期，但黄河侵扰与运河水源一直是大运河修缮的重心。永乐九年（1411 年）重浚会通河（济宁至临清）并修建水闸调节水量，建立相应的管理机构与严格的管理制度。同时，明代兴建了戴村坝水源工程和南旺分水枢纽，通过在汉河上筑戴村坝，引汶河水西南流，将分汶济运分水点从任城（济宁）移至南旺。南旺地势高于济宁，恰是南北水脊，水至南旺分流南北符合地势特征，最终实现跨流域调水和水量配置，解决了运河最高段的水源问题。

为保证漕运畅通，挑挖疏浚成为清代治理河道的主要任务之一。自顺治十年（1653 年）起，政府规定对运河每年一小浚，间年一大浚。除疏浚河道，清朝也始终为解决黄河侵袭而努力。康熙十九年（1680 年）、康熙二十五年（1686 年）分别开皂河、中河，避开黄河运道，北上的船只经里运河出清口（今清江市西），行黄河数里入中河，后入皂河北上于泇河相接。自此，京杭运河与黄河分道扬镳自成体系。

5.5.1.4 近现代时期——衰落与发展

清朝黄运之间的矛盾始终未能彻底解决，虽不断疏浚但仍频繁侵淤运道，面对这种情况政府也束手无策，咸丰二年（1852 年）之后“海运遂意以为常”。1855 年，黄河决兰阳（今兰考县）铜瓦厢，清政府无力整治，从此京杭运河南北断流。至光绪二十七年（1901 年），漕粮改为折色（折成现银），漕运废止。彼时，新兴的交通工具如轮船、火车的出现也成为运河衰败的加速剂，京杭大运河的地位一落千丈。

中华人民共和国成立后，对大运河的部分段落实行了恢复与扩建工作，同时逐步展开以大运河为输水干线的南水北调东线工程规划。

5.5.2 万世之利

在十几个世纪的时间里，京杭大运河形成了贯通南北水上交通网，创造性地达到了长距离持续运输的目的，并且完成了包括防洪、输水、灌溉等多种功能。

5.5.2.1 开启古代内河航运新纪元

京杭大运河作为中华文明发展历程中的标志性工程，同样也是全世界杰出的水利工程。它南北跨越五大水系，各河段自然条件差异显著。历史上针对不同河段的水流供给、地形高差等问题形成了极具地域性的运河工程类型、建筑结构与工程管理形式。而在解决运河众多难题的过程中，也创造了中国水利史上诸多成就，具有非常高的科学价值。

京杭大运河建造初期的邗沟、鸿沟时代，人们利用自然河道与湖泊分布规划运河路线，且运河仅仅沟通相邻流域，至秦代，已利用分水岭解决越岭运河的航道与水源问题。秦代时灵渠是穿越湘江与桂江的分水岭，越岭高 20 多米，属著名越岭工程。至元明时期，会通河成为越岭运河的典范，它跨越山东地垒，成功利用地形实现水资

源跨流域调配。京杭大运河代表了工业革命之前水利规划和土木工程所能达到的顶峰，至今，京杭大运河的众多水利工程及水工技术仍在中国的水利、航运事业中发挥重要作用。它与法国的米迪运河在《国际运河古迹清单》中，被同时列为“最具技术价值的运河”。元代所修的会通河，明代兴建的戴村坝水源工程、南旺分水枢纽，江南水网地区所特有的多孔拱桥，均显示出17世纪前世界领先水平。同时，它保留下来的水源工程、水道工程、工程管理设施及运河附属设施，也成为京杭大运河极具历史价值的遗产。

5.5.2.2 维系封建王朝生命线

秦王朝大一统后，维护国家稳定与统一成为历代王朝的首要任务，也成为历代开凿运河的重要原因。京杭大运河作为漕运主动脉，源源不断地将粮食等各种物资从遥远的江南运往北方，实现了全国范围的资源调配，也沿河塑造了无数繁华都市。《宋史·河渠志》载：“汴河之于京师，乃建国之本，非可与区区沟洫水利同言也。……大众之命，唯汴河是赖。”《清明上河图》（图5.21）可窥见当时汴河给帝都带来的繁荣。至元朝，为稳固政治与经济中心的平衡更改了运道路线，以有利于对南方的统治。明清时期，漕运成为联系帝都、运输财粮的重大工程，两朝政府不遗余力修缮运河。而清朝中后期运河断流，又与王朝的衰落息息相关（图5.22）。

5.5.2.3 促进沿河文化带形成

运河两岸百业俱兴，造船业、纺织业、瓷器业及各类手工业等得到蓬勃发展，沿岸兴起的城镇、工农业、地方文化与习俗等，对国家统一、经济繁荣、文化融合以及国际交往都发挥了非常重要的作用。古代京杭大运河承载了国家区域间、不同文明间交流的纽带作用，被称作中国的“古代文化长廊”。

图5.21 清明上河图（局部）
（张择端［北宋］，北京故宫博物院馆藏）

图5.22　清朝乾隆年间天津三岔口繁忙的塘运
（江萱［清］《潞河督运图》局部图，中国国家博物馆馆藏）

由北京经天津、沧州、德州、聊城、济宁、枣庄、宿迁、淮安、扬州、镇江、常州、无锡、苏州、湖州、杭州等，一座座繁华都市宛如镶嵌在运河上的明珠，璀璨夺目，形成了独具地域特色的政治、经济、文化活跃带，以及多元一体的文化特征。通过京杭大运河贸易往来，先进的中国文化广泛传播至东亚、东南亚、西亚、欧洲等地。

5.5.3　文化遗存

京杭大运河与中国古代两千年封建社会共荣共生，也与近百年中国现代发展携手并进。它不仅成为连接中国古代南北地区的重要水上交通命脉，在维系国家社会稳定和促进文化交流、工商业经济发展方面同样担负着至关重要的作用。

京杭大运河为航运而生，至今仍是中国经济发展的大动脉，全线仍有900千米常年正常通航，每年货运量约3亿吨，依然是物资运输、北煤南运、南水北调的南北干道及防洪灌溉干流，其沿线城市群经济总量举足轻重。而且，今天的京杭大运河还具有更高的文化价值。2000多年来，它不断发展形成的运河城市，及其与自然和谐共处的文化遗存，也已成为世界文明的重要组成部分。

5.5.3.1　物质文化遗产

（1）河道：包括运河河道（主河道、支线运河等）、减河、人工引河、城河和内河。

（2）水源：包括湖泊、水渠、水库。

（3）航运工程设施：包括船闸、桥梁、码头、纤道。

（4）运河管理机构及设施：包括河道管理机构、漕运管理机构、钞关、榷关、浅铺、仓储、造船厂。

（5）运河城镇及村落：包括运河城镇、运河历史城区。

（6）运河建筑及遗迹：包括与运河相关的古建筑，如苑囿园林、宅第民居、坛庙祠堂、牌坊影壁、亭台楼阁等，以及古遗址、古墓葬，如洞穴遗址、古城遗址、驿站古道、与运河有关的人物陵墓等。

5.5.3.2 大运河非物质文化遗产

大运河非物质文化遗产主要包括传统技艺、民间文学、书法绘画、地方戏曲、风俗礼仪、饮食文化等。

5.5.3.3 大运河沿线自然遗产

大运河沿线自然遗产主要包括林地、耕地、草地、湿地，其中湿地包括南四湖、骆马湖、扬州四湖、太湖、洪泽湖等。自然、人工湖泊与沿线稻田、水系等共同构成湿地系统。

运河沿岸分布的城镇与村落有17座国家级历史文化名城，多元的地方风俗文化，沿线的水利运河航运设施，运河管理机构及设施，衙署、官仓、会馆等建筑、园林遗址，文人墨客的文学艺术珍品，以及漫长的河道、多元的水源等，这种古今交融，共同构筑了京杭大运河文化遗产体系，成为流动的文化长廊。

5.5.4 任重道远

经过历史的洗礼，走过繁荣衰落，那些历史的遗存依然是京杭大运河这个宏大乐章中流动的音符，至今承担着中国南北地区重要的运输任务，而且在输水、防洪、灌溉、生态环境保护、文化教育等方面发挥巨大作用，担当重要角色。

5.5.4.1 严峻挑战

运河像一面镜子，漫长的历史与鲜活的现实并存。京杭大运河经行区域是我国人口、城市密集，农业、工业及经济发达区域，面临沿岸土壤、大气、水环境污染的困境。同时，水量不足与侵淤，部分河道断流与改道问题，亟待综合治理。

1. 环境污染

北方地区在缺水的情况下，土壤的污染物不易降解，水体自净能力下降，加之沿线发达城市及工业发展城市的大气污染等，大运河的水环境污染问题不容乐观。

2. 断流与改道

近现代以来，城市化快速发展，新型高效交通工具的出现极大地冲击了大运河作为航运工程的重要作用，加之自然环境变化，京杭大运河出现部分河道断流与改道问题。

目前，京杭大运河的通航里程约 1442 千米。全年通航河道主要分布在黄河以南的山东、江苏和浙江三省。在经济高速发展与城市化的今天，京杭大运河面临沿线城市、农村大规模扩张与建设的蚕食与污染。

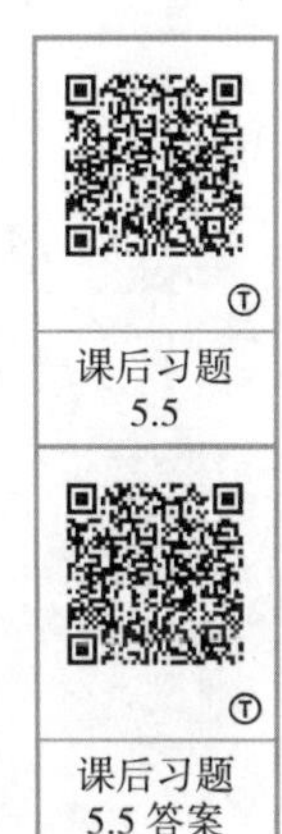

3. 文化原真性丧失

在城市化进程中，码头云集、商铺连绵、深巷交错的运河风光，渐渐成为历史记忆。风格迥异的古桥、地方戏曲、民间传说、民俗风情等非物质遗产，也在悄悄消失。

5.5.4.2 重振风采

“南水北调”工程中，东线输水工程再次串联起大运河的主要河道，改善运河的水质水貌，激发沿线经济活力，重新焕发古运河生机。同时，申遗成功，也使各相关学科对大运河的研究成果不断丰富，迎来对大运河使用价值与文化价值进一步发掘。

1. 南水北调焕发运河生机

南水北调东线工程从长江下游引水，以京杭大运河及与其平行的河道为输水河道，并洪泽湖、骆马湖、南四湖、东平湖为调蓄水库，从长江至东平湖设 13 级泵站，至东平湖后分两路，一路向北穿黄河后至天津，另一路向东为山东地区供水。东线工程以京杭大运河作为主要输水通道，增加了运河的水量，对京杭大运河航运功能的激活起到至关重要的作用。东线治污工程也将改善大运河的水质与水貌，优化沿线自然生态环境，使大运河成为清水廊道。同时，东线工程建设也对大运河作为文化遗产进行一系列保护性修缮，结合输水、旅游发展等功能，对大运河进行整体性保护与可持续利用。

2. 申遗成功永续运河活力

2006 年 5 月 12 日起，国家组织全国政协大运河保护与申遗考察团对大运河进行了全线考察，其中包括全国知名的文物、水利、古建筑、历史学等多学科专家学者和沿运河 6 省市政协文史委员会负责人等参与考察与研究，详细地对大运河河道与遗产现状进行了调查与记录，并积极推动社会各界参与合作、协商与对话。同时，各相关学科对大运河的关注度逐渐升温，从多角度展开的研究成果不断丰富，为大运河的保护提供了重要依据。2006 年 12 月，大运河被列入《中国世界文化遗产预备名单》。2014 年 6 月 22 日，京杭大运河在第 38 届世界遗产大会中成功入选《世界遗产名录》。目前，京杭大运河与京津冀协同发展、“一带一路”建设、长江经济带发展等三大战

略密切联系，永续保护京杭大运河文明遗产，加快相关复航工作，成为中国水文化建设的迫切任务与长期目标。

参考文献

［1］刘治品．芍陂的兴废及原因［J］．历史教学，2004（8）：65-67.

［2］丁继龙．芍陂在中国水利史上的地位和作用［J］．探索争鸣，2003（5）：6-7.

［3］魏新民．试分析三国两晋时期的江淮农田水利建设［J］．农业考古，2008（3）：24-27.

［4］李松．明清时期芍陂的占垦问题与社会应对［J］．安徽农业科学，2010，38（5）：2723-2725.

［5］王双怀．中国古代的水利设施及其特征［J］．陕西师范大学学报（哲学社会科学版），2010（2）：109-117.

［6］丁继龙．孙叔敖与芍陂渊源［J］．文物世界，2013（4）：13-15，8.

［7］陈业新．历史时期芍陂水源变迁的初步考察［J］．安徽史学，2013（6）：92-105.

［8］陈立柱．结合楚简重论芍陂的创始与地理问题［J］．安徽师范大学学报（人文社会科学版），2012（4）：441-449.

［9］张崇旺．论明清时期芍陂的水事纠纷及其治理［J］．中国农史，2015（2）：81-93，38.

［10］顾应昌，康复圣．芍陂水利演变史［J］．古今农业，1993（1）：37-42.

［11］王方领，吴海涛．论先秦时期淮河流域的历史地位——以灌溉与航运为视角［J］．华北水利水电大学学报（社会科学版），2017，33（6）：12-16.

［12］张扬，杨剑波，方文红，等．实施旅游开发促进农业文化遗产动态保护刍议——兼论安徽省典型农业文化遗产的有效保护与合理利用［J］．安徽农学通报，2017，23（22）：118-121，126.

［13］徐家久．安丰塘（芍陂）古代水利工程考古调研报告［J］．文物鉴定与鉴赏，2017（10）：86-87.

［14］戚晓明，白夏，金菊良．安丰塘水文化特征分析［J］．淮南师范学院学报，2017，19（5）：70-74.

［15］关传友．皖西地区水利规约的探析［J］．农业考古，2017（4）：137-145.

［16］安徽省寿县人民政府．安徽省寿县芍陂（安丰塘）及灌区农业系统简介——世界灌溉工程遗产和中国重要农业文化遗产［J］．安徽农业大学学报（社会科学版），2017，26（1）：2，141.

［17］周波，谭徐明，李云鹏，等．芍陂灌溉工程及其价值分析［J］．中国农村水利水电，2016（9）：57-61.

［18］梁霞．孙叔敖相楚成霸原因研究［J］．皖西学院学报，2016，32（4）：12-16.

［19］陈业新．阻源与占垦：明清时期芍陂水利生态及其治理研究［J］．江汉论坛，2016（2）：104-116.

［20］李令福．论秦郑国渠的引水方式［J］．中国历史地理论丛，2001（2）：10-18，123.

［21］王子今，郭诗梦．秦“郑国渠”命名的意义［J］．西安财经学院学报，2011（3）：77-81.

［22］秦建明，杨政，赵荣．陕西泾阳县秦郑国渠首拦河坝工程遗址调查［J］．考古，2006（4）：12-21.

[23] 李昕升．郑国渠技术成就研究评述［J］．华北水利水电大学学报（社会科学版），2014（2）：10-13.

[24] 叶迂春，张骅．郑国渠的作用历史演变与现存文物［J］．文博，1990（3）：74-84.

[25] 孙卫春．郑国渠设计思想浅谈［J］．咸阳师范学院学报，2006，21（1）：9-12.

[26] 孙保沐，宋文．郑国渠的历史启示［J］．华北水利水电学报，2008，24（3）：15-17.

[27] 任红．水德之始：战国的终结者［J］．中国三峡，2008，6：86-90.

[28] 程非．郑国渠：疲秦之计成强秦之策［N］．西部时报，2008-05-23（011）.

[29] 叶迂春，张骅．郑国渠的作用历史演变与现存文物［J］．文博，1990（3）：74-84.

[30] 本刊．中国历史上的水利工程总结［J］．中国水能及电气化，2018（8）：68-70.

[31] 武佳琪．郑国渠遗址保护与利用研究［D］．西安：西安工程大学，2017.

[32] 李仓拴．郑国渠渠首段遗产廊道构建研究［D］．西安：西安建筑科技大学，2015.

[33] 李云鹏．郑国渠从历史走向未来［N］．黄河报，2016-12-31（001）.

[34] 周江林．水患与中国王朝历史命运［N］．华夏时报，2016-08-15（035）.

[35] 蒋建军．关中古代水利成就及现代传承［C］// 中国水文化（2016 年第 3 期总第 147 期）.《中国水文化》杂志社，2016：6.

[36] 郭太成．灵渠开凿与文化交流［J］．玉林师范学院学报，2009（2）：44-47.

[37] 刘仲桂．保护古灵渠开发灵渠水文化——对灵渠保护与灵渠水文化开发的思考与建议［J］．广西地方志，2009（3）：35-38.

[38] 范玉春．灵渠的开凿与修缮［J］．广西地方志，2009（6）：49-51.

[39] 燕柳斌，刘仲桂，张信贵，等．灵渠工程的功能分析与研究［J］．广西地方志，2003（6）：50-53.

[40] 李都安，赵炳清．历史时期灵渠水利工程功能变迁考［J］．三峡论坛（三峡文学．理论版），2012（2）：14-19，147.

[41] 唐基苏．灵渠与都江堰的比照分析［J］．中共桂林市委党校学报，2012（2）：72-76.

[42] 刘可晶．水利工程的明珠——灵渠［J］．力学与实践，2013（6）：100-104.

[43] 崔润民．灵渠历史价值的重新定位与文化战略的民间实施［J］．中共桂林市委党校学报，2013（2）：55-59.

[44] 彭鹏程．灵渠：现存世界上最完整的古代水利工程［J］．中国文化遗产，2008（5）：55-59.

[45] 王开元．灵渠悠悠万古流［J］．人民珠江，2009（5）：73-75.

[46] 韦玲，黄秋雯，蓝韶昱．灵渠研究综述［J］．广西博物馆文集，2018（00）：118-134.

[47] 唐咸明．晚清民国时期桂江流域蔗糖运销网络与社会经济发展［J］．农业考古，2017（6）：88-94.

[48] 周有光，唐咸明．运河沿线古村落调查及其与灵渠相互作用研究［J］．桂林师范高等专科学校学报，2017，31（4）：5-14.

[49] 苏倩．灵渠的保护、利用与申报世界文化遗产对策研究［D］．南宁：广西师范大学，2017.

[50] 魏文．朝贡交往与地域观察：如清越南使臣的桂林活动和见闻研究［D］．南宁：广西师范大学，2017.

[51] 孙玲．族群的建构与维系：灵渠守陡人的历史文化与认同［D］．南宁：广西民族大学，2016.

[52] 李云鹏．灵渠水利工程体系及其历史文化特征［J］．中国防汛抗旱，2018，28（7）：63-

68.

[53] 曹玲玲 . 作为水利遗产的都江堰研究 [D]. 南京：南京大学，2013.

[54] 杨斌 . 都江堰水利可持续发展与成都平原经济社会发展的关系研究 [D]. 成都：成都理工大学，2009.

[55] 张成岗，等 . 都江堰：水利工程史上的奇迹 [J]. 工程研究——跨学科视野中的工程，2004（00）：171–177.

[56] 刘大为 . 都江堰——优美的工程诗篇 [J]. 力学与实践，2011（3）：97–101.

[57] 李映发 . 都江堰在科学技术史上的价值 [J]. 四川大学学报（哲学社会科学版），1993（2）：88–96.

[58] 唯真 . 中国古代水利工程奇迹——都江堰 [J]. 科学启蒙，1996（3）：20–21.

[59] 袁博 . 近代中国水文化的历史考察 [D]. 济南：山东师范大学，2014.

[60] 胡肖 . 川西平原堰渠体系与城乡空间格局研究 [D]. 成都：西南交通大学，2014.

[61] 张帅 . 都江堰水文化与可持续发展 [J]. 四川水利，2005（1）：44–46.

[62] 李华强 . 从人类学角度看都江堰地区水文化建设 [D]. 成都：四川大学，2007.

[63] 肖芸 . 都江堰水文化内涵解析 [J]. 兰台世界，2011，19：71–72.

[64] 王芳芳，吴时强 . 都江堰工程思考及其启示 [J]. 水资源保护，2017，33（5）：19–24.

[65] 路畅 . 古代工程的范畴研究 [D]. 哈尔滨：哈尔滨工业大学，2017.

[66] 王明远 . 都江堰水利工程：流淌千年，膏润万顷 [J]. 农村　农业　农民（A 版），2016（8）：58–59.

[67] 雷蕾，周斌 . 古代都江堰工程抗洪史 [J]. 人民周刊，2016（15）：68–69.

[68] 陈刚 .20 世纪 70 年代以来都江堰工程研究综述 [J]. 广西民族大学学报（自然科学版），2016，22（2）：39–43.

[69] 郑大俊，王炎灿，周婷 . 基于水生态文明视角的都江堰水文化内涵与启示 [J]. 河海大学学报（哲学社会科学版），2015，17（5）：79–82，106.

[70] 高宏 . 都江堰水利工程设施的历史价值析论 [J]. 兰台世界，2015（19）：116–117.

[71] 谢晓莉，卢明湘，李萍 . 都江堰工程对现代水利工程全过程管理的启示 [J]. 价值工程，2018，37（30）：51–54.

[72] 郭文娟 . 京杭大运河济宁段文化遗产构成和保护研究 [D]. 济南：山东大学，2014.

[73] 毛锋 . 空间信息技术在线形文化遗产保护中的应用研究——以京杭大运河为例 [J]. 中国名城，2009（5）：20–23.

[74] 张强 . 京杭大运河淮安段文化遗产保护与利用研究 [J]. 南京师大学报（社会科学版），2013（2）：60–70.

[75] 牛会聪 . 多元文化生态廊道影响下京杭大运河天津段聚落形态研究 [D]. 天津：天津大学，2012.

[76] 杨静 . 京杭大运河生态环境变迁研究 [D]. 南京：南京林业大学，2012.

[77] 贾婧 . 申遗背景下京杭大运河的景观设计研究 [D]. 武汉：湖北工业大学，2012.

[78] 张志荣，李亮 . 简析京杭大运河（杭州段）水文化遗产的保护与开发 [J]. 河海大学学报（哲学社会科学版），2012（2）：58–61，92.

[79] 李亮 . 从京杭大运河的现代复兴看水文化遗产的保护与开发——以杭州段运河为例 [J]. 黄冈职业技术学院学报，2011（6）：65–69.

[80] 蒋奕 . 京杭大运河物质文化遗产保护规划研究 [D]. 苏州：苏州科技学院，2010.

[81] 张茜 . 南水北调工程影响下京杭大运河文化景观遗产保护策略研究 [D]. 天津：天津大

学，2014.

[82] 王弢. 明清时期南北大运河山东段沿岸的城市［D］. 北京：中国社会科学院研究生院，2003.

[83] 俞孔坚，李迪华，李伟. 京杭大运河的完全价值观［J］. 地理科学进展，2008（2）：1-9.

[84] 谭徐明，于冰，王英华，张念强. 京杭大运河遗产的特性与核心构成［J］. 水利学报，2009（10）：1219-1226.

[85] 杨冬权. 关于全线恢复京杭大运河的提案［J］. 中国档案，2017（3）：15.

[86] 沈琪. 京杭大运河对我国经济发展史的影响［J］. 科技经济市场，2017（1）：56-57.

[87] 王耀. 明代京杭大运河地图探微［J］. 中华文史论丛，2016（4）：307-342，394.

[88] 陶莉. 历史文化名城保护"苏州模式"探析——京杭大运河苏州段和古城申遗成功后的再思索［J］. 淮阴工学院学报，2016，25（6）：4-6.

[89] 何路平. 基于线性文化遗产保护的流程化方案制定路径研究［D］. 杭州：浙江大学，2018.

[90] 曾洁. 京杭大运河沿线35个城市计划共建"大运河文化带"［J］. 中国水利，2017（13）：70.

[91] 张译丹，王兴平. "后申遗时代"的杭州京杭大运河沿线工业遗产开发与城市复兴策略——基于文化价值认同视角［J］. 社会科学动态，2017（5）：50-55.

第6章 人水和谐推动社会可持续发展

原始文明在底格里斯河、幼发拉底河、约旦河冲积出的“新月沃土”上，创造了如楔形文字、汉谟拉比法典、古巴比伦空中花园等奇迹；在尼罗河东西两岸，金字塔、木乃伊、古埃及太阳神庙，拔地而起，直逼苍穹；在古印度河、恒河流域，集度量衡制度、文字铭刻与印章雕画、珠宝装饰艺术、古代医学、建筑技术于大成；而在长江、黄河流域，干支历法、中医、象形文字、造纸术、指南针、火药、活字印刷术、榫卯结构建筑等灿若星辰的华夏文明，赋予华夏儿女无尽的遐想和无比的骄傲。尽管文明产生的自然环境、原因各不相同，但河流的贯穿，始终如一。

无论古代或现代，凡是有水的地方，必有城市的兴起和区域经济的发展、崛起。近现代以来，世界上主要的大城市也基本上是傍水而建，如伦敦有泰晤士河，巴黎有塞纳河，柏林有施普雷河与哈维尔河，莫斯科有莫斯科河，里斯本有特茹河，罗马有台伯河，伊斯坦布尔有博斯普鲁斯海峡。纵观世界经济，我们不难发现：河流中下游地区往往成为经济相对发达地区。在中国，七大江河的下游地区人口稠密、城市聚集、经济发达，集中了全国1/2的人口，1/3的耕地和70%的工农业产值。而由河流入海口泥沙沉积形成的三角洲，更是经济中心所在，如中国地处上海经济区核心的长江三角洲，深圳、广州、珠海经济区的珠江三角洲。还有全世界的大海港，比如纽约港、香港、新加坡、上海港、深圳盐田港等，无一不是因水而发展。《史记》有载，秦国因得郑国渠引水灌溉，“关中为沃野，无凶年，秦以富强，卒并诸侯”。又载，“昔伊、洛竭而夏亡，河竭而商亡”。“水则载舟，水则覆舟”，人类文明因水而生，因水而兴，同样也可能因水而衰，如湮没在黄沙下的古楼兰、古巴比伦，因“水战争”

而充满血腥暴力的中东，诱发阿以水资源冲突的约旦河。和世界许多国家一样，水问题也困扰华夏民族。缺水之痛，水患之害，水污染之严重，成为新兴大国发展的共同瓶颈。

6.1 水旱灾害湮没古城金鼓喧阗

水旱灾害湮没古城辉煌

❶ 人类水旱灾害的典型案例。

❷ 城市兴衰与水之间的关系。

学习思考

❶ 水对城市兴衰影响，给予人类管水治水、护水兴水的启示。

❷ 人类社会可持续发展与水文化建设密不可分，人与水是生命共同体。

冰河世纪末期，由于气候的转暖，冰雪消融，形成了一场世界范围的大水灾，而一场大水恰恰是人类登上世界舞台的开端。这个给幼年人类以洗礼的大洪水，在各民族的记忆中留下了不可磨灭的记忆。《尚书·尧典》《史记·夏本纪》《孟子·滕文公上》等诸多古文典籍记载表明：中国古代神话和先秦文献中多有尧时发生大洪水的记载，如《山海经·海内经》《庄子》等记载的大禹治水，《淮南子·览冥训》记载的女娲补天的故事等。古巴比伦最早的文献记录，以追叙“大洪水”为记史之始。希伯来人的圣典《旧约·创世记》，记载着著名的“诺亚洪水”的故事。印度、古希腊以及美洲印第安人的文明发端，亦无不从洪水谈起。

洪水自洪荒年代之始，经过漫长岁月的不断复制与重构，早已不仅仅存在于某种单一具象和原生的状态之中，而是显示出惊人的延展性和丰富的广阔性。洪水在不同民族文化、不同时代语境下存在，呈现出风格、形态、功能迥异的文化特质。它不仅包括文明的兴起，也涵盖文明的覆灭。

6.1.1 洪水之“猛兽”

冰河世纪末期那场大洪水，在华夏大地肆虐。洪水淹没了土地，冲毁了庄稼，房屋倒塌，人畜死亡，到处是白茫茫的水波。传说中，尧因率领部落聚居高丘避洪水之患，然有大禹治水开启华夏文明。

“洪水猛兽”“水火无情”，人类一向视水患为自然灾害最主要的元凶之一。据统计，全世界每年自然灾害死亡人数的75%、财产损失的40%为洪水造成。且水灾高发地区往往在人口密集、垦殖度高、河湖众多、降雨丰沛的北半球暖温带、亚热带。以国家而论，中国、孟加拉国为最，美国、日本、印度和西欧各国次之。以江河而说，黄河、密西西比河、长江、恒河、淮河、海河、印度河等流域的水灾频率最高。

水灾作为复杂的灾害系统，既有整个水系泛滥，又有小范围暴雨造成局部灾害，既有纯自然性质，又有人为性质。凡河流、湖泊、海洋等水体上涨超过一定水位，威胁相关地区安全并造成灾害者，都可称为水灾（洪水、大水）。中国是洪水灾害频发的国家。据史书记载，从公元前206年至1949年中华人民共和国成立的2155年间，大水灾发生了1029次，几乎每两年1次。

6.1.1.1 黄河重大洪水事件

据史料记载，自春秋至今2000多年间，黄河下游发生1500多次泛滥决口，重大事件如下。

王莽始建国三年（11年），“河决魏郡，泛清河以东数郡”。在此以前，王莽常恐“河决为元城冢墓害，及决东去，元城不忧水，故遂不堤塞”。自此，洪水在今鲁西、豫东一带泛滥近60年，至汉明帝永平十二年（69年）王景治河时，才筑堤使大河经今河南淮阳、范县及山东高唐、平原至利津一带入海。

北宋景祐元年（1034年）七月，河决澶州横陇埽，于汉唐旧河之北另辟一新道，史称横陇河。历史地理学家邹逸麟《宋代黄河下游横陇北流诸道考》考证此河“经今清丰、南乐，进入大名府境，大约在今馆陶、冠县一带折而东北流，经今聊城、高唐、平原一带，经京东故道之北，下游分成数股，其中赤、金、游等分支，经棣、滨二州之北入海”。

南宋建炎二年（1128年），为阻止金兵南下，宋东京留守杜充，“决黄河自泗入淮，以阻金兵”，黄河下游河道，从此又一大变。这一决河改道，使黄河进入长期夺淮入海的局面。

清乾隆二十六年（1761年）七月，黄河三门峡—花园口区间（简称三花间）发生了一场罕见的特大洪水，黄河三花间的伊河、洛河、沁河及干流区间同时遭遇，形成了三花间自1553年以来的最大洪水，给黄河中下游造成非常严重的洪涝灾害。

清咸丰五年（1855年）六月十九日，兰阳铜瓦厢三堡以下无工堤段溃决，到二十日全河夺流。铜瓦厢决口后，溃水折向东北，至长垣分而为三，一由赵王河东注，一经东明县之北，一经东明县之南，三河至张秋汇穿运河，入山东大清河。自此改道东北经今长垣、濮阳、范县、台前入山东，夺山东大清河由利津入渤海。1855 年黄河夺大清河改走现行河道后，汶河成为黄河下游一大支流，由于黄河泥沙淤积抬高，在黄、汶交汇洼地，逐渐形成了东平湖，并成为黄河下游的主要自然滞洪区。

民国时期，有两次大的洪水：一是民国二十二年（1933 年）特大洪水，给两岸人民生活造成极大灾难；二是民国二十七年（1938 年）六月，南京国民政府为阻止日本侵略进攻而扒决黄河，这在黄河水患历史上是一次较大的人为决河（图 6.1）。

图6.1 1938年黄河花园口决口，灾民流离失所

1958 年 7 月中旬，黄河在三门峡至花园口（三花间）发生了自 1919 年黄河有实测水文资料以来的最大洪水，对黄河下游防洪威胁较大。山东、河南两省的黄河下游滩区和东平湖湖区，遭到不同程度的水灾（图 6.2）。

图6.2 军民抗洪抢险现场

6.1.1.2 长江重大洪水事件

大量历史资料表明，从形成全流域性的洪灾看，长江洪水的主要威胁来自上游川江。汉唐以前的长江水灾不可细考，宋代以来长江发生过的特大洪水灾害主要如下。

南宋绍兴二十二年（1152 年）的特大洪水，据《宋史・五行志》载：“绍兴二十三年，金堂县大水，潼州府江溢，浸城内外民庐。”金堂县位于沱江上游，三台县在嘉陵江支流涪江河畔。涪、沱二江的大水注入长江干流，形成当年长江特大洪水的主要水源。根据洪水题刻洪痕推算，此次洪水仅次于长江 1870 年特大洪水。

清乾隆五十三年（1788 年）的特大洪水，史籍记载和洪水碑刻则更为丰富、详细。据有关史料：是年六月，长江上游支流岷江、沱江和涪江流域连降暴雨，山洪暴发，沿江城市普遍受灾。长江上游洪水冲出三峡，与中游地区洪水遭遇，造成罕见洪灾。据估算，当时荆江河段枝城处的洪峰流量约为 86000 立方米 / 秒，大大超过中游河道的泄洪能力。中游地区仅湖北省就被洪水淹没 36 个县。鄂西长阳一带平地水深八九尺至丈余不等。江陵因万城堤溃口，城垣倒塌无数，水深一丈七八尺，城内外淹死 1700 余人，房屋倒塌 4 万余间。许多村落一片汪洋，甚至武昌城也未能幸免，“学宫水深两丈，二月不退”。

图6.3 湖北宜昌黄陵庙内1860年及1870年洪水碑记

咸丰十年（1860 年）的特大洪水（图 6.3），据历史文献记载主要源自金沙江。光绪《屏山县志》记载，是年“五月二十七水大涨，涌入城中，与县署头门石梯及文庙宫墙基齐。明嘉靖间洪痕刊有字记，此次适与之同”。川江洪峰奔涌而下，在中游受到汉水顶托，无法宣泄，形成流域性特大洪灾。受灾最重的是宜昌地区荆江河段，宜昌城平地水深六七尺。公安县水位高出城墙一丈多，江湖连成一片。江陵县民楼屋脊浸水中数昼夜。据估计，当时长江枝城段洪峰流量约 96000 立方米 / 秒。

清同治九年（1870 年）六月，长江中下游汉江流域和鄱阳湖一带暴雨成灾，湖水满盈。七月上、中旬暴雨移至上游嘉陵江流域，同时，金沙江、岷江、沱江、长江干流区间也产生较大洪水并与之相遇，致使宜昌出现1153年以来最大的一次上游型区域性洪水，洪峰流量高达105000立方米/秒。当上游洪水东下时，暴雨又移向洞庭湖滨湖地区及汉江流域，造成空前洪水灾害。民国重庆《合川县志》载："嘉陵江畔的合川城，是年六月大水入城，深四丈余，城不没者仅城北一隅。登高四望，竟成泽国，各街房倾圮几半，城垣倒塌数处，压毙数十人。"重庆云阳等地也多有相关文献及水文题刻记载（图6.4）。

图6.4　重庆云阳张飞庙1870年洪水题刻

1931年，长江出现流域性洪水，长江上游金沙江、岷江、嘉陵江均发生大水，当川水东下时又与中下游洪水相遇，造成沿江堤防多处漫决（图6.5）。

1935年7月，鄂西五峰、兴山一带和汉江的堵河、丹江流域均发生集中性特大暴雨。其中尤以五峰的1281.8毫米为最大，以兴山的1084毫米次之，是我国历史上著名的"35·7"暴雨的最大暴雨中心。由于暴雨急骤，三峡地区、乌江、清江、澧水、汉江洪水陡涨，宜昌至汉口区间总入流量占汉口总入流量的50%以上，其中洞庭四水和汉江占汉口总入流的比重较其他年份约大10%，清江约大1倍。

图6.5　1931年长江洪水使九省通衢的武汉成为泽国

6.1.2 开封“城摞城”

每一座城市的形成和发展都与所在地的河流水域紧密相关。“七朝古都”开封，是中国著名的历史文化城市，至今已有2700多年历史。它始兴于战国，快速发展于晚唐时代，至北宋达鼎盛。纵观开封数千年历史，盛衰至极，反复变化，与黄河及其支流的历史演变密切相关。至今，从考古发现的“城摞城、墙摞墙、路摞路、门摞门、马道摞马道”等世界奇观，仍然可以清晰触摸古开封因水而兴、因水而衰的历史脉络。

6.1.2.1 水系纵横与开封兴盛

历史时期，开封城是中原大地上的一朵奇葩。尤其是北宋时期，汴河、五丈河、金水河、惠民河等水系均通入城中，发达的水运交通造就了“舳舻相衔，千里不绝”“彩楼相对，绣旆相招”的繁华盛世。这一时期，黄河除个别时期曾经南下汇入淮河以外，大都在现河道以北行河，从汲县、浚县一带，经濮阳、大名等地，由天津附近入渤海。彼时开封离黄河较远，黄河河道本身又较为稳定。开封逐渐由一个地方性城市跃升为全国的政治、经济、文化中心。

鼎盛时期的开封拥有人口约150万，日常消费的粮食、蔬菜、木材、燃料等大量物品，全都依赖穿城而过的汴河水运供给。作为开封城命脉的汴水，每年往返漕船有3000多艘，每年通过汴河漕运的江淮、湖、浙米粮达五六百万石之多，最多时达七八百万石。著名的《清明上河图》所定格的历史瞬间，正是反映了北宋都城东京（开封）在清明时节以虹桥为中心的汴河两岸百业兴盛的社会生活。画中呈现出遍布大街小巷的茶楼酒肆、错落有致的店铺馆阁、络绎不绝的船只、形态各异的居民，以及古雅的拱桥、依依的杨柳，无不显露着汴京无比繁华、热闹的景象。

6.1.2.2 地上河与开封衰落

北宋之后黄河河道南移，使开封城池紧靠黄河险工河段，成为首当其冲的最大受害者。据《开封府志》和《祥符县志》记载，从金明昌五年（1194年）至清光绪十三年（1887年）的近700年间，黄河在开封及其邻近地区决口泛滥达110多次，最多时每年一次，最少也是10年必泛。元太宗六年，明洪武二十年、建文元年、永乐八年、天顺五年、崇祯十五年，清道光二十一年，开封城曾7次被黄河水所淹。灾情最严重的是明崇祯十五年（1642年），李自成围开封，河南巡抚高名衡在城西北17里的朱家寨扒开河堤，妄图淹没义军。洪水自北门冲入城内，水与城平，深2～4丈，全城尽皆为洪水吞灭，人口死亡达34万，城中建筑所剩无几。

黄河是一条独特的河流，一是水少，二是沙多。开封附近的河流大都以黄河为水源，随着黄河的多次决溢泛滥，这些河道都摆脱不了黄河泥沙淤积的严重影响。北宋时期，以黄河汴河为主的“四大漕运”均因黄河的泛滥而在元明时期逐渐淤没，开封逐步成为不通航的城市。水运网络的破坏，使凭借水运枢纽地位逐渐晋升为都城的开封一落千丈，降为地区性政治中心。由于黄河携带泥沙在开封附近大量堆积，河床不断抬高，水位相应上升。为了防止水害，两岸大堤随之不断加高，年长日久，使河床平均高出两岸地面 4 ~ 5 米以上，成为举世闻名的“地上河”（图 6.6）。

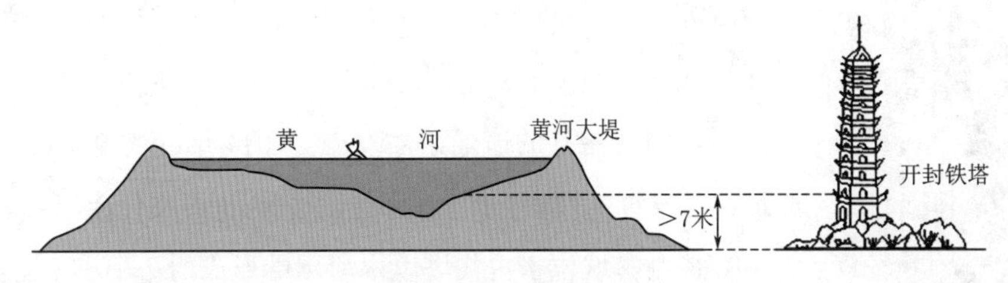

图6.6　开封附近黄河“地上河”示意图

6.1.3　楼兰古国消失

在距今 10000 ~ 7000 年的中石器时代，楼兰古国所处的新疆罗布泊地区就已有了远古的人类活动。“鄯善国，本名楼兰，王治扜泥城，去阳关千六百里，去长安六千一百里。”（图 6.7）根据《史记》的描述，楼兰人在公元前 3 世纪时建立了自己的国家。当时的楼兰受月氏的统治。公元前 177—公元前 176 年，匈奴打败了月氏，楼兰又被匈奴所管辖。楼兰在西汉时有居民 14000 多人，士兵将近 3000 人。张骞通西域时，楼兰是西域三十六国中最负盛名的。根据 20 世纪初瑞典探险家斯文 · 赫定在罗布荒漠的探险发现，以及 20 世纪 80 年代初中国考古队对楼兰古城进行考古发掘

图6.7　楼兰古城地理位置

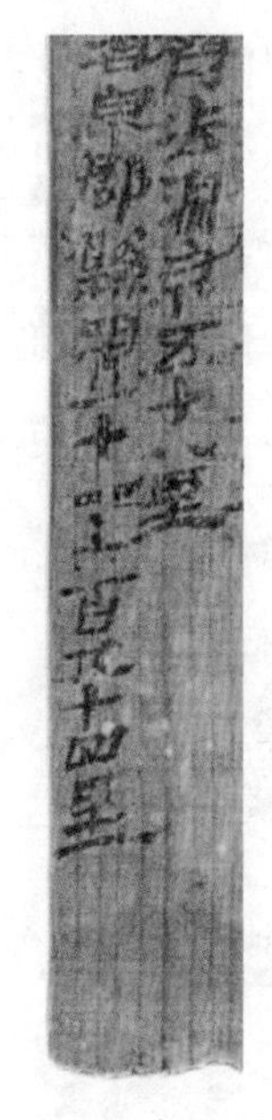

图6.8 甘肃敦煌汉简《驿置道里簿》（西汉晚期或东汉初年，甘肃简牍博物馆馆藏）

的大量文物，包括在古城附近发现的古水道、古农田、古佛塔和古墓葬等遗迹判断，处于鼎盛时期的楼兰城，周围水道纵横，绿树成荫，城中屋宇鳞次栉比。当年作为“丝绸之路”重镇的古楼兰国，曾“立屯田于膏腴之野，列邮置于要害之路（图6.8和图6.9）。驰命走驿，不绝于时月；商胡贩客，日款于塞下”“负水担粮，送迎汉使”（《后汉书·西域传》），可谓商贾云集，贸易繁荣。但繁荣昌盛、闻名遐迩的古楼兰，却在公元5世纪末神秘消失。直至1000多年后的1999年，坐落于新疆若羌县的遗址始才发现。2014年，敦煌汉代邮驿遗址“悬泉置”被联合国教科文组织列入世界文化遗产名录。

楼兰古城位于古代塔里木河尾端形成的一个小三角洲上，在古代罗布泊的西北端。丝绸之路开通后，楼兰作为西出阳关的第一站，历史地成为古代东西交通咽喉和战略要冲，也是中西文化交汇处。魏晋时，楼兰为中原王朝管理西域的最高行政与军事首脑西域长史的驻地，是中原王朝在西域的政治和军事中心。但在公元5世纪前后，楼兰这个昔日文明鼎盛之地转眼成为一片废墟。

图6.9 敦煌汉代邮驿遗址“悬泉置”（左）及其出土汉简（右）

相关研究根据楼兰古国地质时期推断表明：现今古楼兰区域的主要植被蒿、藜等，第四纪初或中期即已在这里繁衍生长，因此荒漠气候环境至少可溯源至第四纪早期和中期。又据《汉书·西域传》载：“鄯善国，本名楼兰……地沙卤，少田……多葭苇、柽柳、胡桐、白草。干旱荒漠气候条件下的特殊树种，大约在1200万年前，已遍布中亚和我国西北地区。胡桐（胡杨）、柽柳（红柳或西河柳）这两种树种都是现今塔里木河下游特有的植被，说明西汉至今楼兰地区的气候变化不大。同时，相关出土文物研究也证明，楼兰地区至少从汉代开始就与今天的气候基本相同。楼兰古国的鼎盛期在东汉末年（公元 2 世纪），它的消亡期在公元 5 世纪。距今 1800 ～ 1600 年，在气候相对稳定的背景下，究竟是什么导致楼兰地区由绿洲变成了荒漠。

楼兰古国位于罗布泊西岸，孔雀河下游。塔里木河北河下游注入孔雀河，孔雀河下游注入罗布泊。塔里木河南河下游注入台特玛湖，然后有多余的水再注入罗布泊。古楼兰是塔里木河南、北两河水流的最终归宿地，也是塔里木河水流减少首先受到影响的地方。塔里木河能否有充足的水源流入孔雀河，再由孔雀河注入罗布泊，这是古楼兰生态安全的关键。

6.1.3.1 遍垦后撂荒造成生态破坏

干旱地区光热资源丰富，只要有水，其农业生产的潜力是最大的。公元前 77 年汉昭帝派军占领楼兰城后，这里的农业生产迅速发展。至公元 8 年西汉灭亡，楼兰的屯田仍然持续不断，并且几乎是荒地遍垦。至唐朝，屯田范围一直抵达塔里木河源头的疏勒。随着垦荒面积的扩大和中、上游农业的开发，用水增加，供不上水的土地被撂荒。固定土壤的植被被取走，撂荒的土地在干旱和风力的作用下，荒漠化的潜在因素被激活，邻近的沙源侵入，导致原有的耕作土壤变得疏散而易流动，并在风力的搬运下不断流失。

6.1.3.2 大规模屯田引发下游干涸

在楼兰屯田的同时，汉朝政府为了抗拒匈奴，自敦煌沿罗布泊沙漠北缘向西北行，在天山南麓的塔里木河中游的轮台、渠犁、伊循建立基地（图 6.10），经营屯田，再从此向东部天山的吐鲁番盆地推进。之后，汉朝政府加快了统一新疆的步伐，西域各国先后臣属汉朝，汉军在西域的屯田迅速发展。随着不断发展屯田，楼兰地区水源不足状况至魏晋时日渐严重。在魏晋出土文书中有诸多记载，如“史顺留矣，口口为

图6.10　古楼兰伊循屯垦遗址（资料来源：新疆若羌县政府官网）

大涿池，深大。又来水少，计月末左右，已达楼兰”。“大涿池”，即“大涝坝”，用以蓄水供灌溉和饮用。至十六国时期，情况愈加严重。公元317—327年，前凉保留了西晋的西域长史，命令所辖军在楼兰地区继续屯田。公元327年，前凉将西域长史改为西域都护，楼兰仍持续屯田，至公元330年。彼时，塔里木河水量已逐年减少，楼兰屯田用水缺乏，粮食减产严重，屯田军口粮供给日益紧张，不得已而减少官兵口粮供应标准。更为严重的是公元330年后，由于塔里木河“改道”干涸，楼兰城水源断绝，楼兰屯田终止。

6.1.3.3 荒漠化袭来

根据中国科学院新疆土壤沙漠研究所和新疆林业科学院研究：林草植被具有显著的降低近地层风速、阻截流沙的作用。植被的破坏，尤其是森林的破坏，实质是撤掉了阻截风沙入侵绿洲的屏障，为荒漠化在绿洲的发展创造了先决条件。楼兰城的农业开发，正是在第一阶段荒地遍垦，造成了原有土地上经过亿万年进化演替而留存下来的野生植被系统被破坏，而开荒后生产的农作物又被人类取走，致使地表完全裸露。之后，中、上游持续跟进开发增加用水，造成下游缺水，以致断流，导致水资源分配格局发生变化，使新植被无法生长，从而为风蚀或风沙侵入形成无阻力长驱直入的条件。

曾经繁荣而辉煌的楼兰古国，如今荒凉广漠，只留下平坦的黏土层记载着这儿曾是湖泊，白色的盐碱地预示着这儿曾有过碧绿。文献记载此地曾有野骆驼、野马、黄羊、新疆虎等野生动物，伴随着湖水的干涸逐渐消失殆尽。古楼兰遗址出土残纸文书，见图6.11、图6.12。

课后习题 6.1

课后习题 6.1 答案

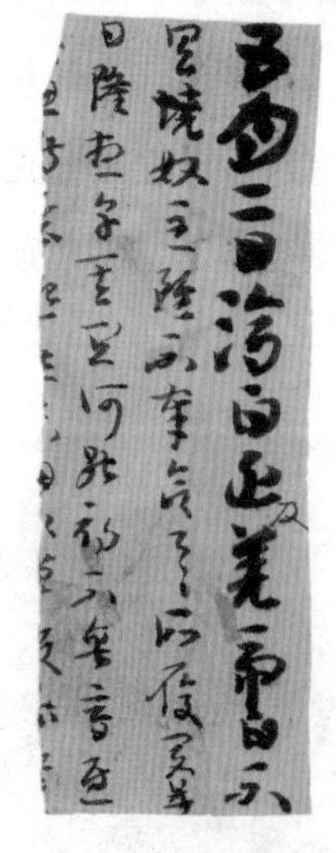

图6.11 古楼兰遗址出土残纸文书《济白帖》（长23.0厘米，宽8.0厘米，瑞典斯德哥尔摩瑞典国立人种学博物馆馆藏）

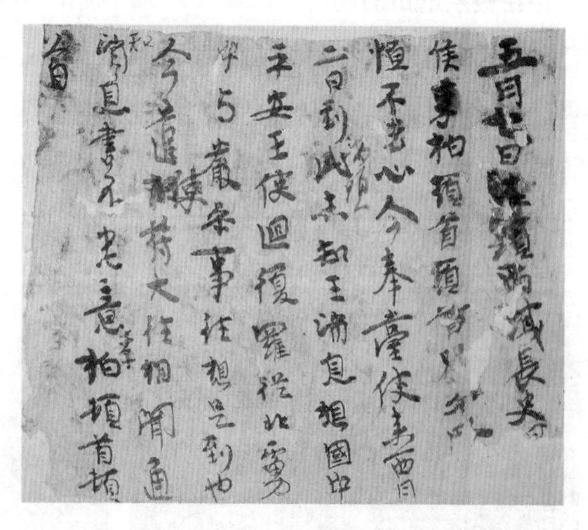

图6.12 古楼兰出土残纸文书《李柏文书》之一（长23.0厘米，宽27.0厘米，日本龙谷大学图书馆馆藏）

6.2 节水管理带动沙漠农业腾飞

❶ 以色列沙漠农业的典型范示。

❷ 沙漠农业综合节水体系构建。

学习思考

❶ 节水需要政府和市场两手发力。

❷ 从节水农业发展实践，体悟人与水、人与自然是生命共同体。

水是人类赖以生存和发展不可或缺的宝贵资源，也是支撑人类社会可持续发展的基础条件。国家的存在和发展离不开水，充足的水资源可加速经济持续发展，提高人民生活水平，美化生态环境。然而，随着世界各国经济和人口的增长，水资源短缺已经成为全球性问题。一方面城市水资源的缺乏随城市化的高速发展日益严重，大量开采地下水导致地面沉降；另一方面水资源又存在着严重的污染和浪费。联合国在 1997 年《对世界淡水资源的全面评价》报告中指出"缺水问题将严重地制约世界经济和社会发展，并可能导致国家间的冲突"。因此，要促进一个地区的可持续发展，必须首先对水资源进行合理开发利用。以色列沙漠农业腾飞，正是对水资源合理开发利用的典型范示。

以色列人口密度很高，2014 年已达 319.03 人 / 平方千米。但是，它的土地资源却十分贫瘠，国土总面积的 45% 是沙漠，另一半不是高山就是森林，只有不到 20% 的土地是可耕地，其中一半又必须经过灌溉才能耕种。以色列的水资源也极其贫乏，是世界上人均占有水资源最少的国家之一。然而，面对恶劣的自然环境，以及阿以冲突持续不断的周边环境，以色列却实现了农业的高速和可持续发展。近 20 多年来，农业总产值年增长率始终保持在 15% 以上，不仅以占总人口不到 3% 的农民供给全国农林产品，而且每年还出口价值约 13 亿美元的农业产品。农业产值占其国民总产值的 2%，占全国出口总值的 7%。由于农产品大量销往欧洲，因之享有"欧洲厨房"的美誉。联合国粮农组织及其他国际农业机构，纷纷向许多国家推荐以色列农业发展的先进经验。

6.2.1 昔日以色列

以色列位于西亚黎凡特地区，地处地中海东南沿岸，北靠黎巴嫩，东邻叙利亚和约旦，西南连接埃及。它的总人口约855万，国土面积25740平方千米（实际控制区），其中60%以上的国土为年降水量在300毫米以下的荒漠，自然条件严酷。以色列西部是地中海，东面有死海和约旦河，南部一片沙漠，北部崇山峻岭，气候、土质、地形十分复杂，亚热带气候和沙漠气候并存，沙丘戈壁与冲积土壤相连，地势从海拔-400米一直升高到1200多米，为世界所罕见。“在所有景色凄凉的地方，这里无疑堪称首屈一指。山上寸草不生，色彩单调，地形不美。一切看起来都很扎眼，无遮无拦，没有远近的感觉——在这里，距离不产生美。（图6.13）这是一块令人窒息、毫无希望的沉闷土地。”以色列首任总理本·古里安，1906年第一次巡视他未来的国土时，踏上的就是美国著名作家马克·吐温笔下的这片毫无生机的荒漠。1953年，67岁的本·古里安辞去总理一职，来到沙漠之城比尔谢巴附近的萨德博克基布兹定居，日出而作，日落而息，立誓“让沙漠盛开鲜花”。

图6.13　以色列内盖夫沙漠景观

以色列水质不好，很多人日常饮用的是经过净化处理的瓶装水。一瓶0.5升的水价格是2.75谢克尔，相当于人民币5.5元，而货架上一瓶同样体积鲜奶的价格则只有2.45谢克尔，相当于人民币4.9元。以色列人均水资源占有量为400立方米，水比牛奶贵。在以色列的历史故事、宗教观念和风俗传统中，敬水是非常重要内容。在以色列各级各类学校，节水教育也是学校教育中的重要环节。在这个国家，到处可见节约用水的招贴画和广告语，提醒公民树立节水意识。20 世纪 50 年代末期，以色列建国不久就制定了具有前瞻性的《水法》《水计量法》等法律，将节水作为国家意志贯彻执行。凡在以色列发现的一切水资源，均属国家公共财产，即便是从天而降的雨水，也归国有。若未经许可擅自使用水资源，将受到法律的制裁。对于水资源的使用，以色列对每一滴水都进行了规划和管理，每个水泵和钻孔取水，都需要得到法律的许可。

而今，同样是这片经历了千年洪荒的内盖夫沙漠，自建国以来，农产品产量增长了 12 倍。万余公顷的沙漠绿洲点缀其间，每公顷温室一季已可收获 300 万支玫瑰，1 公顷温室西红柿产量最高达 500 吨。唯一没有改变的是，这里的年降雨量依旧不足 180 毫米。

6.2.2 节水创造奇迹

传统经验认为，资源、技术、资金、管理是经济发展的四大引擎，它们在经济开发成效中的份额比大体是 40 : 25 : 25 : 10，即资源最重要（占 40%）。这种思维模式曾严重制约以色列的发展，因为以色列没有大片的肥沃土壤和丰富的水资源。现在，以色列人通过艰苦实践改变了观念，认为这四个要素按其重要性应该倒置过来排列，主导的、决定意义的因素是人的管理、人的素质，其次才是筹划资金、寻找技术、开发资源。以色列人在干旱荒芜的土地上将原始经济转化为现代经济，创造了全世界首屈一指的节水农业。

6.2.2.1 推广滴灌与微灌

滴灌与其他灌溉技术相比有许多好处，滴灌可用于长距离和坡地灌溉；肥料可以与水一起直接输送到植物根部附近的土壤中，节约水和肥料；由于水和肥料集中在植物的根系部分，减少了杂草的生长；直接将水输送到根系附近的土壤中，水的蒸发极微，大大提高了水的利用率；滴灌避免了水与叶子的直接接触，可以用微咸水灌溉而不灼伤叶子；在用微咸水灌溉盐碱地时，可以冲走根部的盐分，避免根部盐分的积聚（图 6.14）。研究表明，地表灌溉水的利用率仅为 45%，喷灌为 75%，而滴灌可高达 95%。发明滴灌以后，以色列农业用水总量 30 年来一直稳定在 13 亿立方米，而农业产出却翻了 5 番。以色列喷微灌溉面积占灌溉面积的 100%，喷微灌中滴灌比例已达 70%。最近几年还推出了低耗水滴灌技术、脉冲式微灌技术、地下滴灌技术等（图 6.15）。

以色列的阿什科隆海水淡化厂是全球第二大反渗透法海水淡化工厂，每天生产 1.18 亿立方米饮用水，年生产用水占以色列年用水需求量的 55%，成本仅为 0.53 美元 / 立方米。

图6.14 滴灌系统（水、肥、农药一体化直输作物）

图6.15 自动化移动喷灌

6.2.2.2 收集露水

Tal-Ya 水科技开发了可重复使用的塑料托盘，这种托盘从空气中收集露水，将作物或树木所需的水减少高达 50%（图 6.16）。由非 PET 回收和可回收的塑料与紫外线过滤器和石灰石添加剂制成的方形锯齿托盘，围绕每棵植物或树木。随着过夜的温度变化，Tal-Ya 托盘的两个表面都会形成露水，这会使露水直接凝结到根部。如果下雨，托盘会提高每一毫米水的效果 27 倍。

发明家和首席执行官 Avraham Tamir 解释说，托盘也阻挡了太阳，所以杂草不能扎根，并保护植物免受极端的温度变化的伤害。“农民需要更少量的水，且农作物需要少量肥料”，这意味着地下水污染减少。

图6.16　Tal-Ya托盘吸收每一滴露水

6.2.2.3　强化废水再利用

随着水资源的日益紧缺，以色列每年所需的近30亿立方米的水资源，分别依靠淡水、咸水和污水再利用三种水源。以色列重视研究利用废水进行农田灌溉的再循环利用，并获得很大成功。他们将废水通过不同的过滤装置，降低其污染物质和细菌含量，使废水变为适宜灌溉的水源。灌溉时，综合考虑水质、土壤质地与状态，制定个性化灌溉策略，遴选匹配的作物，以利于水中物质的分解和避免地下水质的污染。以色列目前已将污水中的70%用于农业灌溉，称之为"污水农作"。这样，不但充分利用了水资源，还避免了污水、废水污染损害环境。

沙夫丹污水处理厂是以色列最大的污水处理厂，负责本地区200多万人口生活废水的处理。设备和装置每天24小时运转，收集和处理各大城市产生的各种污水，每天从这个日处理能力30多万吨的污水处理厂里流出的水，通过第三条管线，被导入到几十个分布于内盖夫沙漠不同地区、用于农业灌溉的水库。泵站控制中心根据各地农业用水的需求情况，以及各水库贮量，及时调配水资源。

6.2.2.4　实施产业化节水

20世纪80年代伴随塑料工业的发展，围绕节水灌溉技术，以色列研制、开发和生产多品种、多规格系统化节水器材和设备，促进了滴灌系统工业兴起，形成了完整的节水灌溉设备行业，出现了NETAFIM和NAAN–DAN两大现代灌溉和农业系统公司。目前，NETAFIM公司已成为以色列最大的农业综合公司，世界最大的滴灌系统产品专业厂家，其产品包括各种规格的节水灌溉设备及配套产品。NAAN–DAN公司的产品包括微喷灌系统、滴灌带等。目前，以色列的节水技术设备居世界领先水平。

6.2.2.5 研发节水作物

以色列农业科学的研究紧紧围绕节水这一中心环节进行，开发了许多需水量极少的作物，以及能依靠微咸水茁壮成长的作物和花卉品种。过去一直认为，盐水，即使是微咸水也不能用于灌溉。然而，极其缺水的以色列却被迫开始了利用微咸水进行农业灌溉的开发应用研究。20 世纪 60 年代成功开发的滴灌系统，解决了水中所含盐分在作物根系附近停留积聚等问题，使得微咸水灌溉成为可能。研究发现，棉花、西红柿和西瓜可以轻易地接受最高浓度达 0.41% ~ 0.47% 的微咸水浇灌。微咸水灌溉的作物在产量上会有所下降，但产品质量却得到提高。如：微咸水灌溉的甜瓜甜度增加，瓜形变得更有利于出口；而西红柿的可溶性总物质含量提高，甜度增加。以色列利用淡化咸水进行灌溉的面积达到 45000 公顷。

6.2.2.6 构建精准节水管控体系

以色列对灌水、栽培、植保、施肥和高产品种使用非常精确。建立了计算机控制灌溉时间、灌溉量的水肥联合调度系统。选取优质高产、耗水量少、抗病抗虫、耐盐的适于不同土壤、不同气候条件下的作物品种。为降低生产成本、环境保护、人类健康和农业可持续发展，近年来大量减少化学农药的施用，转而运用综合生物害虫防治技术。

以色列针对自身水源贫乏，推广滴灌与微灌技术，并采取了一系列经济用水的措施，把有限的水纳入全国统一的水网体系——全国输水工程，有计划地收费供水，不再使用大水漫灌技术。以色列的鲜果产品，如柑橘、橄榄、番石榴、芒果、香蕉、荔枝、柿子、苹果、梨、樱桃、柠檬、柚子等（图 6.17），可一年四季供应世界五大洲的食品店，西欧市场 3/4 的油梨是以色列生产的。

图6.17　荒漠中的橄榄树林

从20世纪60年代起，以色列相继成立了若干家滴灌设备公司（图6.18），并不断优化技术。以色列的第五代滴灌设备，附加了一个过滤器，用以调节水压和污水净化。

图6.18　以色列滴灌设备

课后习题 6.2

课后习题 6.2 答案

如今的以色列大地遍布管道，公路旁蓝白色输水干管连接着无数滴灌系统。大田地头是直径1米多的黑塑料储水罐，电脑自动把掺入肥料、农药的水渗入植株根部。以色列的污水利用率超过了90%，水资源利用率也将近90%，大大高于高效用水的日本（30%）。由于一系列新技术的应用，数十年来以色列的农业淡水用量逐年减少，农产品的销售利润却直线上升。

由于淡水资源十分珍贵，以色列因地制宜地在各地修建各类集水设施，尽一切可能收集雨水、地面径流和局部淡水，供直接利用或注入当地水库或地下含水层。从北部戈兰高地到南部内盖夫沙漠，全国分布着无数集水设施，每年一般收集1亿～2亿立方米水。以色列已成为世界上循环水利用率最高的国家，处理后的污水1/3用于灌溉，约占总灌溉水量1/5。应用面积从20世纪70年代的1620公顷扩大到90年代中期的36840公顷，现在，以色列每年大约有3.2亿立方米的废水经过处理以后用于农业生产，分布在城镇周围的果园主要用污水灌溉。

以色列实行水资源国家所有和管控，大力开展节水宣传和培训，研发和应用节水技术，在农业方面采用高效节水灌溉技术，并形成了特有的滴灌节水技术；充分利用现有常规水资源，并创新海水淡化和污水处理回用技术，提升灌溉水资源量。这一系列措施使不足总人口5%的农业经营者，在水资源严重匮乏的情况下，不仅养活了国民，还大量出口优质家产品。严重缺水的以色列（图6.19），在国家水资源管理，以及节水技术、海水淡化技术和再生水处理利用技术等方面，越来越受到世界关注和效仿。

图6.19　以色列现代城市风貌

6.3　“黄金水道”领跑世界经贸

6.3

“黄金水道”领跑世界经济贸易

本节重点

❶ “黄金水道”的典型范示。

❷ “黄金水道”领跑经济发展。

学习思考

❶ 阐释“黄金水道”对区域经济发展的重要意义。

❷ 体悟水运与政治、经济、社会发展的关系。

“黄金水道”是指水运便捷、货运量大、对区域经济发展具有重要意义的河流、运河和海峡。长江、密西西比河、莱茵河、巴拿马运河、苏伊士运河、马六甲海峡、霍尔木兹海峡等，都是世界上著名的“黄金水道”。

6.3.1 密西西比河

密西西比河（Mississippi River）是北美洲流程最长、流域面积最广的水系。“密西西比”在当地印第安语中意为“大河”或“河流之父”。全长6262千米，为世界第四长河。流域面积322万平方千米，涵盖美国31个州和加拿大的两个省，占美国国土面积的1/3以上，约占北美洲面积的1/8。汇集了共250多条支流，形成巨大的不对称树枝状水系。其中，密西西比河干流长3950千米，流经明尼苏达、威斯康星、艾奥瓦、伊利诺伊、密苏里、肯塔基、田纳西、阿肯色、密西西比和路易斯安那等10个州。此外，密西西比河还拥有两条重要的通航支流：东侧的俄亥俄河是流量最大的支流，长1579千米，流经宾夕法尼亚、俄亥俄、西弗吉尼亚、印第安纳和肯塔基5个州；西侧的密苏里河是最长的支流，长达4125千米，流经蒙大拿、北达科他、南达科他、内布拉斯加、艾奥瓦、堪萨斯和密苏里等7个州。1997年，密西西比河干流流经各州的地区生产总值占全美GDP的16.4%；俄亥俄河和密苏里河流经各州分别占11.9%和4.4%，三者合计共占29.2%。密西西比河作为高度工业化国家的中央河流大动脉，已成为世界上最繁忙的商业水道之一。密西西比河黄金水道及其流域具有显著的资源优势。

6.3.1.1 流域资源

根据2013年美国国家航空航天局（NASA）运用MODIS/Terra卫星收集的土地覆盖数据，按照国际地圈生物圈计划确定的土地覆盖类型分类标准，发现密西西比河流域主要土地覆盖类型为牧场，主要分布于流域西部地区；其次是作物，分布于流域中部、干流沿岸；森林主要分布于流域东部地区（图6.20）。

1. 矿产资源丰富多样

丰富多样的矿产资源是密西西比河流域开发的重要物质基础。中上游的肯塔基、西弗吉尼亚、伊利诺伊、密苏里、印第安纳等州具有丰富的煤炭资源，再加上附近高品位的铁矿石，造就了以匹兹堡为代表的一批钢铁工业城市。明尼苏达、威斯康星、密苏里和田纳西则是美国重要的有色金属产地，加上密西西比河流域充足廉价的水电，形成了诸如圣路易斯这样的冶金中心。而下游的路易斯安那则是美国三大石油产地之一，为美国经济发展提供了源源不断的动力。

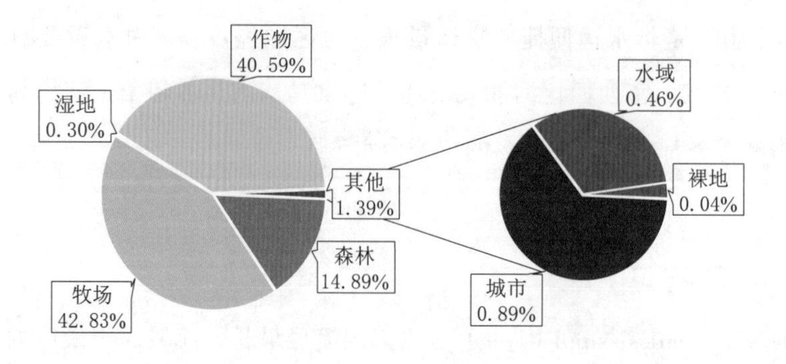

图6.20　2013年密西西比河流域土地覆盖类型占比

2. 航运资源便捷廉价

密西西比河干流可从河口航行至明尼阿波利斯，航道长3400千米。除干流外，有50多条支流可以通航，现有通航里程约16600千米。其中水深在2.74 ~ 3.66米、3.66 ~ 4.27米、4.27米以上的航道里程分别约为9180千米、1370千米和500千米。海轮可直达距河口395千米的巴吞鲁日。密西西比河上游经伊利诺伊运河与圣劳伦斯河航道相通，下游自新奥尔良港经墨西哥湾沿岸水道可达墨西哥边境和佛罗里达半岛南端，形成四通八达的水运交通网，使密西西比河成为美国内河航运的大动脉。除干流上游及支流伊利诺伊、密苏里河1—2月结冰外，全年皆可通航。沿岸主要港口有圣路易斯、孟菲斯、巴吞鲁日和新奥尔良等，流域内水力蕴藏量为2630万千瓦，开发程度较高。

据美国研究，一个由15艘1500吨驳船组成的船队，其载重量相当于2.25列分别由100节车皮组成的火车或870辆大型卡车的载重量。同时，内河运输的运费与铁路、公路的运费之比却约为1 ： 4 ： 30。密西西比河便捷廉价的航运资源，极大地促进了密西西比河流域的发展。

目前，密西西比河的年货运量超过10亿吨，占全美内河货运总量的60%以上，美国一半左右的谷物出口是通过密西西比河运输的。可见，密西西比河在美国综合交通运输体系中占据重要地位（图6.21）。

3. 农业资源得天独厚

河流的穿越不仅带来便利的航运，也滋润了沿岸的良田与森林，更催生了各具特色的城市与截然不同的区域经济。密西西比河流域得天独厚的农业资源是美国西进运动得以成功的保证。当第一批移民越过阿巴拉契亚山后，很快就发现了这一片神奇的土地：肥沃的土壤、适宜的气候、便利的灌溉、广阔的牧场。于是，美国的农业开始迅速发展。

图6.21　位于巴吞鲁日的水资源研究总部（海湾与三角洲对策中心）

20世纪初，美国政府从堤防、水库、蓄洪区、整治河道和水土保持等多方面采取措施互相配合，以“控制洪水”为目标启动了综合性工程。如今，密西西比河抵御洪水的能力大大加强，沿岸农民充分利用河水带来的肥沃土壤，兴建了许多大型农场。与此同步，为控制众多支流流量还因地制宜修建水电站。当多措并举发挥作用时，昔日的灾难之河成为黄金水道和能源之河。

密西西比河中下游广袤的农场已然成为美国的粮仓。在下游，由于河道变宽，河水平缓，河水裹挟而来的肥沃冲击土和更加温暖的气候条件，使农场成为下游的支柱产业。仅田纳西州就有大约8万个农场，年产值超过24亿美元，其中棉花种植占据相当大一部分。今天，美国能够成为世界上最主要的小麦、玉米、大豆等农作物以及肉、蛋、奶等畜产品的生产国，绝大部分应归功于密西西比河流域的农业发展。同时，便捷的水上交通和众多的港口城市也为美国成为世界上最大的农产品出口国提供了条件。因此，美国的兴起首先是一个农业帝国的兴起，然后才成长为一个工业帝国。并且在成为工业帝国之后，农业始终没有衰落。显然，密西西比河流域广袤的土地和丰沛的水资源，构成了这个农业帝国的核心。

6.3.1.2　水利开发

密西西比河干流的治理开发主要是防洪和航运。防洪方面采取的主要措施包括筑堤、开辟分洪道、裁弯取直以及适当利用支流水库拦洪等。航运方面采取整治与疏浚相结合而以整治为主的原则，运用双导堤束水增加流速，并辅以疏浚。

支流俄亥俄河流域是美国经济开发最早的地区之一，因为是密西西比河下游洪水的重要来源，其防洪措施主要依靠支流中小型水库拦洪并辅以地方性防洪工程。

二级支流田纳西河流域，处于暴雨区，中游查塔努加市地势低洼，常受洪水威胁。天然状况下，干流有诸多滩险，最大的急流滩为马塞滩，37 千米河段内落差达 30 米，流域内水力资源丰富。至 1950 年，已建成 31 座水电站，总容量 332 万千瓦，修建水库 43 座，总库容 290 多亿立方米。罗斯福当政期间，美国联邦政府成立田纳西流域管理局，负责统一开发田纳西流域。近年来，管理局在水利工程方面工作包括：对老水电站改造，使之现代化；按新的设计洪水标准，加固大坝保障安全；改善水库水质，提高溶解氧水平等。

支流密苏里河流域经济发展相对缓慢，主要发展农牧业，农产品以小麦、玉米为主。流域开发较迟，干流已建成 6 座水库，总库容 933.3 亿立方米，支流上计划修建 96 座支流水库，现已建成 35 座，其中黄尾、金斯利等水库较大。

6.3.1.3 航道物流

18 世纪末，美国工业革命开始兴起。19 世纪中期工业革命完成后，美国迅速崛起。密西西比的河运系统在工业革命中立下了汗马功劳，成为美国工业化的见证者。彼时，美国的工业革命始于纺织行业，南北战争后迅速扩展至以煤炭和钢铁为主的重工业。煤铁复合体的工业布局成为当时的主流，密西西比河上那一艘艘满载着钢铁煤炭的大货轮，承载着美国崛起的梦想。

1811 年，“新奥尔良”号汽轮首航密西西比河成功。19 世纪中期，巨大的蒸汽轮船成为密西西比河流域最重要的运输工具。当时，五大湖因丰富的煤炭和铁矿资源以及便利的水运成为重工业中心。1848 年开通的伊利诺伊—密歇根运河将美国国内的五大湖和密西西比水道联系起来，美国西北部的资源被源源不断地运送到重工业中心。

第一次世界大战后，美国崛起为新兴工业强国。笨重危险、冒着浓烟的蒸汽船被轻型安全的铁驳船代替，漂浮在宽阔河面的大型运输船队成为现代密西西比河河运的亮丽风景。这种船队只需一艘 5000 匹马力的动力船牵引，就能带动相当于九节车厢的货物。为了保障航道畅通，后来又在双子城和圣路易斯之间修建了大量船闸和大坝，使巨轮也可以在上下游之间通行了。

密西西比河经过近百年的整治，目前大部分航道水深在 2.74 米，流域各船闸长度统一为 183 米和 366 米。密西西比河航道系统大致经历了 3 个阶段：第一阶段从 1824 年通过有关整治密西西比河河道的法令，起初的 60 年间，主要是清理河道中的树桩、沙洲和礁石；第二阶段始于 1878 年，在密西西比河上建设 1.35 米深的航道系统，进入了以船闸和水坝等渠化河道的阶段。1907 年，又批准建设 1.8 米的航道系统，到 20 世纪 20 年代末基本实现了一个整体航道系统；第三阶段从 30 年代开始，分段进一步加深航道。以俄亥俄河为例，1929 年实现全河渠化时，水深 1.8 米，共修建了 46 个船闸梯级。到 70 年代末，全河航深 2.7 米，用 20 个船闸梯级代替了原来的 46 个。计划到 2020 年，将航深提高到 3.65 米，并开辟连接五大湖的新水道。这些规划对密西西比河水系航运的开发起到了十分关键的作用。

密西西比河最大可通航 2000 吨级自航船，而顶推船队最大可达 8 万吨，与自航船相比，优势十分明显（图 6.22）。因此，顶推分节驳船队成为密西西比河水系的主要运输方式。美国出口粮食中 50% 的玉米和 40% 的大豆，通过密西西比河的顶推驳船队从北方中部的主产粮区运往下游港口，销往国际市场。目前，密西西比河水系的推轮、驳船和船闸尺度均已实现标准化，极大促进了美国内河航运发展。

图6.22　密西西比河上的顶推船队

6.3.2 巴拿马运河

巴拿马运河位于中美洲的巴拿马，横穿巴拿马地峡，是连接太平洋和大西洋的重要航运要道。巴拿马运河由巴拿马共和国拥有和管理，属于水闸式运河，其长度从一侧的海岸线至另一侧海岸线约为 65 千米。

6.3.2.1 战略要冲

素有“世界桥梁”和“黄金水道”美誉的巴拿马运河的运营使用，彻底改变了海

上交通线的走向。它不仅缩短了两大洋之间的航程，而且缩短了美国与加拿大东西两岸之间，美国东海岸与东亚之间，以及中、南美洲各国之间的航程，是世界上最具有战略意义的人工水道之一。

行驶于美国东西海岸之间的船只，原先不得不绕道南美洲的合恩角（Cape Horn），使用巴拿马运河后可缩短航程约15000千米（8000海里）。由北美洲的一侧海岸至另一侧的南美洲港口也可节省航程多达6500千米（3500海里）。航行于欧洲与东亚或澳大利亚之间的船只经该运河也可减少航程3700千米（2000海里）。巴拿马运河水深13～15米不等，河宽152～304米。整个运河的水位高出两大洋26米，设有6座船闸。船舶通过运河一般需要9小时，可以通航76000吨级的轮船。

运河区曾是美国在海外的最大军事基地之一。在军事方面，美国将巴拿马作为控制拉美的前哨站以及向全球输送海上力量的重要战略支点。美国在运河区先后建立了十多座军事基地或要塞，并成立了"加勒比海司令部"，后又扩大为"南方司令部"，负责美国本土以外西半球的三军行动。冷战时期，有6.5万名美军官兵和数千名文职人员部署在运河区内。早在第一次世界大战时期，运河区内就修筑了许多军事设施。对着巴拿马湾的小岛上建有固定海岸炮台，在闸室和水坝附近设有高炮和雷达。第二次世界大战期间，美军又在运河区以外的巴拿马领土上建立了134处军事设施。战后，虽然陆续撤销了多处基地和设施，但始终保持着14个规模比较大的军事基地和训练中心，美军七大总部之一的南方司令部也设在这里。1989年12月20日，美军入侵巴拿马的行动之所以比较迅捷，就是依靠了运河区内的克莱顿堡等美军军事基地。目前，对于巴拿马而言，美国对其仍有巨大的影响力。在经贸方面，美国是巴拿马最大的贸易伙伴，双方2007年签署了自由贸易协定。同时美国也是巴拿马运河的第一大用户。在安全方面，两国长期开展反毒和反恐合作。21世纪以来，美国持续在巴拿马重建军事基地。2002年，美巴达成协议，规定巴拿马的港口和机场可以被美国武装力量"使用"。2009年10月，巴拿马总统马丁内利宣布向美国转让两个海军基地。

事实上，运河通航后，美国即对运河实行殖民统治，逐步将运河区基地化。靠近太平洋一侧建有克莱顿堡、阿马多堡、巴尔博亚、罗德曼等基地，靠近大西洋一侧有谢尔曼堡、科科索洛等基地。长期以来，巴拿马人民为收复运河区主权进行了不懈的斗争，终于在1977年9月7日迫使美国签订了新的《巴拿马运河条约》和《关于巴拿马运河永久中立和经营的条约》。条约规定：到1999年年底之前，运河管理机构由巴、美两国组成的委员会共同领导；至1999年12月31日期满后，巴政府收回运河区领土主权。但巴拿马运河作为美国“国家防卫安全圈”和“经济利益安全圈”的事实，并未改变。

6.3.2.2 经济晴雨表

巴拿马运河位于中美洲巴拿马共和国境内中部，该运河地处巴拿马地峡最狭窄的地段：北有注入加勒比海的恰格雷斯河，南有注入太平洋的格兰德河，中间有加通湖，又有塔瓦萨拉山和圣布拉斯山之间的缺口（图6.23）。运河正是利用这些有利条件，凿通两山之间的缺口而建。巴拿马运河于1914年8月基本完工，次年通航，并于1920年正式向国际开放。运河的通航，使太平洋和大西洋之间的航程大为缩短，比绕道麦哲伦海峡整整缩短了5000～14000千米，使其独具重要的经济和战略价值。20世纪80年代初，每年有1.4万多艘次、近1.6亿吨的货物通过运河，货运量占世界海上货运量的5%。全世界有60多个国家和地区使用运河，其中美国居首位。主要运输货物有谷物、煤、焦炭、石油、矿石、木材等。

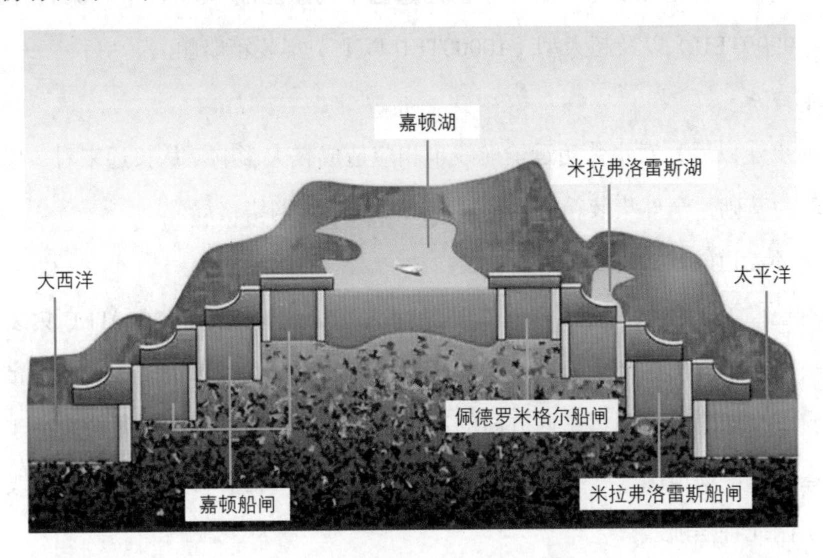

图6.23　巴拿马运河航道示意图

巴拿马运河的交通流量是世界贸易的晴雨表，世界经济繁荣时交通量就会上升，经济不景气时就会下降。1916年，通过船只807艘，属历史最低。1970年交通量上升，通过各类船只高达15523艘，当年通过运河的货物超过1.346亿公吨（1.325亿长吨）。2004年总共有14035艘船只，总吃水2.67亿吨通过巴拿马运河。在运河的国际交通中，美国东海岸与东亚之间的贸易居于最主要地位。通过运河的主要商品种类是汽车、石油产品、谷物，以及煤和焦炭。

1999年，运河主权完全交还巴拿马。过往船只通过运河的全程需花费10小时，

平均每艘船通行费约为13430美元。至2014年扩建结束，通航100周年时，巴拿马的运河收入增加1倍，成为该国三大经济支柱之一。

6.3.2.3 海运新格局

与之前用4500TEU左右的集装箱船通过巴拿马运河的全水路运输成本相比较，巴拿马运河扩建以后用8000TEU规模为主集装箱船（甚至可用12000TEU的集装箱船），使成本大幅下降。东北亚至美国东海岸线路上的所有运输服务，与苏伊士线路相比，巴拿马运河使航运公司能够更多降低成本。

1. 船型

运河的扩建，重点在建设一个深度60英尺、宽度190英尺、长度1400英尺的船闸，可以容纳12000TEU集装箱船舶的通行。巴拿马运河扩建计划的实施，很快对造船市场产生影响，船东纷纷开始购买和融资建造与扩建后的巴拿马运河相匹配的船型，从近年的数据统计看，各型未来确定能够在新运河通航的经济型船舶成交极其火爆，这些经济型船舶主要是指目前的超巴拿马型船舶（5000 ~ 7999TEU）、大型（8000 ~ 9999TEU）以及超大型（10000TEU以上）集装箱船舶。

2. 航线

运河扩建以后，对集装箱运输航线也相应造成较大影响。从长远来看，以巴拿马运河扩建为基础，全球集装箱海运将形成更广的航线网络格局。

（1）环赤道航线。

随着巴拿马运河的扩建，航运公司使用大容量的8000 ~ 12000TEU集装箱船舶建立了来回两个方向的环赤道航线。在运河扩建后，更高效率的航运“枢纽带”以更低成本支撑全球集装箱货运东西方向的运输贸易。赤道航线网络的设置取决于航运公司的航运服务市场情况，并不意味着几种不同挂靠港口都有可能沿着这条路线。

（2）南北钟摆航线。

这些集装箱航线是作为支线的模式存在，如南美/北美，非洲/欧洲或澳大利亚/亚洲等。当环赤道航线上配置8000 ~ 12000TEU等大型集装箱船舶后，需要支线南北钟摆式航线作为支撑航线网络。从全球布局来看，形成南北钟摆式航线的缘由在于南北区域国家的近洋贸易或者货物集疏运沿纬度序列的港口，扩大与环赤道航线转运的机会和规模。

（3）跨洋钟摆航线。

通过钟摆式航线衔接大洋两边的港口群。巴拿马运河的畅通，使跨洋航线衔接更加有效和灵活。三个主要链接航线布局在太平洋、亚欧（通过印度洋）和跨大西洋。

中国因素及其工业化，使亚洲和欧洲的航线衔接尤为重要。巴西、印度和中国等“金砖五国”成员的外向型经济，将有力提升促进这些跨洋钟摆式航线的活跃度。

课后习题 6.3

课后习题 6.3 答案

（4）区域运输网络。

在南亚、地中海和加勒比等区域内部构建区域中转运输支线网络，支线连接区域港口系统和环赤道大洋航线，形成“干支结合”的“轴辐式”全球集装箱海运航线网络。支线负责区域内部集装箱货物的集疏运，并在环赤道航线上中转至远洋运输。

3. 港口

历史上巴拿马运河一直担任越洋贸易和北美东、西部海岸之间的港口运输的“纽带”。这种“纽带”角色在港口运河扩建后，将伴随南美贸易的经济一体化推进和北美自由贸易协定推行而发挥更大的作用。

（1）北美区域港口系统。

该系统有三个海岸港口群即太平洋港口群（美西岸港口群）、大西洋港口群（美东岸港口群）和海湾港口群。随着运河的扩建，原来的内陆铁路运输至美东港口的集装箱货物运输将受到挑战，从而导致美西岸的港口发展将受到一定负面影响，但东海岸和海湾港口群则迎来发展的契机。

（2）南美区域港口系统。

南美区域两岸港口的衔接并不像北美区域的集疏运发达，内陆的铁路等集疏运系统无法实现两岸港口的互动和竞争。巴拿马运河扩建将进一步有效衔接两岸的港口，对港口竞争和布局设置就有较大的影响。

（3）中美 / 加勒比区域港口系统。

巴拿马运河是这一区域实现港口转运的主要通道。该区域具有较小的经济腹地，除了古巴和哥伦比亚等国家贸易相对活跃，其他地域经济发展不活跃，贸易环境不理想。新的巴拿马运河将增强对这一区域的影响力和辐射性，有利于发掘区域的港口发展潜力。

6.4 治水工程助推母亲河奔向未来

❶ 两大工程背景与工程概况。

❷ 建设关键节点与战略价值。

❶ 思考两大工程的利用保护与可持续发展前景。

❷ 在水利工程建设中，如何统筹水电开发和生态保护的关系。

中华人民共和国成立以来，成功实施了一大批国家战略工程，如“156项”工程、“两弹一星”工程、长江三峡工程、青藏铁路工程、载人航天工程、南水北调工程等，有力推进了区域经济快速协调发展，极大地提升了国家的综合实力和核心竞争力，对中国特色社会主义建设具有举足轻重的作用。其中，长江三峡工程、南水北调工程不仅成为近现代中国乃至世界水利建设的里程碑，更使古老的华夏母亲河成为奔向未来的大河。

6.4.1 长江三峡工程——举世瞩目的现代水利枢纽工程

三峡工程是当今世界建设规模最大、技术最复杂、管理任务最艰巨、影响最深远的水利枢纽工程之一，也是综合治理和开发长江的关键性骨干工程。三峡工程历时20年，连续经受了6年试验性175米蓄水检验。2015年年底，国务院长江三峡工程整体竣工验收委员会完成各项工程的竣工验收，形成整体竣工验收报告。2016年第一季度，国务院审查批准的验收报告标志着三峡工程全面建成。

6.4

两大工程助推母亲河奔向未来

6.4.1.1 工程概况

在长江三峡建坝的设想，最早始于20世纪20年代孙中山《建国方略》提出的设想。1932年，国民政府建设委员会专为开发三峡水力资源进行了第一次勘测、设计；1944年，“萨凡奇计划”将设想转化为工程开发方案；1945年，国民政府资源委员会成立了三峡水力发电计划技术研究委员会、全国水力发电工程总处及三峡勘测处，从组织上落实了三峡工程的调研、设计机构。但由于战争和经济原因，兴建三峡工程建设的设想未能实施。

20世纪50年代初，新中国成立伊始，毛泽东同志就提出研究、规划三峡工程，描绘了“更立西江石壁，截断巫山云雨，高峡出平湖”的宏伟蓝图；1970年，国家兴建葛洲坝工程，为三峡工程积累经验；1985年，邓小平曾设想过“中坝方案”；1992年4月3日，全国人大七届五次会议通过关于兴建长江三峡工程的决议，几代人的梦想开始走向现实；1994年12月14日，长江三峡工程正式开工；2006年5月20日大坝封顶，三峡大坝全线建成；2009年三峡工程竣工，全面完成移民、输变电、枢纽工程的建设。

通过长期监测，移民工程全面完成了“搬得出”“稳得住”，并正向“能致富”迈进；枢纽工程“各项指标均在设计或预测范围之内，库区地质总体安全稳定，水库水质总体良好，三峡工程质量、功能等都得到了相应的检验”；输变电主体工程和调度、计量、通信、继电保护二次系统工程运行安全，质量良好。

1. 移民工程

三峡工程涉及百万移民跨世纪迁徙，是古今中外最宏伟的水利迁徙工程。自1992年10月开始，至2008年8月四期移民工程通过验收结束，三峡工程累计搬迁安置移民137.92万人（重庆111.96万人、湖北25.96万人）。迁建城市2座、县城10座、集镇114座、工矿企业1632家；复建各类房屋5054.76万平方米、公路830.32千米、港口7座、码头270处、输变电线路2457.6千米、通信线路4556.3千米、广播电视线路3541千米；实施文物保护项目1093处。2009—2013年，完成移民工程扫尾任务和资金、竣工决算，拨付移民资金856.53亿元。

2. 枢纽工程

三峡大坝位于西陵峡中段，湖北宜昌三斗坪，枢纽工程由大坝及电站建筑物、通航建筑物、电站机电设备四部分组成（图6.24），动态总投资1263.85亿元，2009年8月29日，三峡枢纽工程通过175米蓄水验收。经过6年试验性蓄水运行检验，安全性、可靠性达到并超过设计水平。

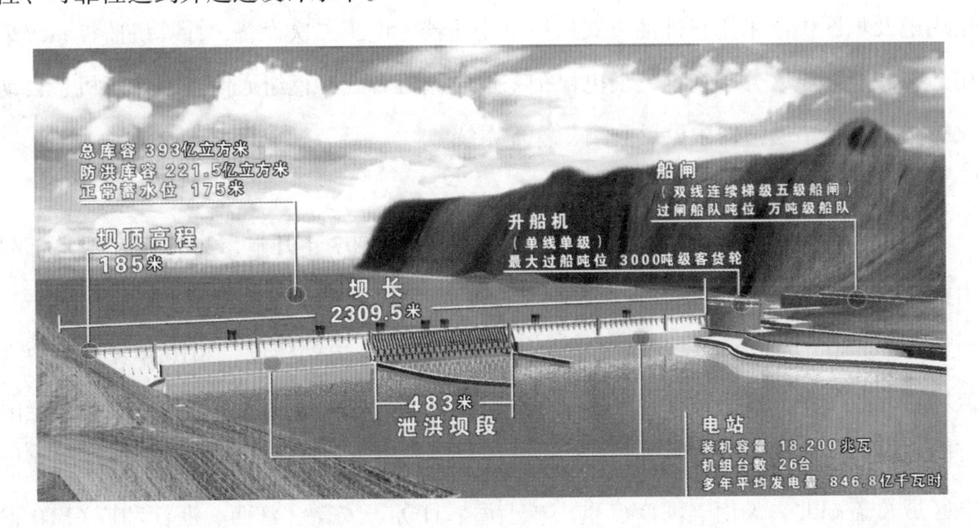

图6.24 三峡水利枢纽工程示意图

（1）大坝。

大坝土石方开挖量8789万立方米、填筑3124万立方米、混凝土浇筑量2689万

立方米，均为世界第一，共用水泥1082万吨、钢材25.52万吨、木材160万立方米、钢筋29.01万吨。由右岸的非溢流、厂房、纵向围堰、泄洪溢流坝段，以及左岸的导墙坝、左厂房、坝后式厂房、非溢流Ⅰ、临时船闸、升船机、左岸非溢流Ⅱ等坝段组成的坝顶高程185米、最大坝高175米、坝顶长度1983米、轴线全长2335米的巨型拦河大坝于2006年建成。

（2）电站建筑。

电站建筑由左岸电站、右岸电站、地下电站及电源电站组成，装机共32台，单机容量均为70万千瓦，总装机容量2240万千瓦，平均年发电量882亿千瓦时。电源电站安装2台单机容量5万千瓦的水轮发电机组，2012年全部投产。

（3）通航建筑。

通航建筑由船闸和升船机组成，永久通航船闸双线5级，船闸主体结构段总长1621米，可通过万吨级船队，设计能力为单向下行5000万吨/年。升船机最大过船（客货船）吨位3000吨级，最大提升高度113米、重量15500吨，为世界规模最大、难度最大。临时通航船闸实行单线单极，单向下水通过能力为5152万吨/年。

（4）电站机电设备。

电站机电设备是最终产生发电效果的基础设施。机电主体设备选择的巨型水轮发电机组、发电机推力轴承、主变压器、发电机大电流母线均为世界一流，分别采用半水冷、外循环冷却、水冷、自冷等冷却方式。电工一次设备，高压配电装置为GIS，厂用电及坝区供电采用户外油浸式厂用电变压器。电工二次设备，计算机监控系统采用开放式、分层、分布系统，继电保护采取全微机方式，枢纽通信采用计算机、自动化技术并在整个通信网中设置监测、管理系统。

3. 输变电工程

三峡输变电工程是三峡工程的又一主体工程。1997年开建，2007年完成。工程由92个单项工程组成，建成投产线路总长度为9248千米和变电容量2275万千伏安、换流容量1800万千瓦的一流输变电设备。为配合地下电站建设，2010年完成葛沪直流增容改造工作，新增林枫直流输电300万千瓦。同时，输变电工程建设推动了全国电网互联格局形成，加快提高了直流输电项目国产化水平，完成投资364.99亿元，供电区域覆盖湖北、湖南、河南、重庆、上海、江苏、安徽、江西、浙江和广东10省（直辖市）。

三峡工程的建成运行，标志着长江治理由“洪水控制”向“洪水管理”转变迈出了重要一步，不但为我国，而且也为世界开发、治理江河提供了全面的、科学的中国经验。随着长江上游已建、在建水电工程不断纳入梯度调度范围，三峡工程“洪水”变“资源”的控制能力越来越强，综合效益越来越大。

6.4.1.2 战略价值

三峡工程对我国经济建设的显性战略价值集中在防洪、发电、航运三大产业；隐性战略价值在于缓解淡水资源贫乏、储备灌溉水源两大领域。

1. 显性战略价值

（1）防洪。

三峡水库正常蓄水位 175 米以下库容 393 亿立方米，其中防洪库容 221.5 亿立方米，工程建成后通过水库调蓄运用，可使荆江河段防洪标准由原来的 10 年一遇提高到 100 年一遇。长江中下游的防洪能力有较大的提高，特别是荆江地区的防洪形势发生根本性的变化。

荆江地区若遇 100 年一遇及以下洪水，通过水库拦蓄洪水，可使沙市水位不超过 44.50 米，不需启用荆江分洪区；遇 1000 年一遇或 1870 年型洪水，可控制通过枝城流量不超过 80000 立方米 / 秒，配合荆江地区蓄滞洪区的运用，可使沙市水位不超过 45.00 米，从而保证荆江河段与江汉平原的防洪安全。此外，水库拦蓄、清水下泄，使分流入洞庭湖的水沙减少，可减轻洞庭湖的淤积，延长洞庭湖的调蓄寿命。

城陵矶附近地区通过三峡水库调蓄上游洪水，一般年份基本上不分洪（各支流尾间除外），若遇 1931 年、1935 年、1954 年和 1998 年型大洪水，可减少本地区的分蓄洪量和土地淹没。

武汉地区由于长江上游洪水得到有效控制，从而可以避免荆江大堤溃决后洪水取捷径直趋武汉的威胁。此外，武汉以上控制洪水的能力除了原有的蓄滞洪区容量外，增加了三峡水库的防洪库容 221.5 亿立方米，大大提高了武汉防洪调度的灵活性。

（2）发电。

三峡电站库容量居世界第 24、发电量居第 1，是全世界最大的水电站之一：装机容量为 2240 万千瓦，约占 2014 年年底全国水电装机容量 3 亿千瓦的 7.5%；2014 年发电量 988 亿千瓦时，超过巴西和巴拉圭共同拥有的伊泰普水电站，创单座水电站年发电量世界最高纪录；约占全社会当年用电量 55233 亿千瓦时的 1.8%，足够全国第一产业的全部用电，相当于武汉市两年半的用电量；上网电价平均为 250 元 / 千千瓦时，年发电销售收入约 250 亿元，落地电价平均为 302.39 元 / 千千瓦时，每年含税利销售收入约 298.8 亿元；与火力发电相比，每年可替代 4000 万 ~ 5000 万吨原煤，按标准煤价计算节省 200 亿 ~ 250 亿元 / 年。

三峡电站从2003年6月开始发电至2017年3月，累计发电量就达10000亿千瓦时，惠及湖北、湖南、河南、江西、安徽、江苏、上海、浙江、广东和重庆等10个省、直辖市。三峡电站不仅发电本身产生巨大经济效益，而且大大提高了我国能源供应能力，突破了华中、华东、华南十省（直辖市）的电力瓶颈。

（3）航运。

长江干支流延展18个省（直辖市），是国内东西水运交通大动脉，重庆至宜昌河段全长660千米，落差120米，碍航滩险139处，单行控制段46处。葛洲坝水库虽淹没了30余处险滩，改善了三峡江段110千米航道，但尚有550千米航道处于天然状态，只能行驶1500吨级的船队。三峡工程建成后，三峡水库蓄水175米，坝前水位净提升113米，川江660千米航道维护水深从2.9米提升到3.5～4.5米，干线航道宽度明显增大，已达到一级航道标准；万吨级船队及5000吨级单船由上海吴淞口可直达重庆朝天门，重庆船队可以直航出海；因航道水位提高，使139处险滩、77处急流滩、23处浅滩以及数万块巨礁淹没水底，湍急的水流变得平缓，取消了25处绞滩站和27处单行航道。枯水期增加调节流量1000立方米/秒，将原川江货物最大通过量1800万吨提升到2013年的1.44亿吨，水运货物周转量提升到1983亿吨，货物吞吐量提升到1.37亿吨，年均增长分别为20.2%、26.9%、14.8%；每马力拖带货物能力提高了十倍，运输成本降低了35%～37%，大大提高了经济效益。重庆港真正成为长江上游最大的集装箱集并港、大宗散货中转港、滚装汽车运输港、长江三峡旅游集散地以及邮轮母港。成库蓄水航运量成倍增长，运距明显增长，安全事故大幅度下降，既无驳船触礁、急流逆水行舟之虞，又能增加运量、减少万吨船队中转。川江“黄金水道”实至名归。

成库不仅改善了主航道，也改善了长江支流航道。通航里程仅乌江、嘉陵江、香溪、龙河等，就延伸到500千米左右。不通航的支流、溪沟也变宽阔了，水深可供中小型船舶航行。支流通航船舶吨位，从500吨级提升到2000吨级。水期给中下游补水，增加了水深，加之重视整治河道，极大改善了武汉至宜昌的航运条件。

2. 隐性战略价值

（1）储水。

淡水资源不足已经成为世界级难题，全球各国兴修库容10亿立方米以上的特大型水库的战略目的之一就是缓解淡水资源不足。我国淡水资源总量为2.8万亿立方米，人均仅2300立方米，是世界人均的1/4。据统计，全国600个城市中有400个供水不足，100个严重缺水。长江三峡水库控制着长江上游近100万平方千米流域面积的水量，年均径流量为10000亿立方米。三峡大坝径流量为4510亿立方米。三峡水库正常蓄水可达393亿立方米，相当于1.3 ~ 1.7个鄱阳湖。

目前，三峡水库已成为我国最大战略淡水资源库，可保障长江流域供水安全，改善中下游枯水季水质，有利于南水北调等多方面水资源配置。在枯水期，三峡工程建成前，中下游枯水期平均流量3000 ~ 3500立方米/秒，生产生活用水紧张，缺水大中城市60多座、县城150多座。工程建成后，枯水期下泄平均流量为6000立方米/秒，使长江中下游水量、水质明显改善。

（2）灌溉。

长江中下游本来降雨充沛，但全球变暖后，冬、春两季干旱范围却超过90%。20世纪90年代干旱集中于春季，一般时段干旱集中在冬季。在过去二十年中，接近1/2的年限干旱范围在90%以上。长江中下游平原是我国的天然粮仓——“苏湖熟，天下足”，粮食通过漕运直达京师，可满足1/3中国人的口粮。然而因近年来干旱威胁，引水灌溉已成为必然。三峡工程为灌溉储备了巨大的淡水资源，一旦国家在长江中下游建立纵横交错的灌溉渠，将有约80万平方千米的耕地得到有效灌溉，4亿余人受益，经济效益显著。

6.4.2 南水北调——中国优化水资源配置的历史选择

南水北调是举世瞩目的一项特大型跨流域调水工程。南水北调的东线、中线、西线工程沟通了黄、淮、海、长江四大流域，形成了“四横三纵”（图6.25）的国家大水网，使得丰水的长江流域与缺水的黄、淮、海流域实现联通互补，将全国三分之一的水资源纳入了联合配置范畴。南水北调工程的三条调水线路既有各自主要的供水目

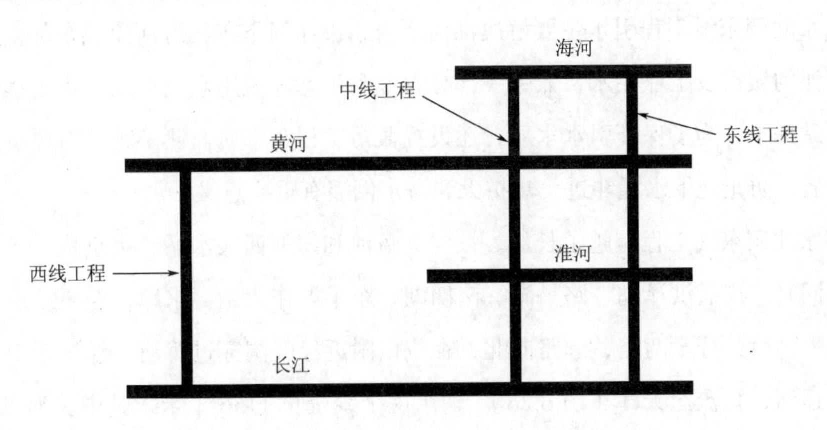

图6.25 南水北调工程“四横三纵”总体布局

标和合理的供水范围，又是一个有机整体，可共同实现我国水资源优化配置，解决黄、淮、海平原，胶东地区和黄河上游地区特别是津、京、华北地区缺水问题。

6.4.2.1 工程概况

早在1952年，黄河水利委员会（简称黄委）为了解决黄河水量不足的问题，开始研究从长江上游的通天河向黄河上游调水的可能性，为此还组织了对黄河源头的勘查。1956年，在长江水利委员会的基础上成立“长江流域治理规划办公室”（简称长办），陆续提出了多种调水方案，总的指导原则是从长江或汉江调水，补充黄河及淮河。1958年6月，长办进一步提出，从长江的上游、中游和下游分别调水，接济黄河、淮河、海河。这个布局，已经开始具备今天南水北调工程的西线、中线和东线线路雏形。2个月后，在北戴河会议上，“南水北调”首次被写入中央正式文件《关于水利工作的指示》。1973年，国务院召开了北方省市抗旱会议。会后，水电部开始研究从长江向华北平原调水的近期方案。1974年和1976年，水电部提出了以京杭大运河为干线、将长江水送到天津的东线近期工程实施方案。1979年年底，水利部决定，规划工作按西线、中线、东线三项工程分别进行。1980年和1981年，海河流域连续两年出现严重干旱。国务院决定临时引黄济津，并加快建设引滦入津工程，同时计划在“六五”期间实施南水北调，东、中、西线的规划研究，也随之紧锣密鼓地开始。1996年，南水北调工程审查委员会成立。1997年，国务院召开会议，研究工程线路问题。2001年，先后完成了《南水北调东线工程规划（2001年修订）》《南水北调中线工程规划（2001年修订）》《南水北调西线工程规划纲要及第一期工程规划》。2002年，中央审议通过《南水北调工程总体规划》，凝聚几代人心血的南水北调工程，终于转入了实施阶段。

1. 东线工程

南水北调东线工程引水主要解决淮河下游，沂沭河下游，海河流域东部，胶东半岛及天津的城市及工业用水，兼顾一部分农业和生态环境用水。东线引水工程主要靠通过泵站提水，为了保证引水水质，还设置截污工程和水质监测工程。对缓解受水区用水矛盾，防止地下水漏斗进一步扩大和海水倒灌有重要意义。

南水北调东线工程跨越了长江、淮河、黄河和海河四大水系，由京杭大运河将其连通。同时，连通洪泽湖、骆马湖、南四湖、东平湖作为调蓄水库，经泵站逐级提水进入东平湖后，分水两路，一路向北，在位山附近经隧洞穿过黄河，经扩挖现有河道进入南运河，自流至天津（图6.26）。输水主干线全长1156千米，其中黄河以南646千米，穿黄段17千米，黄河以北493千米；另一路向东自流经新辟的胶东输水干线接引黄济青渠道，输水到烟台、威海，全长701千米。

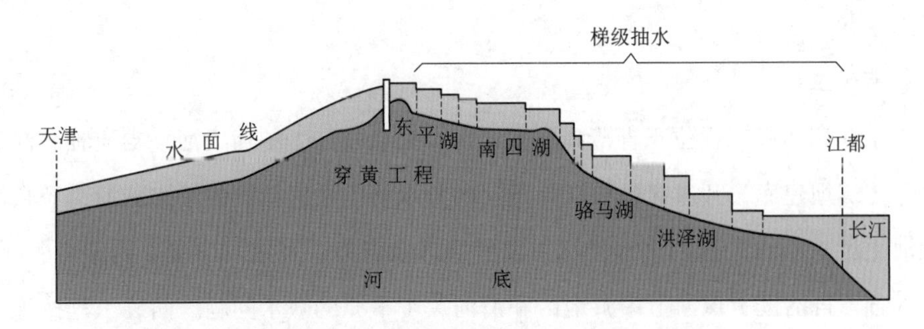

图6.26　南水北调东线逐级提水示意图

东线计划分三期实施，第一期引水到山东半岛和鲁北地区，2013年建成通水，抽江500立方米/秒，引水88亿立方米。一期工程的供水范围有淮河、海河、黄河流域21个地市级以上城市和其辖内的89个县（市、区）。第二期工程到山东半岛和鲁北地区，将抽引长江水192亿立方米，抽江规模600立方米/秒。第三期工程，抽江规模扩大至800立方米/秒，2030年以前建成。

2. 中线工程

南水北调中线工程主要解决京津华北地区城市缺水问题，通过将汉江优质水引入北方，缓解京津华北地区城市用水矛盾，缓和城市挤占生态与农业用水的矛盾，增加工业发展活力，改善生态环境，控制地下水超采。南水北调中线一期工程年均调水95亿立方米，输水工程（中线干线工程）由南向北基本自流输水，以明渠为主，北京段和天津段采用管涵。干线工程全长1400多千米，与之交叉的河流、道路、电力线路等全部采用立体交叉方式，沿线布置渠道、管道、渡槽、倒虹吸、涵洞、隧洞、泵站、节制闸、分水闸、退水闸、保水堰等各类建筑物2385座。

南水北调中线工程从汉江丹江口水库陶岔渠首闸引水，经长江流域与淮河流域的分水岭方城垭口，沿唐白河流域和黄淮海平原西部边缘开挖渠道，在郑州以西孤柏咀处通过隧洞穿过黄河，沿京广铁路西侧北上，可基本自流至北京、天津，受水区范围15万平方千米。输水总干渠从陶岔渠首闸至北京团城湖全长1267千米，其中黄河以南477千米，穿黄工程段10千米，黄河以北780千米。天津干渠从河北省保定市徐水区分水，全长154千米。

南水北调中线工程从汉江的丹江口水库调水，截至2023年3月，南水北调中线一期工程自2014年12月全面通水以来，已累计向受水区调水超550亿立方米，实施生态补水约90亿立方米，直接受益人口超8500万。为确保一库清水永续北送，湖北省石堰市在全国率先实施污水垃圾处理设施建设管理运营一体化模式，丹江口水库的

水质一直保持或优于Ⅱ类。中线工程利用汛期弃水向受水区实施生态补水，生态效益显著。

3. 西线工程

南水北调西线工程位于青藏高原东北部，是从长江上游通天河、支流雅砻江和大渡河上游筑坝建库，开凿穿过长江与黄河的分水岭巴颜喀拉山的输水隧洞，调长江水入黄河上游。西线工程的供水目标主要解决涉及青海、甘肃、宁夏、内蒙古、陕西、山西6省（自治区）黄河上中游地区和渭河关中平原的缺水问题。西线工程按施工顺序分为3段。

（1）达—贾线。

第一期工程从大渡河支流阿柯河、麻尔曲、杜柯河和雅砻江支流泥曲、达曲5条河流联合调水到黄河贾曲，简称“达—贾线”，多年平均可调水40亿立方米。输水线路总长260千米，其中隧洞长244千米。由5座大坝、7条隧洞和1条渠道串联而成，最大坝高123米；隧洞最长洞段73千米。

（2）阿—贾线。

第二期工程从雅砻江的阿达调水到黄河的贾曲自流线路，简称“阿—贾线”，多年平均可调水50亿立方米。输水线路总长304千米，其中隧洞8座，总长288千米，最长洞段73千米，大坝坝高193米。

（3）侧—雅—贾线。

第三期工程从通天河的侧坊调水到雅砻江，再到黄河的贾曲自流线路，简称“侧—雅—贾线”，多年平均可调水80亿立方米。侧—雅—贾线中，侧坊—雅砻江段线路长度204千米，隧洞长202千米，最长洞段62.5千米；雅砻江—黄河贾曲段线路长304千米，隧洞长288千米，最长洞段73千米。

2013年11月15日，南水北调东线一期工程正式通水。它自长江下游江苏境内江都泵站引水，通过13级泵站提水北送，经山东东平湖后分别输水至德州和胶东半岛。供水范围涉及江苏、安徽、山东3省的71个县（市、区），直接受益人口约1亿人，总投资500多亿元。东线一期工程通水以来，在保障受水区居民生活用水、修复和改善生态环境、促进沿线治污环保、应急抗旱排涝等方面，取得了实实在在的社会、经济、生态综合效益。

2014年12月12日，南水北调中线一期工程正式通水。截至2016年11月底，中线一期工程累计调引南水60.9亿立方米，惠及北京、天津、河南、河北四省（直辖市）4200多万居民。水质各项指标稳定达到或优于地表水Ⅱ类指标。京、津、冀、豫沿线受水省市供水水量有效提升，居民用水水质明显改善，部分城市地下水水位开始回升，城市河湖生态显著优化。

6.4.2.2 战略价值

由于人口增加和经济发展，黄淮海流域出现长时间、大范围、深度的水资源短缺，在城市与农村、工业与农业、经济与生态之间形成了突出的用水竞争。严峻的水资源态势主要体现在两方面，一是严重的资源型缺水，二是与水密切相关的生态环境日益恶化，包括缺水导致的生态环境恶化和用水不当造成的水污染。突出的区位优势和相对薄弱的水资源条件，形成了黄、淮、海流域可持续发展的主要矛盾。南水北调工程作为大型跨流域调水工程，对解决区域性或流域性水资源危机，促进区域复合生态系统的可持续发展起着不可估量的作用。

1. 社会效益

（1）解决北方缺水。

（2）增加水资源承载能力，提高资源的配置效率。

（3）使中国北方地区逐步成为水资源配置合理、水环境良好的节水防污型社会。

（4）缓解水资源短缺对北方地区城市化发展的制约，促进当地城市化进程。

（5）为京杭大运河济宁至徐州段的全年通航提供水源保证，使鲁西和苏北两个商品粮基地得到巩固和发展。

课后习题 6.4

课后习题 6.4 答案

2. 经济效益

（1）为北方经济发展提供保障。

（2）促进经济结构战略性调整。

（3）通过改善水资源条件激发潜在生产力，形成经济增长。

（4）扩大内需，促进和谐发展，提高国内 GDP。

3. 生态效益

（1）改善黄、淮、海生态环境状况。

（2）改善北方当地饮水质量，有效解决北方一些地区存在的如高氟水、咸水和其他含有有害物质的水源问题。

（3）利于回补北方地下水，保护当地湿地和生物多样性。

（4）较大地改善北方地区的生态和环境，特别是水资源条件。

南水北调不仅有助于缓解我国水资源供需紧张的矛盾，减轻干旱地区对地下水的过度开采，而且由于南水北调工程水价体系的建立，也有助于水资源的合理开发利用，并促使公众提高水资源节约集约利用和水环境保护意识。

6.5 “驭水之道”守护城市之魂

❶ 城市节水理念与举措。

❷ 同地区节水典型范式。

❶ 在推进美丽中国建设中，城市节水如何体现人与水和谐发展。

❷ 如何贯彻绿色发展理念，推动城乡居民形成绿色低碳的生产生活方式。

水是一切生命过程中不可替代的基本要素，也是维系国民经济和社会发展的重要基础资源，它是生命的源泉，工业的血液，城市的命脉。据统计，过去50年全世界淡水使用量增加将近4倍。节约用水，既是关系人口、资源、环境可持续发展的长远战略，也是当前经济和社会发展的紧迫任务。我国是一个缺水的国家，人均水资源拥有量仅2150立方米/年，不到世界人均水平的1/4，排在世界第109位。水资源短缺成为制约我国社会经济发展的重要因素，节约用水已刻不容缓。

6.5 “驭水之道”守护城市之魂

6.5.1 城市节水多措并举

节水是一个全球性的问题，即使是水资源相对丰富的国家，也经常发生供水不足的问题。供水不足带来的损失是巨大的，世界上有些城市为了满足干旱季节的城市用水，不得不关闭城市周边的农场，工业生产也受到影响。另外，全球范围内的气候异常及水体污染，特别是人为造成的水污染，更加剧了水资源利用率下降。

6.5.1.1 工业节水

城市是工业的主要集中地，由于工业用水量大，供水较集中、节水潜力相对较大且易于采取节水措施，因此，在相当长时间内工业节水一直是城市节水的重点。

1. 改变用水方式

提高工业用水效率的主要内容包括改变生产用水方式，如改直流用水为循环用水，提高水的复用率（循环利用率、回用率）。这通常可在生产工艺条件基本不变的情况下进行因而也是工业节水前期的主要节水途径。但提高水的复用率往往涉及包括技术、经济的很多具体条件，要达到比较理想的效果也非一蹴而就，是一项长期的任务。

2. 推行工艺技术

通过实现清洁生产，改变生产工艺或采用节水或不用水生产工艺，以及合理进行工业或生产布局，以减少工业生产对水的需求，提高水的利用效率，即所谓生产工艺节水。推行工艺节水，涉及工业和生产的原料路线和政策，涉及生产工艺方法、流程与生产设备，涉及工业和产品结构、生产规模、生产组织以至工业生产布局，这是工业节水更为复杂更加长远的任务，也是工业节水的根本途径。

3. 强化节水管理

通过加强用水节水管理，如推行梯级水费制度以及合理利用海水、大气冷源、人工制冷等，以减少水的损失，减少淡水或冷却水用量，提高用水效率。强化节水管理常常可以取得立竿见影的效果，且潜力较大，不容忽视。

6.5.1.2 生活节水

城市生活用水多直接关系到人们的生活与直接利益，其节水问题具有许多不同于工业节水的特点，生活用水过程的随机性，使用水的强度、时间、地点等都难以确切把握。

1. 运用经济杠杆

正确运用经济杠杆与相应技术经济措施的作用，是实现城市生活节水的关键，而建立合理水费体制又是发挥经济杠杆作用的核心。实践表明，运用经济杠杆是城市水资源合理开发利用节水的最基本、最有效、最简单的途径。

2. 强化节水观念

节水宣传教育是强化节水观念，改变与人们不良用水行为和方式的重要手段。它在节约用水特别是在节约生活用水中，具有不同于技术手段、经济手段和管理手段的特殊作用。节水宣传教育主要着眼于长期潜移默化的影响，而不仅仅是依靠短时期强化宣传。

3. 推广节水器具

从一些国家的家庭用水调查来看，做饭、洗衣、冲洗厕所、洗澡等用水，占家庭用水的 80% 左右。由此可见，改进厕所的冲洗设备，采用节水型家用设备是城市节约用水的重点。节水器具对有意节水的用户而言有助于提高节水效果，对不注意节水的用户而言至少可以减少水的浪费。

相关生活节水的潜力分析表明：居民住宅用水浪费较大。从总体上讲，我国城市居民住宅用水水平还偏低，但仍然存在较大浪费，在冲洗洁具、洗浴、洗衣和炊事、烹饪用水方面，还有很大的节水潜力。与此同时，公共市政用水浪费严重。我国城市

的公共设施用水量偏大，建筑空调用水循环利用率低，大量公共建筑的生活杂用水也很少回收利用。

6.5.2 生态住宅水循环利用

由于城市人口增加、第三产业的发展和人们生活水平的提高，近年来城市生活用水迅猛增加。2000年城市生活用水量，约占世界总用水量的7%。目前，世界上不少城市把处理过的城市污水和废水回用到各个方面，已成为开发新水源的途径之一，有人称其为“第二水源”。世界上大多数城市，已修建有汇集城市居民和公共设施污水的管路。城市污水经二级或三级处理净化后可回收利用，例如用于冲厕所、浇灌绿化带，作为工业和商业设施的冷却水或者人工补给地下水水源。

我国是全球人均水资源最贫乏的国家之一。一方面，人口增长和经济发展对水的需求量不断增大；另一方面，有限的水资源由于不当的城市建设等人为活动，造成严重浪费和水土流失。随着社会的发展，保持生态系统内相对稳定和平衡的生态节水住宅小区成为人们住宅建设的发展趋势和潮流。

生态节水住宅小区水资源的节约主要体现在“开源”上。作为可以“开源”的资源，包含两个方面内容：一是雨水，二是生活污水。此外，海水淡化近十几年来发展迅速，目前有100多个国家的近200家公司从事海水淡化生产，为沿海缺水城市开辟了新的淡水水源。

6.5.2.1 雨水回收

雨水资源与生态住宅小区内地表水和地下水联合使用，可以提高水资源利用率，缓解小区用水压力，促进和改善小区生态环境。生态住宅小区雨水资源就地利用，可以减少暴雨径流，削减洪峰流量，减轻防洪压力，降低径流中携带的大量污染物排入系统所造成的污染。生态住宅小区雨水利用可促进雨水供给地下水，有利于部分解决区域地面沉降问题。

生态住宅小区雨水回收系统包括雨水收集与雨水处理两个部分（图6.27 ~ 图6.30），其中雨水收集目前主要包括屋面和屋顶花园雨水收集（图6.31、图6.32）、地

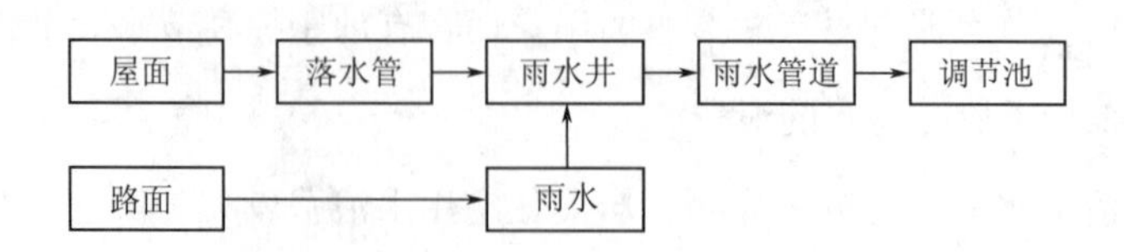

图6.27 雨水回收系统中的收集模式

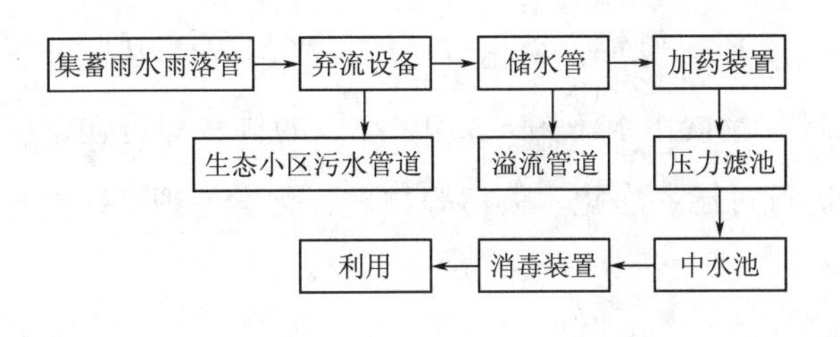

图6.28　雨水处理模式一

图6.29　雨水处理模式二

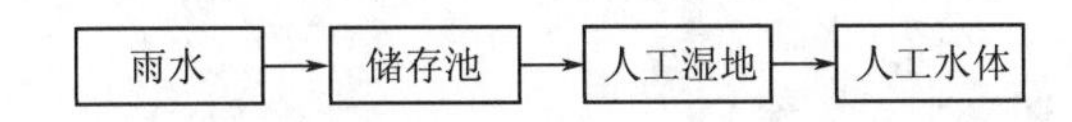

图6.30　国外雨水处理模式

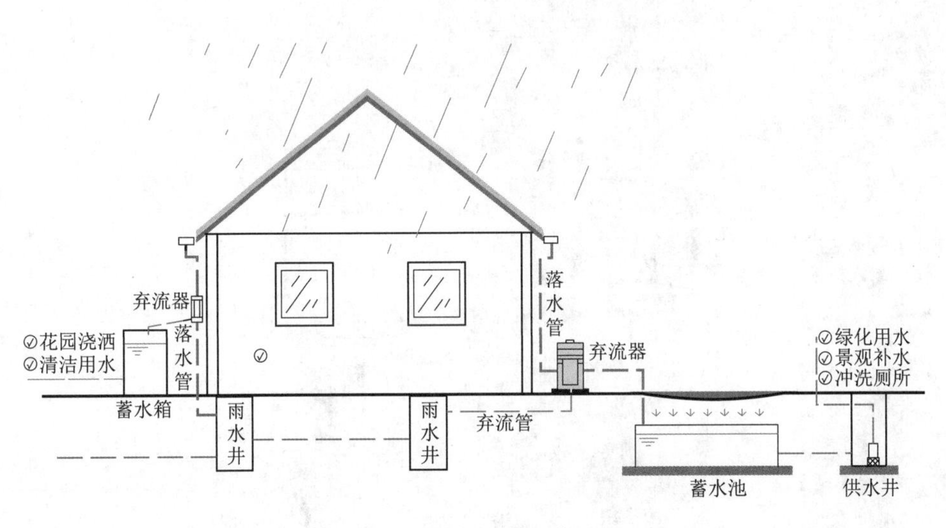

图6.31　屋顶雨水收集利用

面雨水截污、硬化地面改造以增强雨水就地入渗比例等内容。对于雨水处理方法，世界各国做法很多，比较先进的有目前采用较多的生物膜法处理系统 MBR 技术等。MBR 技术是将生物降解作用与膜的高效分离技术结合而成的一种新型高效的水处理与回用工艺。

6.5.2.2 污水回收

住宅小区居民对水的消费主要是饮用水和非饮用水。其中饮食用水量仅占总消费量的 5%，其余的 95% 用于洗涤、排污等。水资源的循环利用需要以下的技术和设施支持。在住宅小区，根据两种用途设置 A、B 两套供水系统。A 系统专供饮用水（包括冲茶、洗米、洗菜、煮饭），这个系统的水必须是符合饮用水标准的洁净水。B 系

统专供使用水，供洗地、洗车、绿化、冲厕、排污等使用，这个系统的水循环使用，可节省大量高质量饮用水（图 6.33）。小区的排水应将住户洗菜、洗衣、洗澡以及厕所等用水进行过滤、净化、去污等物理、化学处理，并将再处理的有机质输入发酵罐。

6.5.2.3 循环利用

住宅小区水资源的循环利用要把雨水和污水的循环利用结合起来考虑。（图 6.34、图 6.35）经过处理后的雨水和污水目前主要有三种用途：一是用于生态住宅生活小区绿地浇灌、道路洒扫、汽车冲洗；二是用于污水源热泵的水源，可以为生态住宅小区的居民以及公共建筑提供冬季采暖、夏季制冷和洗澡用热水；三是用于居民冲厕。

图6.32　屋面雨水利用剖透图（地上式雨水罐）

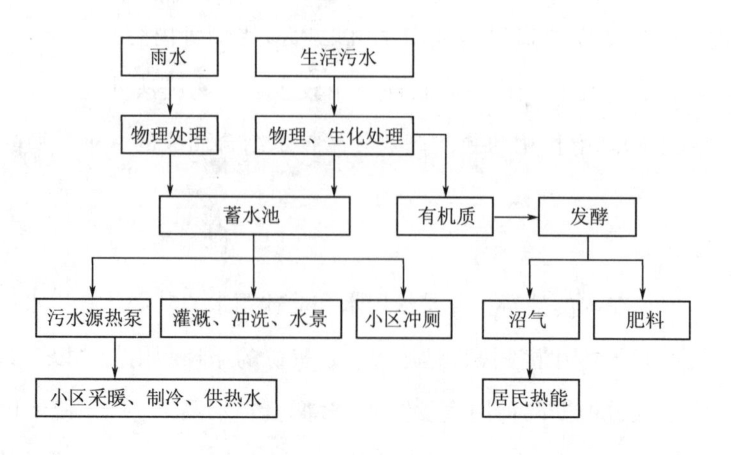

图6.33　生态住宅小区水资源循环利用综合系统

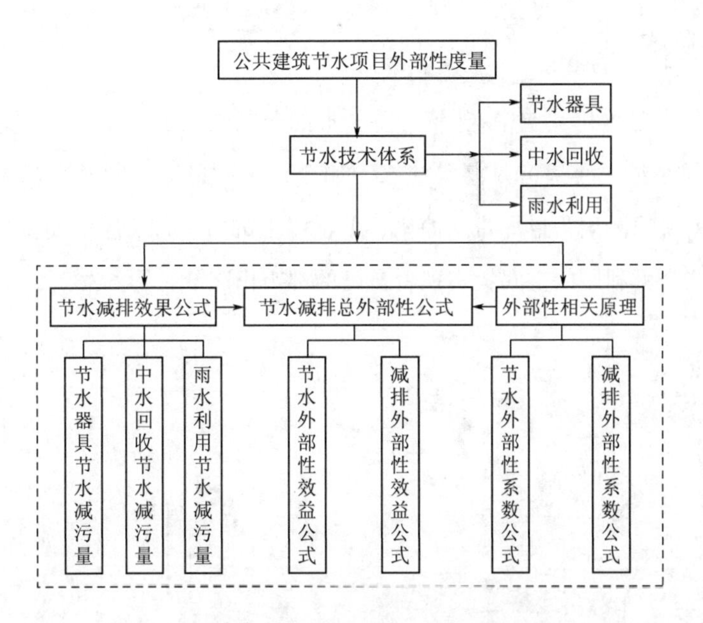

图6.34 公共建筑节水项目外部性度量图示

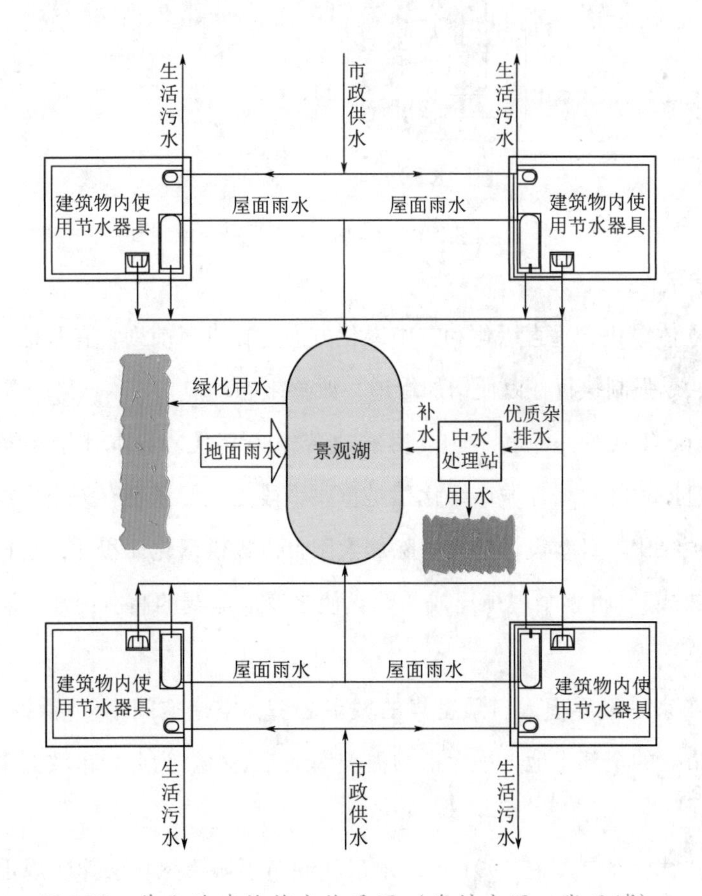

图6.35 某公共建筑节水体系图（资料来源：张子博）

6.5.3 “聪明屋顶”会呼吸

传说中的古巴比伦“空中花园”，阶梯形的花园栽满了奇花异草，并在园中开辟了幽静的山间小道，小道旁是潺潺流水。如今，这种想法在世界许多地方已经实现了——绿色屋顶的诞生为世界带来凉爽，使世界上的每一栋房屋都变得会呼吸了。人们利用屋顶这个可利用的空间，实现着自己的都市田园梦（图 6.36）。

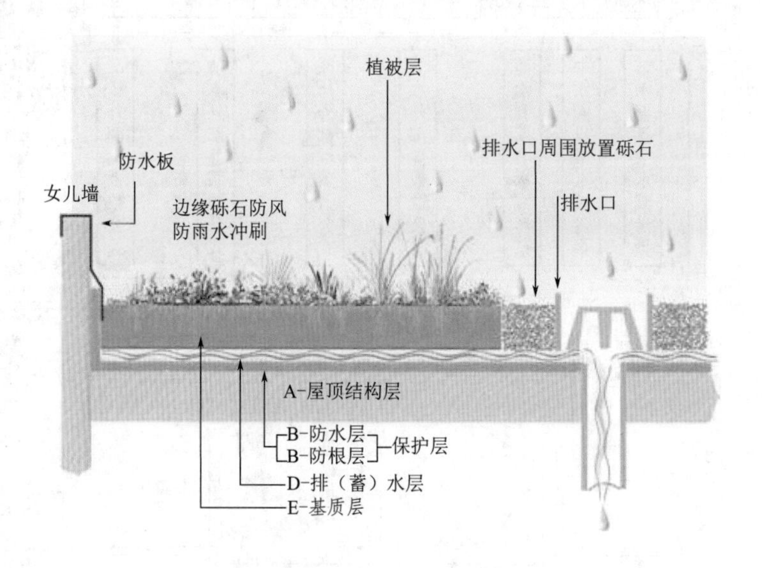

图6.36 绿色屋顶构造层

6.5.3.1 东京城市范式

日本在立体绿化、垂直绿化和空中绿化方面走在世界前列，有些地方政府甚至把它作为一种法令强制执行，以便增加绿地，改善生态环境。

20 世纪 60 年代的东京曾经饱受雾霾之苦，80 年代，日本开始多渠道地整治污染，其中通过屋顶绿化增加城市绿化正是重要手段之一。东京有关当局规定新建大楼必须完善楼顶绿化。日本设计的楼房除加大阳台以提供绿化面积外，还把最高层的屋顶建成“开放式”，将整个屋顶连成一片，使之变成宽阔的高空场地，居民可随自己喜好栽花种草。

然而，东京是世界上人口最密集的城市之一，空余空间小，“钢铁”和“水泥”几乎占据了市区的全部土地，增大植物覆盖率绝非易事。为此，市政府采取了两项最重要的举措：

第一，法律保证。早在 1991 年，东京就颁布了城市绿化法律，规定在设计大楼时，必须提出绿化计划书。1992 年又制定了“都市建筑物绿化计划指南”，使城市绿化更为具体。从 1999 年开始，凡建筑面积在 2000 平方米以上、“楼顶花园”占楼顶总面积 40% 以上的业主，不仅可以得到修建“楼顶花园”的低息贷款，而且其建筑的主体部分也能够享受部分低息贷款。

第二，科学指导。东京市政府首先确定市中心的住宅区和学校为推行立体绿化的重要试点单位，兴建“楼顶花园”和“阳台微型庭院”等。经过多年努力，现已初见成效，证明这种见缝插针的做法有助于大都市的立体绿化（图 6.37）。在闹市区新宿，铺设有大量的不透水地面，由水泥、柏油等组成。以前没有自然植被，无法通过水分蒸发冷却，形同一块块巨大的“吸热海绵”，大大加重了城区的高温和干燥。而现在却发生了巨大的变化，块块翠绿和点点艳红散布在建筑物的楼顶和千家万户的阳台上，把热岛改变成“绿岛”。东京在绿色屋顶建筑中，还使用了许多新技术，例如采用人工土壤、自动灌水装置，以及控制植物高度及根系深度的种植技术等。

图6.37　日本朝仓雕塑馆绿色屋顶

在政府的引导下，人们绿化“钢铁”和“水泥”住宅的愿望越来越强烈，出现了兴建“楼顶花园”和“阳台微型庭院”的热潮。高档天台上的“空中花园”、建筑物的“楼顶花园”和住宅“阳台微型庭院”等随处可见，整座城市“披红戴绿”，被打扮一新。这道靓丽的风景在吸引不少游客的同时，也造福了市民，对这座大都市的“降温”发挥了充分的作用（图 6.38）。目前，东京市屋顶绿化率已达 14%。据测定，只要东京市中心的立体植物的覆盖率增加 10%，就能在夏季最炎热时将白天室外的最高气温降低 2.2 摄氏度。

图6.38 日本东京屋顶的大树

6.5.3.2 芝加哥“绿色”市政厅

当人们从芝加哥所住的一座高层饭店透过玻璃窗向右前方眺望时，会发现楼群上空好像有一座空中花园（图6.39）。花园建在大楼的顶部，与之毗邻的是一个楼顶露天游泳池，左侧另一座楼顶也郁郁葱葱。这正是芝加哥“会呼吸的屋顶”了。

图6.39 芝加哥市政厅的绿色屋顶

如果这块绿洲位于地面上，一点也不稀奇。但这片绿地并不在地面的公园里，而在芝加哥市政厅的屋顶上，面积达1900平方米，它是芝加哥的第一座绿色屋顶。如今，这座芝加哥市政厅屋顶上的绿色花园已形成了一个综合的生态系统，成为有生命的、会“呼吸”的屋顶。

在这块郁郁葱葱的绿色花园里，自由生长着150多种、两万多株花草，小蝴蝶、小蜜蜂、小鸟在须芒草、三叶草、仙人掌丛中飞来飞去。花园内还有一个养蜜蜂的蜂房，花园的管理者每年都义卖产出的蜂蜜，募集到的资金用于青少年课外活动项目。如今，芝加哥市政厅的屋顶已经成为这个城市的名片之一。芝加哥市政厅屋顶绿化也发展到在屋顶种植多种植物，建立生态系统的高级阶段。它平均每年为市政厅节约能源开支3600美元，直接减少用电9272千瓦时，这归功于绿色屋顶的吸收直晒太阳光热量的作用，它让屋顶表面温度在夏天比其他建筑平均低21摄氏度，屋顶空气温度低9.4摄氏度。

与东京一样，芝加哥也给私人住宅和新建筑开发商提供一笔建造绿色屋顶的资助，同时，对较大规模的建筑工程来说，如果忽略了屋顶绿化，工程就无法获得城市规划局的审批。芝加哥市政厅和环保人士介绍说，屋顶绿化是一种特殊的绿化形式，最直观的作用当然是美化环境。比如市政厅，虽然只有小部分人能登上楼顶近距离体验花园，但在四周高楼办公的人每天都能俯瞰这片绿洲，一些居民足不出户就可以欣赏到令人心旷神怡的绿色风景，而这正是很多现代城市所缺失的。其次，“绿色屋顶”能够减少屋顶热辐射、缓解热岛效应，芝加哥市政厅顶楼的温度要比传统的柏油屋顶温度低很多。因此，绿色屋顶又被形象地称为“温度调节器”。“暴雨引起的下水道堵塞、路面积水以及污水外泄，一直是令芝加哥人头痛的问题。城市的绿色屋顶就像一个蓄水池，能截流和储存大量雨水，并蓄水48小时以上，降低雨水流速，一定程度地缓解城市内涝。”该环保人士告诉记者。那么，屋顶绿化会造成经济上的浪费吗？芝加哥环境保护局局长告诉记者，短期看来，增添环保元素会让项目更昂贵，但从长远效应来看是很合算的。由于大规模推行屋顶绿化，有效降低了能源消耗，芝加哥市政府每年大约能节约1亿美元的能源开支。此外，屋顶花园还为昆虫提供了良好的生存环境，为鸟类提供了食物来源，为市民提供了避暑纳凉的休闲空间，使人与自然和谐相处。

6.5.3.3 加州科学院“微型生态圈”

加利福尼亚州科学院坐落在旧金山的金门公园内，由自然科史博物馆、莫里森天文馆和斯坦哈特水族馆三馆组成。

在一片天然景观中，各种设施、办公楼与展览空间一应俱全。高处是摩里生天文馆和热带雨林展览厅，低处则有一个中央广场。广场明亮闪耀、空气清新怡人，大部分为草地，就像是一个微型生态圈（图6.40）。这个生态屋顶一共有197000平方米，

由7个大面积起伏的、多功能的、活的草坪构成。屋顶种植了170万株当地植物，它们每年可吸取757万升的雨水，不但省却人工灌溉，而且多余的雨水还可用来冲洗厕所。从展区内部还可以看到这个屋顶，绿色屋顶连通内外，与加州植被葱郁的大背景相衬。它最经典的地方在于：为了防止植物和土壤从屋顶滑下来流失掉，建筑师设计了一种被命名为生态花盆的有机花盆，他们一共用了50000个这种带有孔的，利用可降解材料（树皮、椰子纤维）制成的花盆。由于植物的根茎能通过花盆的空洞纠缠到一起，因此，屋顶就变得和纺织物一样，土壤和植物被牢牢地固定。

图6.40　加州科学院的山丘形绿色屋顶

开放式的设计能让游客们来到屋顶近距离感受这座屋顶花园的魅力。屋顶种植了旧金山当地的各类野花，因此也是近距离观察当地鸟类、蝴蝶等昆虫的好去处。屋顶的天窗在一天里会打开好几次，以吸收阳光给室内提供采光。屋顶还有天气监测站，能预报天气，以及时调节室内温控系统。

新科学院包含一个水族馆、一个天文馆和展区。除绿色屋顶以外，科学院新楼还运用了自然日光、生物能源、水回收等最前沿的能源效率技术，是绿色建筑的典范。据预测，绿色屋顶除防止雨水流失外，还具有超群的屋顶隔热性能，能净化室内空气，无需经常维修。

6.5.3.4　武汉天河机场节水天窗

武汉天河机场T3航站楼拥有许多科技亮点（图6.41），如屋顶能自动开闭、利用太阳能照明、雨水循环利用等，堪称一座智能化、低碳化的绿色航空港。T3航站楼的屋顶天窗十分“聪明”，可根据气候特征自动开启或闭合，也可以通过计算机控制，最大限度地利用自然通风采光，确保航站楼内部空间的舒适度。就像人会呼吸一样，当室内温度过高、空气流通不畅时，屋顶会打开透风降温；反之则关闭。T3 航站楼透明玻璃幕墙采用双层通风与自动遮阳结构，夏季流动的空气层可以带走表面热量，大幅降低烈日对室内的热辐射。航站楼屋面为平面，利用太阳能板收集热能，为部分场地和工作区域照明系统供电。采用先进光传导装置，通过光导管将室外自然光引入地下和航站楼内空间；对照明、通风排气管等设备的余热，进行回收使用；利用机场地下水资源，采取地源热泵空调供暖，节约运行费用。在雨水再利用方面，T3 航站楼采用屋面雨水收集系统，利用雨水和再生水进行卫生和道路冲洗、植物浇灌，节约水资源。

图6.41　武汉天河机场T3航站楼

6.5.3.5　上海世博会屋顶雨水利用

上海世博会吸收国际先进雨水资源管理理念，探索对城市雨水径流资源进行管理和合理利用的途径，通过屋顶绿化、设置低洼绿地、渗透性地面等措施，强化雨水的储蓄和下渗以减少雨水径流，通过景观水体的调蓄削减外排雨水量，通过地下雨水调蓄池减少雨水污染。上海世博会的永久性建筑“一轴四馆”（世博轴、主题馆、中国国家馆、文化中心、世博中心），均实现对屋面雨水的科学收集，并达到 100% 再利用。

世博文化中心将空调凝结水与屋面雨水收集、处理，用作道路冲洗和绿化灌溉用水，采用智能型绿地喷灌或滴灌等节水灌溉技术，提高水资源利用效率。

中国国家馆的屋顶设有雨水收集系统，利用收集的雨水进行绿化灌溉和道路冲洗，并在地区馆南侧的大台阶水景观和其南面园林的设计中，引入小规模人工湿地技术，雨水配合人工湿地的自洁能力，在不需要大量用地的前提下，在城市中心创造出一片生态湿地。

世博轴的阳光谷（图 6.42），可将雨水储蓄在世博轴的地下二层的积水沟，再汇集到地下 7000 立方米的蓄水池里，经过过滤即可回用。目前，阳光谷收集的雨水不仅能满足整个世博轴内几十个厕所的用水，而且还有盈余可用在道路冲刷、场馆清洗、绿化浇灌等方面。

图6.42　世博轴阳光谷

在法国馆的中心广场，中空的地下一层就像个大蓄水池，雨水顺着法国馆四周的雨水收集管道汇聚到地面下的大水池，另外从楼顶等地方流下来的雨水，则从四周的水沟流入大水池，在这里面，当水池的水达到一定量时，喷泉自动启动。

据有关环保专家介绍，世博会采用的先进雨水综合利用技术对上海的未来大有裨益。上海年均降雨量约 1160 毫米，年均最大月降雨量为 169.6 毫米，随着上海城市化程度的提高，城市地表环境的结构与功能不断变化，相当比例的软性透水性地面被不透水表面（路面、屋面、地面）覆盖，影响雨水截留、下渗和蒸发等环节。雨水蓄渗可减少因城市化而增加的暴雨径流量，延缓汇流时间，减轻排水系统负荷，对防灾减灾起到重要作用。同时，还可涵养地下水，防止地面沉降。雨水通过活性土壤层与碎石粒缝隙下渗，水质可得到净化，达到缓解污染的目的。世博会在雨水收集利用技术上的经验，为上海市解决城市面源污染提供了一个可供借鉴的样本。

课后习题 6.5

课后习题 6.5 答案

事实上，在国内许多城市，屋顶绿化也越来越得到社会广泛关注。早在 2005 年，北京市就率先在全市开始大面积绿化屋顶，在北京市地方标准《屋顶绿化规范》（DB11/T 281—2005）中详细规定了屋顶绿化的基本要求、类型、植物选择和技术要求等。杭州于 2011 年出台的《杭州市区建筑物屋顶综合整治管理办法》中提到，在技术或条件允许的情况下，公建的屋顶，要种植植物、进行绿化或设置屋顶花园。上海则给进行屋顶绿化的相关单位以资金补贴。根据相关规定，新建成的小区都要达到一定的绿地覆盖率。如果在屋顶做绿化，这一绿化面积是得到相关部门承认的，可以计入小区总体绿化面积。

参 考 文 献

[1] 冯峰，孙五继.洪水资源化的实现途径及手段探讨[J].中国水土保持，2005(9)：4-5，50.

[2] 金磊.中国城市水灾透视[J].城市问题，1997(2)：23-26，29.

[3] 孟繁仁，孟文庆."漫话中华文明起源"之十一"女娲神话传说"与"史前洪水"[J].世界，2006(8)：74-77.

[4] 孙涛.中国现代文学的洪水母题[D].南京：南京师范大学，2014.

[5] 曹新向.开封市水域景观格局演变研究[D].开封：河南大学，2004.

[6] 王涌泉.特大洪水日地水文学长期预测[J].地学前缘，2001(1)：123-132.

[7] 金磊.1998年中国大洪水的警示[J].劳动安全与健康，1998(9)：8-11.

[8] 李润田，丁圣彦，李志恒.黄河影响下开封城市的历史演变[J].地域研究与开发，2006(6)：1-7.

[9] 席明旺.交通、水利与城市的兴衰[D].成都：四川大学，2007.

[10] 王慧.《楼兰古国》教学设计[D].长春：吉林大学，2012.

[11] 谢丽.绿洲农业开发与塔里木河流域生态环境的历史嬗变[D].南京：南京农业大学，2001.

[12] 蓝颖春.楼兰古国消失之谜[J].地球，2014(11)：96-99.

[13] 张译丹，王兴平."后申遗时代"的杭州京杭大运河沿线工业遗产开发与城市复兴策略——基于文化价值认同视角[J].社会科学动态，2017(5)：50-55.

[14] 李鹏翔.十六国北朝期长安通西域古丝绸之路的变迁[D].西安：陕西师范大学，2017.

[15] 杨冬权.关于全线恢复京杭大运河的提案[J].中国档案，2017(3)：15.

[16] 沈琪.京杭大运河对我国经济发展史的影响[J].科技经济市场，2017(1)：56-57.

[17] 陶莉.历史文化名城保护"苏州模式"探析——京杭大运河苏州段和古城申遗成功后的再思索[J].淮阴工学院学报，2016，25(6)：4-6.

[18] 赵增越.《水道画卷——清代京杭大运河舆图研究》出版[J].历史档案，2016(4)：132.

[19] 马格淇.大江自古黄金在——"黄金水道"的前世[J].珠江水运，2016(20)：46-49.

[20] 杜宁.两汉时期西域农业考古研究[D].南京：南京大学，2016.

[21] 邓莹.楼兰研究综述与思考[J].巴音郭楞职业技术学院学报，2013(4)：71-76.

[22] 傅鸿妃.以色列现代农业对杭州农业发展的启示[J].杭州农业与科技，2018(3)：45-46，48.

[23] 麻泽龙，王守强，袁敏，袁志英，张泽锦.赴以色列学习设施农业先进技术的思考[J].四川农业与农机，2018(2)：7-9.

[24] 陈华文.以色列治水之道与启示[J].资源与人居环境，2018(3)：58-61.

[25] 王恒.以色列农业发展成就对我国农业发展的启示[J].中国市场，2018(5)：91-92.

[26] 李玮宸.以色列：在"没有希望的土地"创造奇迹[J].农产品市场周刊，2018(2)：60.

[27] 肖静.以色列：12项农业技术影响世界[J].农产品市场周刊，2017(39)：60-61.

[28] 王映红，夏金梧，李铭利.以色列节水农业对新疆农业现代化的启示[J].水利发展研究，2016，16(12)：26-29，36.

[29] 霍金鹏．以色列缔造的农业奇迹［J］．中国经济报告，2016（12）：114-117.
[30] 宗会来．以色列发展现代农业的经验［J］．世界农业，2016（11）：136-143.
[31] 南雄雄，李惠军，王芳，等．以色列沙漠农业对我国西部旱区发展节水农业的启示［J］．宁夏农林科技，2016，57（10）：58-60.
[32] 李晓俐．以色列灌溉技术对中国节水农业的启示［J］．宁夏农林科技，2014，55（3）：56-57.
[33] 李忠东．引人瞩目的以色列节水农业（下）［J］．福建农业，2011（6）：29.
[34] 刘英南．以色列：节水农业富国富民［J］．乡镇论坛，2009（8）：24-25.
[35] 张万益．美国密西西比河流域治理的若干启示［N］．中国矿业报，2018-07-03（001）.
[36] 景兰舒．变化环境下密西西比河流域水资源演变规律分析［D］．邯郸：河北工程大学，2018.
[37] 付文楚，蔡薇，高兰．美国密西西比河与长江黄金水道粮食运输的对比分析［J］．水运工程，2017（5）：103-108.
[38] 易鹏．密西西比河与长江经济带［J］．当代贵州，2014（34）：66.
[39] 胡德胜，许胜晴.1986年密西西比河上游管理法［J］．陕西水利，2011（6）：16-18.
[40] 周宇，邱凤全．美利坚的血脉——密西西比河［J］．决策与信息，2011（5）：77-79.
[41] 刘有明．流域经济区产业发展模式比较研究［J］．学术研究，2011（3）：83-88.
[42] 马格淇．大江自古黄金在——“黄金水道”的前世［J］．珠江水运，2016（20）：46-49.
[43] 王家伟．从地理视角看扩建后的新巴拿马运河［J］．地理教学，2017（2）：6-8.
[44] 谢文泽．美国的“两圈战略”与美拉整体合作［J］．美国研究，2016，30（4）：122-138，7-8.
[45] 林德辉．巴拿马运河及其N-1-2018对船舶的要求［J］．船舶，2018，29（2）：85-94.
[46] 曹廷．百年巴拿马运河［J］．世界知识，2017（16）：63-65.
[47] 陈广．美国获取巴拿马运河开凿权问题研究［D］．福州：福建师范大学，2017.
[48] 柳瑞．美国对巴拿马运河政策研究（1969 ~ 1976）［D］．武汉：华中师范大学，2017.
[49] Hugh R.Morley. 巴拿马运河：技术升级构筑竞争新优势［J］．中国远洋海运，2017（4）：56，9.
[50] 张洪文．新巴拿马运河简介［J］．航海技术，2017（2）：23-25.
[51] 沈苏雯．巴拿马运河拓宽，箱船航运何去何从［J］．船舶物资与市场，2017（1）：14-19.
[52] 刘少才．巴拿马运河四大怪［J］．交通与运输，2017，33（1）：50-52.
[53] 陈继红，曹越，梁小芳，等．巴拿马运河扩建对国际集装箱海运格局的影响［J］．航海技术，2013，01：73-76.
[54] 李杰．黄金水道：巴拿马运河［J］．现代军事，2000，04：59-60.
[55] 谢泽．水利部长江委三峡工程设计总工程师郑守仁院士：三峡工程为长江经济带发展提供防洪航运生态供水保障［J］．中国三峡，2018（5）：19-20.
[56] 方馨蕊，黄远洋，吴胜军，等．三峡工程蓄水前后坝下游河段河道演变趋势分析［J］．三峡生态环境监测，2018，3（1）：1-6，20.
[57] 郑守仁．从2016年长江洪水看三峡工程防洪作用［J］．长江技术经济，2017，1（1）：38-42.
[58] 高玉磊．三峡工程运行高效效益显著［J］．中国三峡，2017（5）：70-73.
[59] 江焱生，郑治军，姚黑字，等．三峡工程建成后长江湖北段再遇1954年和1998年洪水

水位计算［J］. 中国水利，2017（5）：52–53.
［60］ 颜萍 . 长江三峡水利枢纽工程［J］. 城建档案，2017（1）：102–104.
［61］ 王儒述 . 三峡工程的功能与可持续发展［J］. 水电与新能源，2016（12）：7–9，17.
［62］ 别道玉 . 从长江治水文明视角看三峡工程文化［C］// 中国水文化（2016 年第 5 期总第 149 期）.《中国水文化》杂志社，2016：6.
［63］ 郑守仁 . 三峡工程与长江防洪体系［N］. 人民长江报，2016–07–30（005）.
［64］ 邹学荣 . 如何认识三峡工程的历史与时代意义［J］. 人民论坛 · 学术前沿，2016，02：31–49.
［65］ 张真真，胡晓峰 . 南水北调中线工程监理监查系统的功能与应用［J］. 科技创新与应用，2018（27）：150–152.
［66］ 刘洪超，潘好磊，王瑞卿 . 南水北调中线工程渠道输水调度研究［J］. 陕西水利，2018（5）：226–228.
［67］ 姬鹏程，孙凤仪 . 南水北调工程运行初期供水成本控制研究［J］. 价格理论与实践，2018（4）：73–76.
［68］ 檀书琨，黄建平 . 南水北调中线工程总干渠邯邢段渠基排水设计［J］. 河北水利，2018（6）：16，19.
［69］ 程德虎，苏霞 . 南水北调中线干线工程技术进展与需求［J］. 中国水利，2018（10）：24–27，34.
［70］ 高媛媛，姚建文，陈桂芳，等 . 我国调水工程的现状与展望［J］. 中国水利，2018（4）：49–51.
［71］ 张野，等 . 南水北调构建中国“四横三纵”水网［J］. 科学世界，2012，12：10–47.
［72］ 尹俊国，胡敏锐 . 南水北调：中国水情的必然选择——专访中国工程院院士、著名水利专家王浩［J］. 中国青年，2012，18：28–29.
［73］ 吴海峰 . 南水北调工程与中国的可持续发展［J］. 人民论坛 · 学术前沿，2016，02：50–57，77.
［74］ 仇保兴 . 节水是城市水安全的解决之道［J］. 中国经济周刊，2013，45：22–23.
［75］ 杜宇，于文静 . 全国 657 个城市，300 多个喊“渴”［N］. 新华每日电讯，2014–05–18（003）.
［76］ 缪子梅 . 城市水资源开发利用对策研究［D］. 南京：河海大学，2005.
［77］ 邓绍云，邱清华 . 城市水资源可持续开发利用研究现状与展望［J］. 人民黄河，2011（3）：42–43.
［78］ 杨战社，高照良 . 城市生态住宅小区水资源循环利用研究［J］. 水土保持通报，2007（3）：167–170.
［79］ 李长城，苏浩 . 水循环利用及节水技术在住宅小区的应用［J］. 建筑技术开发，2013（6）：65–69.
［80］ 陈辅利，高光智，巩晓东 . 生态住宅小区的水循环利用系统［J］. 大连水产学院学报，2004（2）：110–114.
［81］ 圆小歆 .“聪明”的屋顶会“呼吸”［J］. 绿色中国，2013（9）：74–77.
［82］ 王效琴 . 城市水资源可持续开发利用研究［D］. 天津：南开大学，2007.
［83］ 顾朝林，辛章平 . 国外城市群水资源开发模式及其对我国的启示［J］. 城市问题，2014（10）：36–42.
［84］ 裴源生，赵勇，张金萍 . 城市水资源开发利用趋势和策略探讨［J］. 水利水电科技进展，

2005（4）: 1-4.

［85］ 张俊杰 . 谈园林绿化设计的节水措施［J］. 低碳世界，2018（10）: 221-222.

［86］ 张子博，刘玉明 . 公共建筑节水项目外部性研究——以北京某高校为例［J］. 水资源与水工程学报，2018，29（3）: 130-137.

［87］ 本刊 . 非常规水资源开发利用探索［J］. 城乡建设，2018（10）: 14.

［88］ 胡伟 . 营口市用水现状分析与水资源综合利用对策研究［D］. 大连：大连理工大学，2003.

［89］ 宗诚，于竞，赵珊珊，等 . 绿色屋顶在城市生态建设中的应用进展［J］. 现代园艺，2018（18）: 160.

［90］ 张俊民 . 悬泉置汉简与西汉的丝绸之路［J］. 黑河学院院报，2022，13（9）: 1-4，10.

［91］ 王晓光 . 楼兰出土西晋十六国简纸书迹［J］. 中国书法，2013（6）: 160-165.

［92］ 李青，张勇 . 楼兰书法与李柏文书［J］. 新疆艺术学院学报，2009，7（1）: 1-7.

第7章 新时代谱写节水型社会建设新篇章

中国共产党第十八次全国代表大会以来，党中央科学认识人与自然的关系，高度重视江河流域的保护、治理与发展。中国共产党第十九次全国代表大会报告明确提出实施国家节水行动，通过走集约高效的内涵式发展道路，破解水资源瓶颈，实现由富变强的历史性转变。党的二十大报告对“推动绿色发展，促进人与自然和谐共生”作出重大安排部署，强调必须牢固树立和践行绿水青山就是金山银山的理念，坚持山水林田湖草沙一体化保护和系统治理，坚持统筹水资源、水环境、水生态治理。

新时代实施国家节水行动，重点在于以“节水优先”为核心，在转型升级、创新经济、供给侧改革等背景下，完善节水法规，构建节水技术政策体系；发展节水产业，建设节水社会化服务体系；推进行业节水升级改造，促进节水均衡发展；完善水监测系统，促进循环高效用水；建构有利于节水的水价体系，促进节水，以全面推进节水型社会建设。

7.1-1

治水新理念新思路（上）

7.1 新理念新思路

❶ 新时代治水理念。

❷ 新时代治水方略。

❸ 新时代治水思路。

7.1-2

治水新理念新思路（下）

学习思考

❶ 如何理解推进美丽中国建设，要坚持山水林田湖草沙一体化保护和系统治理。

❷ 江河流域治理如何统筹水资源、水环境、水生态治理，推进人与自然和谐共生。

在几千年的农耕文明发展历史进程中，治水一直是人类生存面临的最主要问题之一。针对不同时代面临的水情困境，中华民族创造了源远流长的治水文化，使中华文明五千年绵延不绝。进入中国特色社会主义现代化建设的新时代，中国经济成就令世人瞩目。但人口激增，城镇化、工业化高度发展，也使我们面临资源约束趋紧、环境污染严重、生态系统退化的严峻形势，特别是水资源短缺、水环境污染、水生态系统退化、水旱灾害频发，以及水资源分布不均和对水的利用不充分等现实问题。党的十八大之后开启了生态文明建设新时代，相继提出"生态兴则文明兴，生态衰则文明衰""绿水青山就是金山银山""统筹水资源、水环境、水生态治理"，并逐渐明确了新时代治水兴水新理念、新思路。

7.1.1 总体轮廓和基本内容

2014 年 3 月 14 日，中央财经领导小组第五次会议研究水安全战略，确立了"节水优先、空间均衡、系统治理、两手发力"的治水新思路，强调要把水生态、水资源、水环境和水灾害防治作为一个系统来考虑。2016 年 1 月 26 日，中央财经领导小组第十二次会议，针对长江流域生态环境保护与经济发展矛盾日益严重的形势，强调:"涉及长江的一切经济活动都要以不破坏生态环境为前提。"遵循经济规律、自然规律、社会规律，实现科学发展、可持续发展、包容性发展……十八届中央财经领导小组在新实践中做出的理论创新，赋予新时期治水新内涵、新要求、新任务。2016 年 3 月 25 日中共中央政治局审议通过《长江经济带发展规划纲要》，明确长江经济带发展必须坚持生态优先、绿色发展。从大开发到大保护，中华民族母亲河开启新的发展道路。"山水林田湖是一个生命共同体""绿水青山就是金山银山"……从水安全到森林安全，从长江经济带到京津冀协同发展，以及"以水定城、以水定地、以水定人、以水定产""生态优先、绿色发展""共抓大保护、不搞大开发"等等，体现了我国新时代治水思路的总体轮廓、核心理念与基本内容。

7.1.1.1 巩固水基础 满足水需要

治国有常，而利民为本。必须坚持以人民为中心的发展思想，使人民获得感、幸福感、安全感更加充实、更有保障、更可持续。中国共产党第二十次全国代表大会报告，“人民”二字出现 176 次，这是党面向未来的庄严承诺。“以人为核心的城镇化”“让居民望得见山、看得见水、记得住乡愁”“延续城市历史文脉”，以及高度重视百姓的用水需求和农村的水利基础设施建设，采取加快推进、政策倾斜等措施强化落实。坚持以人民为中心，人民为大，既是新时代治水理念中水利发展的出发点，也是水利发展最终归宿。

1. 着力增强水利基础保障能力

新时代把水利作为现代化经济体系建设的重要内容，纳入供给侧结构性改革的关键措施，摆在九大基础设施网络建设的首要位置，进一步彰显了水利在经济社会发展中的基础性、战略性地位。紧紧围绕建设现代化经济体系，着力增强水利基础保障能力，主要包括：持续推进流域治理，提升流域防洪与水资源保障能力；着力强化区域治理，不断改善乡村外部水利条件；全面加快乡村引排工程体系建设，有效提升乡村水利综合保障能力等。

2. 着力增强水利生态保障能力

2017 年 10 月 24 日，中国共产党第十九次全国代表大会报告将统筹山水林田湖草系统治理作为生态文明建设的基本方略。2021 年 11 月 11 日，中国共产党第十九届中央委员会第六次全体会议进一步提出：坚持山水林田湖草沙一体化保护和系统治理。2022 年 10 月 16 日，党的二十大报告强调“统筹水资源、水环境、水生态治理，推动重要江河湖库生态保护治理。”水是生态之基，切实把生态河湖建设作为生态文明建设的重要任务，着力增强水利的生态保障能力，主要包括：推进河湖长制，以河湖长开展河湖巡查等举措构建部门间高效联动机制；推进生态河湖行动计划，实施水安全保障、水资源保护、水污染防治、水环境治理、水生态修复、水文化建设、水工程管护；推进水治理创新，落实水资源双控、农村河道“五位一体”管理、水利投融资的政府与市场联动等。

3. 着力增强水利民生保障能力

党中央强调，农业农村农民问题是关系国计民生的根本性问题，必须始终把解决好“三农”问题作为全党工作的重中之重。紧紧围绕实施乡村振兴战略，针对“三农”发展中的水问题，着力增强水利的民生保障能力，全面实施农村饮水安全巩固提升工程，改善农民生活质量，主要包括：加强农村水环境综合治理，开展清洁型小流域建设；大力发展高效节水灌溉，实现农业增效、农民增收；加快推进旱涝保收高标准农田建设，保障粮食安全等。

7.1.1.2 用好水资源　发展水产业

在历史新起点上做好水利工作，必须以新时代中国特色社会主义思想为根本遵

循，贯彻水资源、水生态、水环境、水灾害统筹治理的治水新思路。

早在20世纪80年代，浙江省委就提出“靠山吃山唱山歌，靠海吃海念海经”，充分利用当地丰富水资源优势，发展水产业，繁荣水经济。并强调“先有钱，先办电”，要充分利用水资源开发水电站。这些实践与之后国家提出“以水定城、以水定地、以水定人、以水定产”思想一脉相承。

发挥海洋资源优势，加快发展海洋经济，是浙江重点念的“山海经”。2003年1月，全省农村工作会议提出：“要充分发挥我省海洋资源优势，加快海洋经济发展，推动海洋渔业结构调整，支持渔民转产转业”。7月，省委十一届四次全会明确提出：念好“山海经”，依托“山海并利”的自然条件，合理开发利用海洋资源和山区资源，不断拓展海洋经济发展空间，积极实施“山海协作工程”和“欠发达乡镇奔小康工程”，推动海岛、山区、少数民族地区等欠发达地区加快发展。

近年来，浙江坚持强化全省域海洋意识、沿海意识，高质量发展海洋经济。拓展迭代山海协作方式、载体和内涵，打造产业链协作、公共服务平台的标志性工程，形成山海互济、携手共富的良好态势，也为新时代如何用好水资源发展水产业提供了典型示范。

7.1.1.3 优化水开发 促进水节约

坚持多渠道节约用水，推进水资源节约集约高效利用，是新时代治水的核心内容，也是“节水优先”思路的根源。

2013年5月24日，十八届中央政治局第六次集体学习会议指出：“要大力节约集约利用资源，推动资源利用方式根本转变……要加强水源地保护和用水总量管理，推进水循环利用，建设节水型社会……要大力发展循环经济，促进生产、流通、消费过程的减量化、再利用、资源化。”

2014年3月14日，中央财经领导小组第五次会议指出“我国水安全已全面亮起红灯，高分贝的警讯已经发出，部分区域已出现水危机。河川之危、水源之危是生存环境之危、民族存续之危。水已经成为了我国严重短缺的产品，成了制约环境质量的主要因素，成了经济社会发展面临的严重安全问题。一则广告词说‘地球上最后一滴水，就是人的眼泪’，我们绝对不能让这种现象发生。全党要大力增强水忧患意识、水危机意识，从全面建成小康社会、实现中华民族永续发展的战略高度，重视解决好水安全问题。”

2017年5月26日，十八届中央政治局第四十一次集体学习会议强调：“实行最严格的耕地保护、水资源管理制度，强化能源和水资源、建设用地总量和强度双控管理……发展节水型产业，推动各种废弃物和垃圾集中处理和资源化利用。”

对如何节约水资源，中央强调：要为子孙后代留下生存根基。要解决这个问题，就必须在转变资源利用方式、提高资源利用效率上下功夫。要树立节约集约循环利用的资源观，提出做好水资源规划、抓循环经济、发挥经济杠杆作用、大力发展节水新技术、建立水权和排污权交易制度等。同时，强调要加强水生态文明建设，促进人与自然和谐相处。

7.1.1.4 治理水环境 保护水生态

绿水青山就是金山银山的理念，把流域保护放在首要位置。新时代治水“重在保护，要在治理”，“生态保护”在“发展”之前的战略理念和原则，要求探索走出一条生态优先、绿色发展的新路子。对于一江一河，中央强调：黄河、长江都是中华民族的母亲河，保护母亲河是事关中华民族伟大复兴和永续发展的千秋大计。2018 年 4 月，深入推动长江经济带发展座谈会就长江提出“推动长江经济带发展必须从中华民族长远利益考虑，把修复长江生态环境摆在压倒性位置，共抓大保护、不搞大开发。”2019 年 9 月，黄河流域生态保护和高质量发展座谈会就黄河提出“要坚持绿水青山就是金山银山的理念，坚持生态优先、绿色发展，以水而定、量水而行，因地制宜、分类施策，上下游、干支流、左右岸统筹谋划，共同抓好大保护，协同推进大治理”。

早在 1999 年，福建木兰溪综合治理以“改道不改水”的方式减轻对原有水生态系统影响，不仅有效提升了莆田城区水域面积（湖心水域面积超过 46.67 公顷，约 700 亩）和蓄洪能力，保护了下游（1.33 万公顷，20 多万亩）兴化平原、70 个行政村和近百万人口，而且还丰富了城市生态内涵。木兰溪治理，是新时代治水过程中生态优先最早实践之一。

党的十八大以来，党中央从“生态”与“文明”的战略视角，提出建立三江源国家生态保护区、长江经济带生态优先绿色发展战略、黄河流域生态保护和高质量发展等一系列谋篇布局的大战略。党中央充分认识到：盯住生态环境问题不放，是因为如果不抓紧、不紧抓，任凭破坏生态环境的问题不断产生，我们就难以从根本上扭转我国生态环境恶化的趋势，就是对中华民族和子孙后代不负责任。并再三告诫各级领导干部，绝不以牺牲环境为代价去换取一时的经济增长。

7.1.2 治水思路与实践方略

党的十八大以来，党中央主要领导人多次实地考察沿黄九省区和长江流域各省市，主持召开了推动长江经济带发展座谈会、深入推动长江经济带发展座谈会、黄河

流域生态保护和高质量发展座谈会、扎实推进长三角一体化发展座谈会等，并就江河流域保护、治理与发展作了大量论述和批示，形成了系统的治水思路与方略。

7.1.2.1 节水优先

新时期治水的关键环节是节水，从观念、意识、措施等各方面都要把节水放在优先位置。相对于我国几千年的治水史，节约用水还是一项年轻的事业。节水优先，就是在水资源开发、利用、配置、治理、保护过程中，将节水放在首位，以最少的水资源消耗获取最大的经济社会生态效益，高效用好每一滴水，提高水资源利用率。

节水优先符合中国国情和水情，但是，中央提出节水优先，并不仅仅针对缺水国情，而是站在生态文明建设、可持续发展、经济转型、绿色发展、民族复兴等战略高度，着眼中华民族永续发展审视节水。

2014年3月14日，中央财经领导小组第五次会议提出：治水包括开发利用、治理配置、节约保护等多个环节。当前的关键环节是节水，从观念、意识、措施等各方面都要把节水放在优先位置。

2017年10月18日，党的十九大报告进一步明确："实施国家节水行动，降低能耗、物耗，实现生产系统和生活系统循环链接。"标志着节水优先已上升为国家行为。

2020年1月3日，中央财经委员会第六次会议指出：要把握好黄河流域生态保护和高质量发展的原则，强调要坚持节水为重。

7.1–3

工业节水减排

从节水优先思路到节水为重原则，是认识上的又一次升华，既立足我国国情，洞悉未来趋势，深刻揭示在相当长一段时间里生态保护和高质量发展要把握的重要原则，又深刻回答了如何正确处理好经济发展与水资源节约集约利用的关系，开辟了处理人与自然关系的新境界，为节约用水迈入新时代提供了强大思想武器和行动指南。

7.1–4

农业高效节水

7.1.2.2 空间均衡

2014年3月14日中央财经领导小组第五次会议指出，面对水安全的严峻形势，要坚持人口经济与资源环境相均衡的原则。空间均衡理念并非是空间均匀分配水资源，而是把水资源、水生态、水环境承载能力作为刚性约束，以水定需、量水而行、因水制宜。

空间均衡，是从生态文明建设高度，审视人口经济与资源环境关系，在新型工业化、城镇化和农业现代化进程中做到人与自然和谐的科学路径。重点是要从改变自然、征服自然转向调整人的行为、纠正人的错误行为，尊重经济规律、自然规律、生态规律，树立人口经济与资源环境相均衡的原则。中央指示："必须树立人口经济与资源环境相均衡的原则""把水资源、水生态、水环境承载力作为刚性约束""制定刚性约束，以水定需，量水而行”。并多次强调“以水定城，以水定地，以水定人，以水定产。”

2015 年 12 月 20 日，中央城市工作会议指出：一旦人口和经济规模超出水资源承载力，就不得不超采地下水或者从其他地区调水。当生态空间和建设空间比例失调时，环境容量变少，污染加重。

2017 年 5 月 26 日，中央政治局集体学习会议指出：全面促进资源节约集约利用。生态环境问题，归根到底是资源过度开发、粗放利用、奢侈消费造成的。强调实施最严格水资源管理制度、水资源双控和发展节水型产业。

2019 年 9 月 18 日，黄河流域生态保护和高质量发展座谈会，着眼中华民族伟大复兴和永续发展，明确了事关黄河流域生态保护和高质量发展的一系列根本性、方向性、全局性的重大问题，发出“让黄河成为造福人民的幸福河”的伟大号召，明确指出“治理黄河，重在保护，要在治理”。

2020 年 1 月 3 日，中央财经委员会第六次会议进一步强调，黄河流域必须下大气力进行大保护、大治理，明确提出了黄河流域生态保护和高质量发展“四个坚持”的重大原则和六个方面重大问题，这对于新时代黄河治理保护及水利事业发展具有重要的里程碑意义。

7.1.2.3 系统治水

系统治理是新时代生态文明思想和“十六字”治水思路的重要内涵，主要内容包括：一是要坚持山水林田湖草沙系统治理，遵循生态系统的整体性、系统性及其内在规律；二是要整体联动推动工作，树立“一盘棋”思想。

与传统水治理方式相比，新时代治水强调：山水林田湖草沙是一个生命共同体，治水要统筹自然生态的各要素，统筹治水和治山、治水和治林、治水和治田，统筹生态，统筹经济社会发展，不能就水论水，要有动一“水”而牵社会、经济、生态的思想，用生命共同体的理念系统治水。

2013 年 11 月 15 日，党的十八届三中全会关于《中共中央关于全面深化改革若干重大问题的决定》的说明指出：“山水林田湖是一个生命共同体。人的命脉在田，田的命脉在水，水的命脉在山，山的命脉在土，土的命脉在树。用途管制和生态修复必须遵循自然规律，如果种树的只管种树、治水的只管治水、护田的单纯护田，很容易顾此失彼，最终造成生态的系统性破坏”。

2018 年 4 月 26 日，深入推动长江经济带发展座谈会会议指出：长江病了，而且病得不轻。治好“长江病”，要从生态系统整体性和长江流域系统性出发，系统梳理和掌握各类生态隐患和环境风险，做好资源环境承载能力评价。按照生命共同体的理念，研究从源头上系统开展生态环境修复和保护的整体预案与行动方案。

2019 年 9 月 18 日，黄河流域生态保护和高质量发展座谈会指出："要坚持山水林田湖草综合治理、系统治理、源头治理。"

7.1.2.4 两手发力

中央在关于《中共中央关于全面深化改革若干重大问题的决定》的说明中强调，保障水资源安全，无论是系统修复生态、扩大生态空间，还是节约用水、治理水污染等，都要充分发挥市场和政府的作用。两手发力是指在水资源开发、利用、保护、节约、配置等全过程中，政府和市场"两只手"都要发挥各自特长，协同发力，共同利用好管理好水资源。

两手发力是由管理向治理转变的突破口，核心是将政府大包大揽的传统管理模式，转向充分发挥政府和市场的双重作用，分清政府和市场的各自职责和发力领域。政府要履行水治理的主要职责，建立健全一系列制度，更多依靠水资源税等税收杠杆调节水需求。市场要发挥好在资源配置中的决定性作用，用价格杠杆调节供求，提高水治理效率。两手发力，是从水的公共产品属性出发，充分发挥政府作用和市场机制，提高水治理能力的重要保障。水关系国计民生、不可替代，政府该管的要管严管好，同时也要充分发挥市场在资源配置中的决定性作用。

2013 年 11 月 12 日，中共十八大三次会议通过了《中共中央关于全面深化改革若干重大问题的决定》，特别提出：推进水等领域放开竞争性环节价格改革。水价格成为一个重点，给水利发展注入了新的活力。

2014 年 3 月 14 日，中央财经领导小组第五次会议强调：无论是系统修复生态、扩大生态空间，还是节约用水、治理水污染等，都要充分发挥市场和政府的作用；水是公共产品，政府既不能缺位，也不能越位；推动建立水权市场，明确水权归属，防止挤压农业和生态用水。

7.1.3 流域治理与发展定位

对流域保护、治理与发展，党和国家制订了系统的规划和战略部署。2014 年 9 月，国务院印发了《关于依托黄金水道推动长江经济带发展的指导意见》；2016 年 1 月，组织召开推动长江经济带发展座谈会；2016 年 3 月，中共中央政治局审议通过《长江经济带发展规划纲要》；2018 年 4 月，组织召开了深入推动长江经济带发展座谈会；2019 年 9 月，组织召开黄河流域生态保护和高质量发展；2020 年 11 月，组织召开全面推动长江经济带发展座谈会，为长江经济带赋予新使命。2020 年 12 月 26 日，第十三届全国人民代表大会常务委员会第二十四次会议，审议通过《中华人民共和国长江保护法》。

早在2015年，在博鳌亚洲论坛会上，中国提出：在漫长历史长河中，如亚洲的黄河和长江流域、印度河和恒河流域、幼发拉底河和底格里斯河流域以及东南亚等地区孕育了众多古老文明，彼此交相辉映、相得益彰，为人类文明进步作出了重要贡献。表明流域与文明的起源和发展息息相关，黄河、长江流域孕育了中华文明，是中华民族坚定文化自信的重要根基。

2016年，中央领导人在重庆调研时强调指出“通观中华文明发展史，从巴山蜀水到江南水乡，长江流域人杰地灵，陶冶历代思想精英，涌现无数风流人物”“千百年来，长江流域以水为纽带，连接上下游、左右岸、干支流，形成经济社会大系统，今天仍然是连接丝绸之路经济带和21世纪海上丝绸之路的重要纽带。”2018年4月，中央领导人来到长江沿岸湖北、湖南两省，登大坝、乘江船、进企业、访村落……实地考察调研长江生态环境修复工作，并在武汉主持召开了深入推动长江经济带发展座谈会，为长江经济带发展把脉定向。

历史时期，黄河流域位居全国政治、经济、文化中心地位3000多年，孕育了河湟文化、河洛文化、关中文化、齐鲁文化等。《汉书·沟洫志》曰：“中国川源以百数，莫著于四渎，而黄河为宗。”2019年9月18日，黄河流域生态保护和高质量发展座谈会，强调保护、传承、弘扬黄河文化。会议指出，“黄河宁，天下平”。黄河文化是中华文明的重要组成部分，是中华民族的根和魂。要推进黄河文化遗产的系统保护，深入挖掘黄河文化蕴含的时代价值，讲好“黄河故事”，延续历史文脉，坚定文化自信，为实现中华民族伟大复兴的中国梦凝聚精神力量。

课后习题 7.1

课后习题 7.1 答案

2020年11月14日，全面推动长江经济带发展座谈会强调：坚定不移贯彻新发展理念，推动长江经济带高质量发展，谱写生态优先绿色发展新篇章，打造区域协调发展新样板，构筑高水平对外开放新高地，塑造创新驱动发展新优势，绘就山水人城和谐相融新画卷，使长江经济带成为我国生态优先绿色发展主战场、畅通国内国际双循环主动脉、引领经济高质量发展主力军。2021年3月1日，我国第一部流域保护法——《中华人民共和国长江保护法》正式实施，“生态优先、绿色发展”的国家战略被庄严地纳入法律范畴。

江河流域是中华文明文脉所在。党中央对长江、黄河、大运河、洞庭湖等大江大河大湖的治理保护高度重视，形成了关于新时代江河保护的重要理论。其核心在于阐明发展与保护的关系，是“绿水青山就是金山银山”发展理念在水治理领域的诠释，既明确了生态优先、绿色发展的战略导向，又确立了共抓大保护、不搞大开发的江河治理原则，还明确了山水林田湖草沙综合治理、系统治理、源头治理、依法治理的江

河治理实践路径，并在工作方法上提出要正确把握整体推进和重点突破、生态环境保护和经济发展、总体谋划和久久为功、破除旧动能和培育新动能、自身发展和协同发展的关系，开启了长江、黄河、大运河、太湖等大江大河大湖的“大治时代”。

7.2 幸福河湖建设

❶ 幸福河湖理念与定位。

❷ 任务内容与评价标准。

❸ 河湖长护航节水优先。

❶ 在河湖系统化治理中，如何践行生命共同体理念。

❷ 江河安澜，水润民生。理解“良好生态环境是最公平的公共产品，是最普惠的民生福祉”这句话。

河湖是最重要的地表水体，是最重要的水资源、水环境、水生态和水空间形态，关系百姓生活、地区发展、国家安全、国际关系。我国江河湖泊众多，水系发达，流域面积50平方千米以上河流共45203条，常年水面面积1平方千米以上的天然湖泊2865个。党的十八大以来，党中央高度重视水利工作，明确提出“节水优先、空间均衡、系统治理、两手发力”的治水思路，对长江经济带共抓大保护、不搞大开发，黄河流域共同抓好大保护、协同推进大治理等作出重要部署。

7.2-1

幸福河湖建设（上）

7.2-2

幸福河湖建设（下）

江河安澜、水润民生。“幸福河湖”，源于“幸福河”的提出。2019年9月，黄河流域生态保护和高质量发展座谈会提出：“让黄河成为造福人民的幸福河。”“幸福河”伟大号召不仅适用于黄河，更是全国河湖治理的根本指引。河流是人类文明的摇篮，具有重要的经济支撑、生态保护和社会服务功能。所谓“幸福河湖”，是指能够维持自身健康，支撑流域和区域经济社会高质量发展，体现人水和谐，让流域内人民具有安全感、获得感与高满意度的河流与湖泊，是安澜之河湖、富饶之河湖、清洁之河湖、生态之河湖、文化之河湖的集合与统称。

7.2.1 治水问题需求导向

水是生存之本、文明之源、生态之基，河湖水系是水资源的重要载体和生态系统的重要组成部分，在调蓄水量、保障供水、改善气候条件、维系生态系统功能等方面发挥了至关重要的作用。2018年，全国供水总量6015.5亿立方米，其中地表水源供水量4952.7亿立方米，占供水总量的82.3%，说明河湖是我国供水的主要来源。

我国河湖水系众多，长期以来，由于大规模的人类活动和气候变化等因素的影响，我国的河湖水系格局发生了较大的调整，一些地区水生态系统受到损害。主要表现在以下几个方面。

7.2.1.1 水生态空间减少

大规模土地开发和城镇化建设侵占河湖水域，导致部分河湖湿地等水生态空间有所减少。过去100年间共发生5年一遇至10年一遇以上的江河洪水213次，平均每年超过2次。河湖受到阻隔，水循环系统不畅，对保障防洪安全、供水安全和生态安全构成一定威胁。

7.2.1.2 水资源分布不均

气候变化影响加剧了我国水资源时空分布不均。一些地方干旱缺水较为严重，加之水资源的过度开发利用造成一些河流出现季节性断流现象，局部地区地下水超采、地下水位下降。湖泊消失和萎缩、江河断流和流量减少、湿地减少和功能下降、水生生物多样性减少及外来物种入侵等现象较为严重。全国集中式饮用水水源地（1045个）中，全年水质评价频次合格率100%的水源地仅为63.7%，合格率在80%以上的水源地占83.5%。另外，仍有少数城镇没有真正意义上的集中式饮用水水源地。

7.2.1.3 水污染仍然严重

大量废污水的排放，导致一些河段水体污染加剧，湖泊出现富营养化的现象，部分区域生物多样性遭到破坏。2018年，长江、黄河、珠江、松花江、淮河、海河、辽河七大流域和浙闽片河流、西北诸河、西南诸河监测的1613个水质断面中，水质较差的Ⅴ类占4.5%，水质很差的劣Ⅴ类占6.9%，二者合计达11.4%。监测水质的111个重要湖泊（水库）中，Ⅴ类和劣Ⅴ类各占8.1%，合计16.2%。监测营养状态的107个湖泊（水库）中，处于富营养状态的占29%。

7.2.2 新理念新目标定位

幸福河建设涉及防洪保安全、优质水资源、健康水生态、宜居水环境、先进水文化等诸多内容，为我国河湖治理提出了新理念、新目标。

7.2.2.1 保护水资源，捍卫水健康

水从源头流经上游、中游、下游，从河口注入江河湖海或尾闾，再经蒸发、降水

回到陆地，开始新的循环，周而复始，生命得以延续传承。在此过程中河流发挥生态调节和环境塑造功能，孕育社会服务功能，伴生经济支持功能。无论哪个环节失衡，都会引起整个系统的波动。我们要像对待生命一样对待河流，把人类的幸福建立在河流健康的基础上，还河流以活力、和谐、美丽，为经济社会高质量发展提供优质的水资源保障。

7.2.2.2　保障水安全，优化水供给

河湖既能造福于人，也会危害人的生命财产。打造幸福河湖，使河湖造福人类，首要任务是保障防洪安全、供水安全，关键把握如下两个重点。

1. 防范化解重大风险

着眼于全球气候变化和历史最大洪水，立足于防御特大洪水、极重干旱，加快健全水利基础设施网络，筑牢防洪减灾工程措施体系与非工程措施体系，不断提升监测预警水平，全面增强应急管理能力，有效应对重大自然灾害，完善全面提升防治洪水灾害和干旱风险能力。

2. 服务国家经济战略

着眼于解决人民群众的生产生活问题上，不断满足人民群众日益增长的对优质水资源、健康水生态、宜居水环境的需要，让河流提供更多优质生态产品，促进资源公平、环境公平、生态公平，保证流域内人民在水利发展中有更多获得感、幸福感、安全感。

7.2.2.3　治理水环境，修复水生态

水环境治理首先要以生态功能的复原为出发点，从技术和制度两方面入手，促进河湖生态系统的功能化与结构合理化复原。

1. 空间保护与修复

强化关键空间管控，通过退田还湖还湿、河湖滨岸带治理等措施，维系和改善河湖生态空间。

2. 生态需水量保障

采取水源涵养与水土保持、生态补水、城乡节水等措施，实现从源头保水、过程调水到用户节水全过程的生态需水保障。

3. 栖息地生态修复

通过配置乔、灌、草相结合的植被群落，构建宽度适宜的植被缓冲带。通过保持或恢复泥质、石质和沙质等自然形态，营造有利于水生植物生长、底栖动物和鱼类的觅食与繁殖的自然环境。

4. 水质改善与维护

通过实施饮用水水源地保护、点源面源综合治理和河湖内源综合治理等措施，加大对饮用水水源地的保护，强化对受污染水体的防治，开展对陆域污染源到河道内源污染进行全过程治理。

5. 监测与制度建设

通过对河湖管理制度、水生态保护补偿、河湖生态监测能力等方面的建设，建立健全重点区域水生态保护和修复的长效管理体制机制。

7.2.2.4 发掘水文化，繁荣河湖文明

通过发掘区域内水的历史文化脉络，在美丽河湖建设中展示地区文化特色。在城乡规划设计中，体现以美丽河湖建设为依托，服务乡村振兴，实施“美丽河湖 + 乡村振兴”“区域水文化 + 旅游业文化”建设，使海晏河清，鱼翔浅底，鸟语花香，做到“河清、水美、有文化”，发挥水文化育人、传承功能，让百姓获得精神层面的享受和文化熏陶，使民众从“美丽河湖，美好家园”中获得幸福感。幸福河湖内涵见图 7.1。

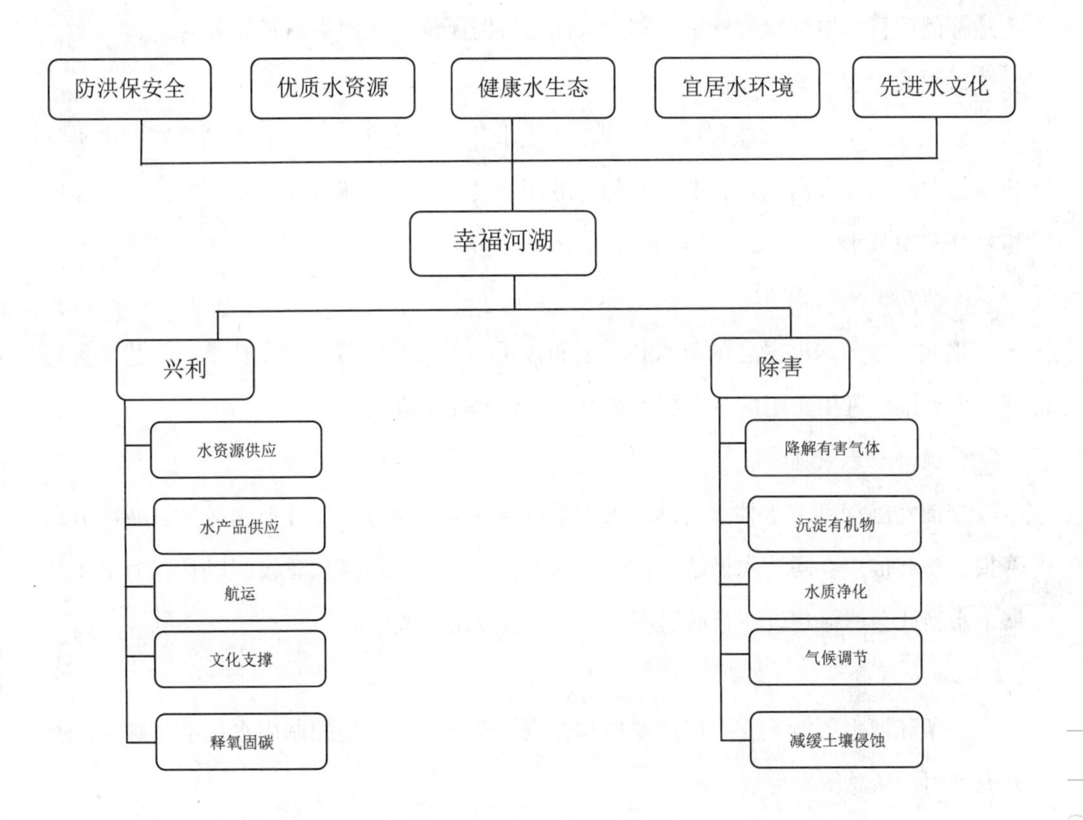

图7.1 幸福河湖内涵构成

7.2.3 节水优先思路引领

建设造福人民的幸福河湖，必须做好治水这篇大文章。我国地理气候条件特殊、人多水少、水资源时空分布不均，是世界上水情最为复杂、治水最具挑战性的国家。建设幸福河湖，首先要直面水资源配置瓶颈，解决节水优先问题，包括全面节水、合理分水、管住用水、科学调水、系统治水。

7.2.3.1 全面节水

水不是无限供给的资源，必须坚持节水优先，把节水作为水资源开发、利用、保护、配置、调度的前提，推动用水方式向节约集约转变。

1. 明确节水标准

建立覆盖节水目标控制、规划设计、评价优先、计量计算的节水标准体系，完善覆盖不同农作物、工业产品、生活服务业的用水定额体系，作为约束用水行为的依据，推进节水落地。

2. 实施节水评价

全面开展规划和建设项目节水评价，从严审批新增取水许可申请，从严叫停节水不达标的项目，推行水效标识、节水认证和信用评价，从源头把好节水关。

3. 深化水价改革

建立反映水资源稀缺程度和体现市场供求、耗水差别、供水成本的多层次供水价格体系，适当拉大高耗水行业与其他行业用水的差价，实施农业水价综合改革，靠价格杠杆实现节水。

4. 推广节水技术

建立产学研深度融合的节水技术创新体系，深入开展节水产品技术、工艺装备研究，大力推广管用实用的节水技术和设备，全面提高节水水平。

5. 抓好节水载体

全面实施深度节水控水行动，大力推进农业节水增效、工业节水减排、城镇节水降损，总结推广合同节水做法，加快节水型机关和节水型高校建设，以县域为单元开展节水型社会达标建设，全面提高各领域各行业用水效率。

7.2.3.2 合理分水

一条江河上下游、左右岸都要用水，只有合理分水才能控制用水总量，避免过度开发利用，从总体上促进节水。

1. 还水于河

坚持因地制宜、一河一策，加快确定全国河湖生态流量，编制生态流量保障重要河湖名录，完善重点河湖生态流量保障措施，严格生态流量管控，保障河湖健康生命。

2. 分水到河

按照应分尽分原则，明确江河流域水量分配指标、区域用水总量控制指标、地下水水位和水量双控指标，把可用水量逐级分解到不同行政区域，明晰流域区域用水权益。

3. 以水定需

针对不同的区域，按照确定的可用水总量和用水定额，结合当地经济社会发展战略布局，提出城市生活用水、工业用水、农业用水的控制性指标，真正实现以水定城、以水定地、以水定人、以水定产。

7.2.3.3 管住用水

实行最严格的水资源管理制度，必须把用水监管工作抓实抓细，把具体的取用水行为管住管好，实现从水源地到水龙头的全过程监管。

1. 实现可监控

加快水资源监测体系建设，将江河重要断面、重点取水口、地下水超采区作为主要监控对象，完善国家、省、市三级重点监控用水单位名录，建设全天候的用水监测体系并逐步实现在线监测，强化监测数据分析运用。

2. 实行严监管

实行最严格的水资源管理制度考核，加强水资源供、用、耗、排等各环节监管，将用水户违规记录纳入全国统一的信用信息共享平台，纠正无序取用水、超量取用水、超采地下水、无计量取用水等行为。

3. 推行许可证制

完善对水资源超载、临界超载地区禁限批取水许可制度，全面推行取水许可电子证照。严格水资源管理监督检查，做好最严格水资源管理制度考核，充分发挥激励约束作用。

7.2.3.4 科学调水

促进“空间均衡”，既要在需求侧强化水资源刚性约束，也要在供给侧加强科学配置和有效管理。

1. 如何调

在开展全国水资源开发利用现状评价基础上，识别水资源开发利用过度、适度、较低流域和区域，坚持通盘考虑，分区施策，适度有序推进跨区域跨流域调水工程建

设，为经济社会持续健康发展和重大国家战略实施提供水资源保障。

2. 能否调

按照确有需要、生态安全、可以持续的原则，以调入区充分节水为前提，以保障经济社会高质量发展的刚性合理用水需求为导向，确定需要调水的区域名录及需水总量等。

3. 从哪调

立足重大国家战略实施、流域区域经济社会发展和水资源实际条件，提出具有调水潜力的江河名录及可调水量，加强与国土空间规划的有机衔接，科学谋划全国水资源配置工程总体布局。

4. 怎么调

按照“三先三后”的要求，深入做好调水工程论证和调水影响评价，综合考虑轻重缓急、技术经济可行性、调水综合效益等因素。

5. 系统治水

“幸福河湖”建设是一项系统工程，必须统筹兼顾、系统施策。要统筹好“盛水的盆”和“盆里的水”，涉及水资源、水安全、水环境、水文化，等等。“幸福河湖”建设主旨在于为社会提供优质水资源、宜居水环境、健康水生态与先进水文化，使人与水相近、相亲、相融，使河湖成为重要的发展载体和精神依托。

河湖系统化治理，要按照山、水、林、田、湖、草、沙是一个生命共同体理念，对水资源短缺、水环境恶化、水生态损害、水旱灾害等“四水”问题实施系统治理，主要包括：减少污染物的入河，改善江河湖库的水质；适度恢复江湖水系，改善河流水文泥沙及营养盐环境条件；修复以往人为活动造成的环境破坏，做好水源地涵养保护、水库群生态调度、江河湖泊洲滩与岸线生境修复。

7.2.4 河长制湖长制护航

河流水环境好坏，表象在水里，根源在岸上。山、水、林、田、湖、草、沙是一个生命共同体，必须统筹上下游、左右岸系统治理。河长制湖长制核心是党政首长负责制，就是建立党政主导，部门联动，社会参与，全面统筹水上岸上、河流上下游与左右岸的管理机制。

党的十九届五中全会通过《中共中央关于制定国民经济和社会发展第十四个五年规划和二〇三五年远景目标的建议》，要求“强化河湖长制，加强大江大河和重要湖泊湿地生态保护治理”，标志着河长制湖长制改革进入新阶段。各级河、长湖长从不同地区、不同河湖实际出发，统筹上下游、左右岸，实行一河一策、一湖一策，为美丽河湖建设提供基础保障。

7.2.4.1 组织体系全员覆盖

2016年以来，全国31个省（自治区、直辖市）全部实行河长制湖长制，基本建立省、市、县、乡、村五级河长湖长组织体系，实现了对行政区域和河湖的全覆盖。中央层面成立了由水利部牵头、10个有关部委组成的联席会议制度，各省（自治区、直辖市）党委和政府主要负责人共同担任总河长，设立省、市、县、乡、村五级河长湖长130余万名，全面落实党中央“每条河流要有河长”的重要指示，开创了我国河湖管理保护工作的新局面。

7.2.4.2 任务聚焦河湖永续

河长制湖长制以水资源保护、水域岸线管理、水污染防治、水环境治理、水生态修复、执法监管等为主要任务，通过构建责任明确、协调有序、监管严格、保护有力的河湖管理保护机制，依法开展河湖管理范围划定、水利工程管理和保护范围划界确权，明确水域、岸线等水生态空间权属，严格水域、岸线等水生态空间保护和监管。严禁以各种名义侵占河道、围垦湖泊、设置行洪障碍、非法采砂采金，对岸线乱占滥用、多占少用、占而不用等突出问题开展清理整治，恢复和保护河湖水域岸线生态空间。实现“河畅、水清、岸绿、景美”的河湖水系建设目标，维护河湖健康生命与功能永续利用。

7.2.4.3 河湖治理保护有效

2018年至今，水利部聚焦河湖这个盛水的“盆”，由河长湖长负责集中全面整治，累计清理整治河湖“四乱”（乱占、乱采、乱堆、乱建）问题15.7万处，大江大河采砂秩序总体平稳；明确水域岸线管控边界，完成118.9万公里河流、1955个湖泊管理范围划界；基本完成长江岸线利用项目清理整治任务，腾退长江岸线158公里，正在加快推进黄河岸线清理整治；实施河湖生态补水、南水北调等工程向京津冀地区河湖补水34.9亿立方米，华北部分地区地下水水位止跌回升；开展城市黑臭水体治理，全国地级及以上城市建成区黑臭水体消除比例超过90%；实施农村人居环境综合整治，推进农村生活垃圾、生活污水、农业面源污染治理；全面启动长江十年禁渔计划。全国地表水Ⅰ～Ⅲ类水水质断面比例从2016年的67.8%上升至2023年的89.1%。水利部多措并举，使河湖水质、水环境持续向好，河湖水生态空间大大释放，全国地表水Ⅰ～Ⅲ类水质断面比例持续上升，河湖岸绿、水清、河畅、景美逐步呈现。

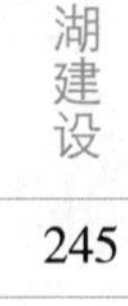

7.2.5 评价指标体系保障

自2019年提出“建设幸福河”江河治理目标以来，国内许多科研团队积极响应并开展大量研究。如何评价以及如何建设幸福河湖成为关注的焦点问题，“幸福河”评价指标系统是多层次多因素的复杂系统，通过筛选经济、社会、文化、生态等领域的评价指标，找出“幸福河”评价权重较高的指标，不仅为全国各地建设“幸福河”提供了分析框架，同时也为新时代河流治理提供了新方向。

幸福河具有动态性和区域性，其评价指标体系与标准不是一成不变的，需要结合具体评价时间、区域特征进行明确。目前，有相关研究提出多种评价体系建设方案。例如，以安澜之河、富民之河、宜居之河、生态之河、文化之河等指标构建河湖幸福指数评价体系，以河流状态、河流压力、河流管理、经济服务四个维度构建综合评价体系，等等。在实践中，无论哪种理论与方法都还需要本土化和动态平衡。

7.2.5.1 河湖幸福指数评价案例

河湖幸福指数评价指标体系建设，遵循公众关切原则、普适兼容原则、突出重点原则、现实可行原则，将评价指标共分为五大类，见表7.1。

1. 安澜之河指标

进入新时代，水灾害防控也面临新形势，满足人民群众对美好生活的需求，要求水灾害防控不仅能最大限度地降低生命财产损失，同时正常生活秩序也能够不受或少受影响。目前，我国大江大河可以防御中华人民共和国成立以来发生的最大洪水，但对标“江河安澜、人民安宁”的愿景，在历史最大洪水防御、风暴潮防御、中小河流防洪及山洪灾害防治、城市排涝等方面还存在诸多短板。为此，选择洪涝灾害人员死亡率、洪涝灾害经济损失率、防洪标准达标率、洪涝灾后恢复能力表征安澜之河。

2. 富民之河指标

用水有保证、生存发展不受或少受水资源制约是富民之河的基本点，指标也应从这两方面进行选取。近年来，我国水利对经济社会可持续发展的支撑能力不断增强，正常年份经济社会用水可以得到保障，农村饮水问题基本解决。但是，对标“供水可靠、生活富裕”的愿景，我国水资源空间配置还不均衡，中西部等经济欠发达地区与广大农村地区工程体系不健全、供水能力不足、经济社会发展受水制约等问题依然突出。为此，选择人均水资源占有量、用水保证率表征水资源条件与用水保证程度，选择水资源支撑高质量发展能力、居民生活幸福指数表征发展受水资源制约程度。

表 7.1　　　　　　　　河湖幸福指数指标体系

一级指标	二级指标	三级指标	指标方向
安澜之河	1. 洪涝灾害人员死亡率	—	逆向
	2. 洪涝灾害经济损失率	—	逆向
	3. 防洪标准达标率	堤防防洪标准达标率	正向
		水库防洪标准达标率	正向
		蓄滞洪区防洪标准达标率	正向
		城市防洪达标率	正向
	4. 洪涝灾后恢复修力	—	正向
富民之河	5. 人均水资源占有量	—	正向
	6. 用水保证率	城乡自来水普及率	正向
		实际灌溉面积比例	正向
	7. 水资源支撑高质量发展能力	水资源开发利用率	逆向
		单方水国内生产总值产出量	正向
	8. 居民生活幸福指数	人均国内生产总值	正向
		恩格尔系数	正向
		平均预期寿命	正向
宜居之河	9. 河湖水质指数	Ⅰ～Ⅲ类水河长比例	正向
		劣Ⅴ类水质比例	逆向
	10. 地表水集中式饮用水水源地合格率	—	正向
	11. 地下水资源保护指数	地下水开采系数	逆向
	12. 城乡居民亲水指数	亲水设施完善指数	正向
		亲水水功能指数	正向
生态之河	13. 重要河湖生态流量达标率	—	正向
	14. 河湖主要自然生境保留率	水域面积保留率	正向
		主要河流建筑向连通性指数	正向
	15. 水生生物完整性指标	—	正向
	16. 水土保持率	—	正向
文化之河	17. 历史水文化保护传承指数	历史水文化遗产保护指数	正向
		历史水文化传播力	正向
	18. 现代水文化创造创新指数	—	正向
	19. 水景观影响力指数	自然水景观保护利用指数	正向
		人文水景观创新影响指数	正向
	20. 公众水治理认知参与度	公众水意识普及率	正向
		公众水治理参与度	正向

注　指标方向正向为指标值越大河湖幸福指数越高，逆向为指标值越大河湖幸福指数越低。

3. 宜居之河指标

近年来，我国大江大河水质出现好转，2018年黄河干流优于Ⅲ类水（含Ⅲ类水）水质的河长比例为97.8%。但是，对标“水清岸绿、宜居宜赏”的愿景，部分支流水污染严重、水质不达标仍是建设幸福河的最大挑战，突出表现在支流水环境质量差、优质水比例低，以及地下水超采与污染、人水阻隔等。为此，选择河湖水质指数、地表水集中式饮用水水源地合格率、地下水资源保护指数、城乡居民亲水指数表征宜居之河。

4. 生态之河指标

河湖长制实行以后，我国江河湖泊实现了从“没人管”到“有人管”，有的河湖还实现了从“管不住”到“管得好”的重大转变，有些河湖水生态恢复保护成效非常明显，黄河实现21年不断流。但是，对标“鱼翔浅底、万物共生”的愿景，河湖萎缩、湿地退化、生物多样性下降等仍是短板。为此，选择重要河湖生态流量达标率、河湖主要自然生境保留率、水生生物完整性指数、水土保持率表征生态之河。河湖主要自然生境保留率细分为天然湿地保留率、自然水域岸线保有率等指标。

5. 文化之河指标

近年来，我国水文化建设取得了丰硕的成果。但是，对标“大河文明、精神家园”的愿景，大河文化感召力与吸引力发挥不足，传统水文化挖掘、宣传、传承不够，现代水文化建设培育不够。为此，选择历史水文化保护传承指数、现代水文化创造创新指数、水景观影响力指数、公众水治理认知参与度表征文化之河。

7.2.5.2 河湖建设综合评价案例

依据水利部《河流健康评估指标、标准与方法》，同时考虑各地区在“幸福河湖”建设中的需要，有研究从河流状态、河流压力、河流管理、经济服务四个方面选取指标层级及体系构建，见图7.2。

1. 河流状态指标

河流状态是河流在资源环境压力和经济社会的驱动等多重作用下呈现的状况以及直观的变化趋势。相关研究提出，河流状态指标可以从水文水资源、自然结构、水质、生物四个方面展开评价，其中，水文水资源指标为最小流量保证率，水质指标为湖库富营养化指数，自然结构指标为自然岸线保有率，生物指标为生物多样性指数。

2. 河流压力指标

河流压力是指在随着经济社会的高速发展，人类对河流生态资源不断开发利用，对河流生态环境的压力日益增加。相关研究提出，河流压力指标可以从环境风险和防洪压力两个方面展开。其中，环境风险包括流域化工企业比率、区域环境突发事件风险水平，防洪压力包括防洪排涝工程达标率。

3. 河流管理指标

河流管理是指人类社会应对河流环境破坏所采取的保护措施，即人类对河流生态系统变化的响应。相关研究提出，河流管理指标可以从河长制湖长制建设效果、公众投诉处理完成率、水资源消耗总量控制等方面展开。

4. 经济服务指标

经济服务是指随着人类科技水平的发展，人类开发和利用自然的能力不断增强，河流服务于经济社会发展和造福于人类的功能日益显著。相关研究提出，经济服务指标可以从水源供给服务、人文景观服务两个方面展开。其中，水源供给服务指标包括水资源利用率、城市供水率保证率，人文景观服务指标为景观适宜指数。

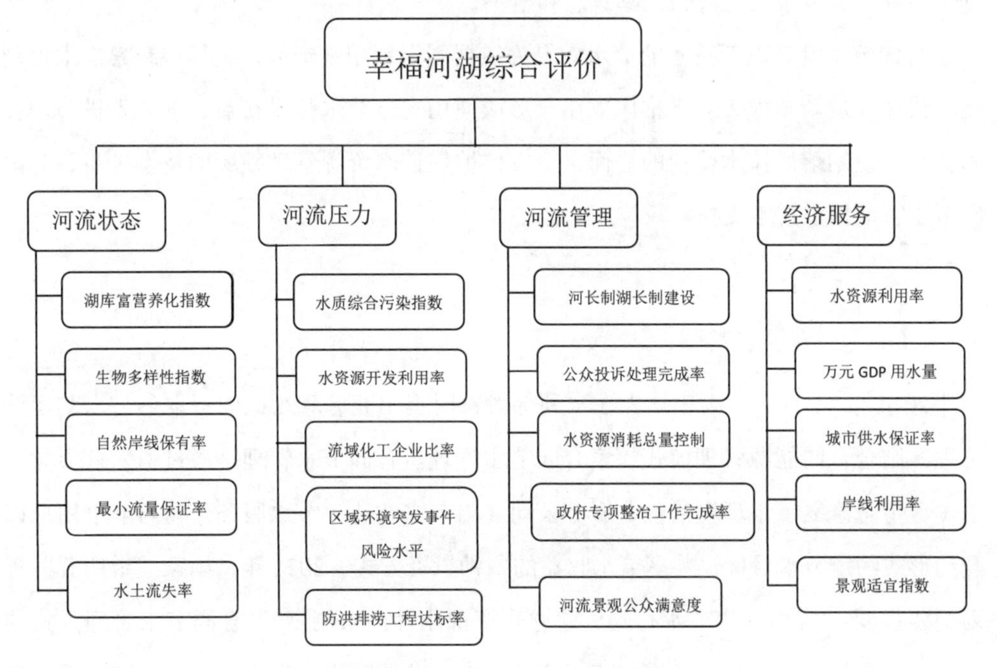

图7.2　幸福河湖建设综合评价指标体系

7.3　合同节水管理

❶ 新时代治水思路与合同节水的关系。

❷ 合同节水的管理模式。

❸ 合同节水经典案例与中国方案。

❶ 在我国合同节水管理中，如何运用好“两手发力”。

❷ 在高校节水型校园建设中，大学生如何以身作则养成节约用水习惯和绿色低碳生活方式。

水资源与国家经济发展、社会可持续发展、社会长治久安息息相关，地位举足轻重。我国是水资源严重短缺国家，正常年份全国缺水量达500多亿立方米，近2/3城市不同程度缺水。进入新时期，随着国家飞速发展，水资源供需矛盾更加突出。2014年3月，中央财经会议提出“节水优先、空间均衡、系统治理、两手发力”新时代水利工作新思路，把节水放在优先位置。2017年，党的十九大报告明确实施国家节水行动，更标志着节水已上升为国家意志和全民行动。

合同节水管理以新技术的节水效果为依据制定新用水定额，实行多级累进水价制度，快速促进新技术大规模推广应用，形成使用先进节水技术获益、推广先进节水技术获利、使用落后技术受罚的局面，全方位地促进水资源管理领域的技术进步，为国家节水行动提供技术支撑。

7.3.1 “两手发力”理念践行

7.3 合同节水管理

2014年11月，中央领导人在水利部考察时提出充分利用民间资本参与水利运营管理，结合合同能源管理模式探索合同节水管理。合同节水管理是通过引入社会化节水（含生态修复、水环境治理）服务公司参与节水改造，节水服务公司与节水用户以契约形式约定节水目标，共享节水收益的一种投资方式。2021年，国家“十四五”规划纲要强调：“实施国家节水行动，建立水资源刚性约束制度。”合同节水管理方式的实施，正是贯彻中央关于政府与市场两手发力，开展节水的治水理念和思路的重要实践之一。

7.3.1.1 政府职能转变

实行合同节水管理，使政府的角色从工程建设项目的投资、建设及运营的直接介入者，转变为对项目运营效果的考核监管者。政府及水资源管理部门充分发挥水资源管理职能，通过制定合同节水管理配套制度、办法和实施细则，组织完成水资源价值、节水量和水环境治理的理论水量等关键参数的认定，等等，建立比较完善的节约水资源、保护水环境市场机制，大大提升管理质量。2015年，合同节水列入国家“十三五”发展规划；2020年，合同节水管理成为公共机构、企业等用水户实施节水改造的重要方式之一。

实行合同节水管理，保障了资金配置的有效利用。政府以水资源价值购买节水效果服务方式，使节水服务机构为了达到更佳的服务效果和更好的投资回报，采用最先进的节水技术、最有效的管理手段，提高工程建设的质量和长期稳定的节水效果，从而形成并建立了长效运行机制。从资金配置的全局看，客观上减少了财政资金一次性投入，并因为采用依效付费方式，优化了财政投入效率，符合党的十九大提出的“国家高质量发展战略”总目标。

7.3.1.2 市场机制引入

合同节水是适应市场经济条件下经营专业化、服务社会化的首选模式。通过节水公司全过程服务，不仅可以帮助节水单位解决项目资金障碍、节水技术等问题，还可帮助节水单位把项目的技术风险、经济风险和管理风险等转嫁，实现节水“零”投资和“零”风险。

合同节水管理是涉水企业为减少水资源损耗、提高水资源供应及使用效率，通过与节水服务公司签订合同的方式，由节水服务公司提供技术服务，涉水企业根据节水服务公司服务而产生的节水量或节水效益支付费用的一种水资源管理模式。它以合同管理为基础，采用节约的费用支付节水项目全部成本。

实行合同节水管理，有利于促进节水服务市场良性发展。节水服务机构按照水资源价值获得节水收益，投资回报率高，形成较大的市场空间，对金融资本具有极大的吸引力，对促进节水服务市场良性发展带来巨大的资本推动力。采用政府购买节水服务，降低了用水行业的生产成本，符合供给侧改革关于“降成本”的要求。

党的十八届五中全会和“十三五”规划纲要从战略高度明确提出推行合同节水管理。2015 年 3 月，为搭建市场化的融资平台和技术集成平台，水利部综合事业局联合京、津、冀等省（直辖市）水利（水务）投资集团和 17 家拥有核心节水技术的企业，成立了国内第一家以合同节水管理为主业的“北京国泰节水发展股份有限公司”。公司成立后，先后选取河北工程大学、天津护仓河水环境整治项目等，开展合同节水管理试点，取得了一定的成效和经验。

2016 年 7 月，国家发展改革委、水利部、税务总局联合印发《关于推行合同节水管理促进节水服务产业发展的意见》，为明确合同节水管理的运作模式，鼓励合同节水管理推广，促进节水服务产业升级，推动绿色发展提供了依据。同年 10 月，国家发展改革委、水利部等九部委联合印发《全民节水行动计划》，为明确合同节水管理发展方向，培育现代节水服务企业做出了引导。

7.3.2 三种主要管理模式

合同节水管理模式是政府依托创新节水技术，及时更新技术所涉行业用水定额，实行以新旧定额为基准的多级累进水价制度，社会力量投建节水工程，政府严格执法精确计量，使用当地水资源价值购买节水服务。合同节水管理核心是第三方服务企业通过技术和资金等要素的集成，为用水户提供节水服务。目前，国内外合同节水管理模式主要有 3 种：节水量保证模式、节水效益分享模式和节水服务托管模式。

7.3.2.1 节水量保证模式

节水服务公司在节水合同中承诺涉水公司一定比例的节水量，由节水服务公司承担项目合同期内的所有风险。如果节水服务公司没有完成承诺的节水量，节水服务公司需要承担未能达到部分的节水费用，相当于支付未完全履行合同义务的违约金。如果节水量超过合同承诺的节水量，则超过部分的节水量效益由双方按照约定比例共享。合同期之后，节水效益完全归客户所有。在合同期的节水费用由客户按照自己的信用融资，承担信贷风险。节水量保证模式见图 7.3。

图7.3 节水量保证模式示意图

7.3.2.2 效益分享模式

节水服务公司向涉水企业保证最终的节水效益，并在约定的年限内按照约定的比例分享项目实施后的收益。节水效益不仅与节水量相关，而且与水资源价格相关。项目融资由节水服务公司承担。在项目合同运行期间，节水服务公司实际上承担了项目运行和融资两项风险。效益分享模式见图 7.4。

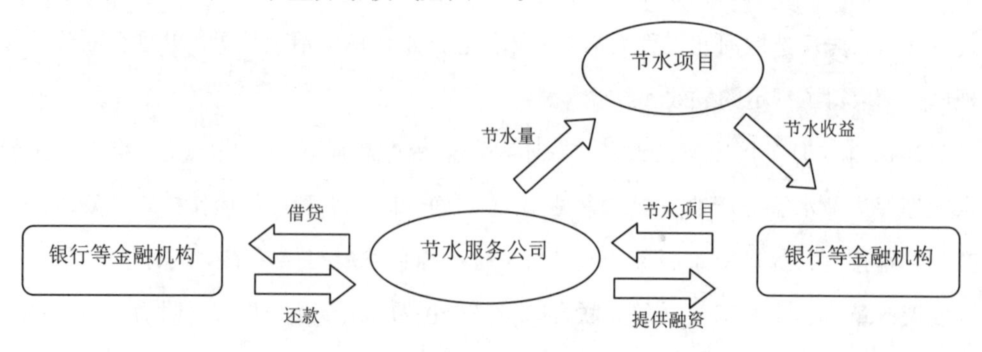

图7.4 效益分享模式示意图

7.3.2.3 服务托管模式

水资源管理单位将提高供水效率或者供水服务的相关项目，全部委托节水服务公司管理。节水服务公司根据需要进行项目改造，在运营维护、人力资源、体制框架等方面提供服务，按照合同约定拥有全部或者部分的水资源节约效益。服务托管模式见图 7.5。

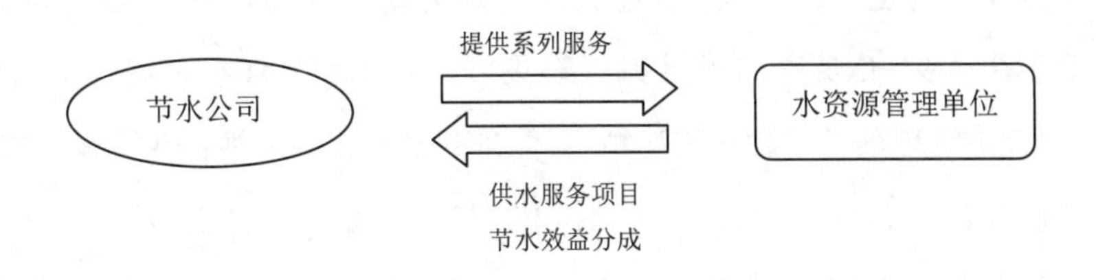

图7.5 服务托管模式示意图

7.3.3 国外经典案例借鉴

7.3.3.1 美国田纳西州效益分享模式

2008 年，美国田纳西州的金斯波特市进行水资源审计，发现每年大约有 12 亿加仑（约 45.42 升）水因为水配给系统中的泄漏或者水管破裂而损耗。金斯波特市与节水节能公司 Johnson Controls 合作，利用合同节水管理项目来减少水资源损耗，水资源配给系统的健康绿色化。

金斯波特市合同节水管理项目是典型的节水效益分享模式的合同节水管理项目。Johnson Controls 公司为金斯波特市保证项目的节水效益，它通过关键租户融资、资本租赁、PACE 债券（Property-Assessed Clean Energy Bonds）等多元化的融资方式保证项目资金，并且承诺在没有达到预定收益时要补偿没有实现的收益。而金斯波特市通过增加收费和减少运营维护成本来支付项目费用，用以维持项目运营，Johnson Controls 公司则更新基础设施，并提供工程服务、设备安装及试运行服务。通过该项目，金斯波特市实现了财务上的自由。新的检漏系统和 AMR 系统也帮助金斯波特市发现了 116 个配给线的泄漏点和断裂点。经过修理之后每分钟可减少 1200 加仑（约 4542.49 升）水的损失。17 年的合同期结束，预计可实现 1500 万美元的保证收益。

7.3.3.2 亚美尼亚水量保证模式

亚美尼亚是一个内陆国家，属亚热带高山气候，气候相对比较干燥。早在 2000 年，为了加强水资源行业的管理，亚美尼亚政府出台了一系列改革法案。其中包括《水法》及其一系列水资源管理现代化理念、合同节水管理项目等。改革还将水

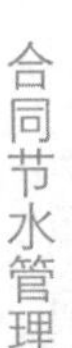

资源监督和运营分成独立的部门，由国家水系统委员会（SOWS）负责对水资源进行优化管理，公共服务监督委员会（PSCR）负责行业标准规定的制定，水资源管理局（WRMA）负责发放水资源使用许可证。亚美尼亚水资源实行公有制，但国有的水资源系统可以由国家或者私有部门进行管理。

亚美尼亚水及污水公司（AWWC）是亚美尼亚最大的水资源管理公司之一。2004年8月，AWWC与法国公司SAUR签订了一项为期4年的合同节水管理项目。项目的实施费用由AWWC负责向世界银行筹集，每月支付SAUR固定的费用以及根据SAUR项目完成程度的"项目实施津贴"，但是并没有相关的惩罚性措施。该项目服务于亚美尼亚的10个区域，包含37个城镇和280个村庄，合计70万人。由AWWC全权负责水资源的管理、运营和维护。由SAUR负责针对提高供水效率和服务效率的项目设计，并且负责相关的采购。在具体运营方面，由AWWC的管委会负责协调监督合同实施的各项工作，由政府任命的技术专家组负责对项目实施进行专门监督并向管委会提供建议，由管委会选择的独立的审计机构来审计项目实施成果，并核算要支付SAUR的激励津贴。在融资方面，AWWC的所有成本都是由政府税收和政府补贴承担。政府税收由PSCR审核确认，根据用户用水量和污水排放量确认，包含用水税、污水收集税和污水处理税项目的初期准备和支付给SAUR运营的固定成本由AWWC向世界银行借款。世界银行为采购、服务运营以及水网基础设施的投资提供经济支持。

该项目属于典型的节水服务托管型合同水项目。在项目实施过程中，SAUR同时提供持续的战略和运营工程支持，建成了数据化采集与控制系统（SCADA）、实验信息管理系统（LIMS）、计算机维护管理系统（CMMS）等系统，建成10个区域性控制室和国家级控制室，人力资源培训数得到4.6倍增长，2015年末将水资源损耗降低到30%以内。

7.3.3.3 阿曼苏丹国服务托管模式

阿曼苏丹国（以下简称阿曼）位于阿拉伯半岛东南部，全国大部分地区属热带沙漠气候。随着经济的快速发展，阿曼面临着用水需求急剧增加和服务质量要求不断提高的两大挑战。因此，2011年阿曼公共水电管理局（PAEW）与法国水务管理公司Veolia签订了一项为期5年的水资源管理合同。该项目包含提高运营效率、人力资源开发、转型客户导向型组织、助推成为世界级公益性供水企业4个方面。

Veolia的专家组直接在企业中进行水资源管理服务。其管理服务非常全面，涉及运营维护、水质量、客户服务、项目执行、规划和资产管理、技术标准、IT服务、健康卫生及环境服务、质量管理、人力资源管理等。在提高运营效率方面。PAEW每年投资 1500 万元，不断扩大供水服务范围。Veolia 通过整合资产生命周期，优化运营支出，提高资产管理效率。PAEW 与 Veolia 将战略水资源运营维护内部化，加强了对供水服务的承包商的监控，保证供水服务的持续性。Veolia 通过技术及融资上的优势，从监控区域的设置、捡漏过程到必要的资产重组，实现水资源节约，最后通过水质量监控项目提高供水质量。

在项目实施过程中，Veolia 同时提供持续的战略和运营工程支持，建成了数据化采集与控制系统（SCADA）、实验信息管理系统（LIMS）、计算机维护管理系统（CMMS）等系统，建成 10 个区域性控制室和国家级控制室，人力资源培训数得到 4.6 倍增长，2015 年末将水资源损耗降低到 30% 以内。

在合同节水管理的国外项目中，还有众多成功案例，如乌干达、乌克兰、哈萨克斯坦、印度、巴西、坦桑尼亚和布基纳法索，等等。值得借鉴的主要经验在于：积极引入市场机制、转变政府职能、运用国际资本技术、创新融资方式等。

7.3.4 高校合同节水启动

人多水少、水资源分布不均是我国的基本水情。水资源短缺、水污染严重、水生态环境恶化等问题已成为影响和制约经济社会可持续发展的瓶颈。2019 年 4 月出台的《国家节水行动方案》明确，到 2035 年全国用水总量严格控制在 7000 亿立方米以内，水资源节约和循环利用达到世界先进水平。在公共机构推行合同节水，实现高效用水，将有力推进节水型社会建设。

公共机构是指全部或者部分使用财政性资金的国家机关、事业单位和团体组织。如各级政府机关、事业单位、医院、学校、文化体育科技类场馆等。我国有 170 多万家公共机构，2017 年用水量达到 124.69 亿吨，占城镇用水 15% 左右，虽然“十三五”时期人均用水量下降，但仍高于社会平均水平，特别是机关、高校、医院的年人均用水量达到 40 吨，大大超过家庭年人均用水量。公共机构人数众多、影响大，开展合同节水管理工作，不仅有利于节约水资源，更有利于培养整个社会科学利用和保护水资源的思想观念和行为。2016 年，国家机关事务管理局和国家发展和改革委共同下发了《公共机构节约能源“十三五”规划》，明确用好市场机制，加快推行合同能源管理，鼓励和引导公共机构利用社会资本参与节能节水改造、能源管理。同年，教育部规划建设发展中心印发《关于实施能效领跑者示范建设试点的通知》，鼓励学校通过申报的方式，采用合同能源管理，积极引进社会资本，推动学校节能技术改造，打造绿色校园。其中，合同节水管理服务其实质就是募集资本，通过先期投入

节水改造，用获得的节水效益支付节水改造全部成本，以分享节水效益，从而实现多方共赢，实现可观的生态、经济、社会综合效益。

公共机构节水的重点是减少水的浪费和损失，主要是普及节水器具、减少供水损失。就高校管理而言，实施合同节水管理服务可以解决自身管理队伍专业化、资金瓶颈等问题，通过引入服务企业，享受节水技术改造和长效节水管理服务，实现节水减费的经济效益及高校的引领示范作用。更重要的是，就高校教育而言，实行合同节水管理，还具有教育学生树立节水意识，引领社会节水文化的重要责任。2020 年全国水利工作会议提出了调动社会资本和专业技术力量参与高校节水工作，为高校合同节水模式进一步拓宽了道路。

参考文献

课后习题 7.3

课后习题 7.3 答案

[1] 习近平 . 坚持和完善中国特色社会主义制度推进国家治理体系和治理能力现代化［J］. 求是，2020（1）.

[2] 习近平 . 在深入推动长江经济带发展座谈会上的讲话［J］. 求是，2019（17）.

[3] 习近平 . 在黄河流域生态保护和高质量发展座谈会上的讲话［J］. 求是，2019（20）.

[4] 李忠杰 . 全面把握制度与治理的辩证关系［N］. 经济日报，2019-11-20.

[5] 刘冬顺 . 牢记殷切嘱托　书写新时代淮河保护治理新篇章［J］. 中国水利，2020（24）: 51-52.

[6] 魏立帅 . 全局思维下的新时代治水方略［N］. 中国社会科学报，2020-12-30（008）.

[7] 张建功 . 关于新形势下节水为重的思考［J］. 中国水利，2020（13）: 37-39.

[8] 姜文来，冯欣，栗欣如，刘洋 . 习近平治水理念研究［J］. 中国农业资源与区划，2020，41（4）: 1-10.

[9] 坚定信心　乘势而上　奋力推进水土保持工作再上新台阶——2020 年全国水土保持工作视频会议精神综述［J］. 中国水土保持，2020（4）: 1-5.

[10] 韩全林，曹东平，游益华 . 推进水治理体系与治理能力现代化建设的几点思考［J］. 中国水利，2020（6）: 26-29.

[11] 鄂竟平 . 坚定不移践行水利改革发展总基调　加快推进水利治理体系和治理能力现代化——在 2020 年全国水利工作会议上的讲话［J］. 水利建设与管理，2020，40（3）: 1-20.

[12] 魏立帅 . 全局思维下的新时代治水方略［N］. 中国社会科学报，2020-12-30（008）.

[13] 郑君瑜 . 试论习近平的治国理念和风格——以福建莆田木兰溪治理为视角［J］. 湖南科技学院学报，2019，40（8）: 66-69.

[14] 汪安南 . 深入学习习近平总书记治水重要论述　全面做好国家水安全保障工作［J］. 旗帜，2019（5）: 27-28.

[15] 吴永晶 . 习近平生态文明思想的理论溯源及价值研究［D］. 银川：宁夏大学，2019.

[16] 冯红伟 . 习近平生态文明思想的源流考——以水生态治理为视角［J］. 南京林业大学学报（人文社会科学版），2019，19（4）: 1-12.

[17] 陈茂山，陈金木 . 新时代治水总纲：从改变自然征服自然转向调整人的行为和纠正人的

错误行为［J］. 水利发展研究，2019，19（12）：1–4，12.
［18］ 赵建军 . 深入学习领会习近平治水思想　推动我国生态文明建设实现新跨越［J］. 中国水利，2018（13）：1–4.
［19］ 刘宪春 . 从治水实践中坚持和把握“两手发力”——关于“两手发力”的学习心得［J］. 水利发展研究，2018，18（7）：24–25.
［20］ 王英 . 习近平水生态文明建设思想的系统性探析［J］. 南京林业大学学报（人文社会科学版），2017，17（1）：117–122.
［21］ 陈雷 . 新时期治水兴水的科学指南——深入学习贯彻习近平总书记关于治水的重要论述［J］. 中国水利，2014（15）：1–3.
［22］ 习近平：山水林田湖是一个生命共同体［J］. 河北林业，2013（12）：1.
［23］ 幸福河研究课题组 . 幸福河内涵要义及指标体系探析［J］. 中国水利，2020（23）：1–4.
［24］ 程常高，马骏，唐德善 . 基于变权视角的幸福河湖模糊综合评价体系研究——以太湖流域为例［C］. 2020（第八届）中国水生态大会论文集，2020：14.
［25］ 刘敏，程晓明 . 打造幸福河湖的思考与建议［C］.2020（第八届）中国水生态大会论文集，2020：4.
［26］ 左其亭，郝明辉，姜龙，等 . 幸福河评价体系及其应用［J］. 水科学进展，2021，32（1）：45–58.
［27］ 孙继昌 . 全面落实河长制湖长制 打造美丽幸福河湖［J］. 中国水利，2020（8）：1–3，6.
［28］ 胡玮 . 幸福河湖建设中的河长制湖长制作用［J］. 中国水利，2020（8）：9–11.
［29］ 河湖管理司 . 打好河湖管理攻坚战 建设造福人民的幸福河［N］. 中国水利报，2020–04–09（005）.
［30］ 廖荣良 . 努力建设人民满意的幸福河［N］. 人民长江报，2020–04–04（005）.
［31］ 谷树忠 . 关于建设幸福河湖的若干思考［J］. 中国水利，2020（6）：13–14，16.
［32］ 朱法君 .“幸福河”是治水模式的理念升级［J］. 中国水利，2020（6）：21–22.
［33］ 赵建军 . 建设幸福河湖 实现人水和谐共生［J］. 中国水利，2020（6）：11–12.
［34］ 鄂竟平 . 坚持节水优先 建设幸福河湖［N］. 人民日报，2020–03–23（014）.
［35］ 何水平 . 坚持节水优先　建设幸福河湖［N］. 河南日报，2020–03–27（008）.
［36］ 彭尚源，肖诚 . 关于高校后勤改革之合同管理服务的思考——以合同节水管理服务为例［J］. 中国管理信息化，2021，24（1）：155–157.
［37］ 李亚兰 . 对节水型校园创建工作的实践与思考［J］. 科技经济导刊，2020，28（31）：72–73.
［38］ 张素佳，寿超，何展，等 . 效果保证型合同节水管理模式在公共机构中的应用［J］. 节能，2020，39（7）：131–133.
［39］ 孙仲良，葛华，宋俊 . 合同节水管理相关技术选择的探讨［J］. 上海节能，2020（5）：402–406.
［40］ 白岩，白雪，蔡榕，张岚 . 合同节水管理标准化及案例分析［J］. 标准科学，2020（1）：14–17.
［41］ 倪毅，刘紫亮，董庆元 . 推行合同节水　实现高效用水［J］. 中国机关后勤，2020（1）：48–51.
［42］ 李慧敏 . 合同节水管理下城市生活需水量预测［D］. 邯郸：河北工程大学，2019.
［43］ 郭晖，陈向东，董增川，张洪江 . 基于合同节水管理的水权交易构建方法［J］. 水资源保护，2019，35（3）：33–38，62.

[44] 郭秀红，杨延龙 . 关于实施高校合同节水的几点思考 [J] . 中国水利，2019 (9): 8-10.
[45] 滕红真 . 节水型高校让节水更高效 [N] . 中国水利报，2019-03-28 (003) .
[46] 肖新民 . 政府与市场两手发力推进合同节水管理 [J] . 中国水利，2018 (6): 24-26.
[47] 尹庆民，刘德艳，焦晓东 . 合同节水管理模式发展与国外经验借鉴 [J] . 节水灌溉，2016 (10): 101-104，108.

第8章 上善若水育德才兼备时代新人

无论儒家、道家、法家或墨家，均认为人人皆应修身养性，最终成为有德之人。孔子、孟子、荀子、老子、庄子、墨子、管子等，都分别以水为载体，倡导人像水一样，坚持正义，浑朴无欲，追求道德最高境界，发展善良天性，去浊存清，固本清源。

在先秦诸子思想中，水是论道论德的重要载体。以水阐性、比德、明理、论学，可视为诸子以水育人的主要表现。水的处下不争、随方就圆、自洁洁人等特点，是诸子论水的基本依据。对水灵活、巧妙地借用，充分显示出诸子藉物阐理、以简御繁、举重若轻的教育智慧。先秦诸子关于水思想水哲学的经典著述，构筑了中国优秀传统文化教育的基本体系，与新时代社会主义核心价值观一脉相承。

8.1 儒家以水比德育人思想

❶ 孔子以水比德思想。

❷ 孟子以水论为学思想。

❸ 荀子以水明理思想。

8.1–1 ⊙

夫水者，君子比德焉

学习思考

❶ 儒家水哲学思想对教化民众、劝勉进学、警示教育等的新时代意义。

❷ “水则载舟，水则覆舟”，儒家水哲学思想蕴含丰富的“民为邦本、为政以德”治国与做人的深刻哲理。

教育为本，德育为先。理想人格思想是诸子教育思想的重要内容。早在2000多年前，诸子以水育人的教育论断表明：教育首先应使人具有良好的德行修养。先秦诸子常常借水之形态、特性、功能，比喻人的性格气质、意志品质和道德修养。如孔子“见大水必观焉”，其原因在于：水滋润万物而无私，似德；给大地带来勃勃生机，似仁；舒缓湍急皆循其理，似义；奔腾向前，百折不挠，似勇；浅处可流行，深者不可测，似智，与君子的“德”“义”“道”“勇”“法”“正”“察”“善”“志”等品德修养一脉相通。在儒家哲学中，“水”意象具有体道、言志、比德等作用。所谓“极高明而道中庸”，复杂的哲学、政治、伦理、审美思想被寓于平淡的水中，成为儒家庞大思想体系的精髓。

8.1.1 智者乐水——以水论德行

8.1-2 智者乐水——以水论德行

孔子（图8.1）作为儒家学派的代表人物，善于以水阐述君子德行，将水作为人类理想人格的象征，通过水教化民众遵守社会行为规范和自然规律法则，提升自我道德修养。

图8.1 楷木雕孔子像（宋代，山东曲阜孔子博物馆馆藏）

8.1.1.1 比德思想

“比德”是先秦时期一个较为普遍的美学观点，最早见于法家的著作《管子·小问》。至春秋战国时期，儒家形成了较为明确的“比德”思想。孔子把人的仁、智等修养与自然界中的山、水相联系，从社会伦理道德视野观察自然现象，将自然现象与人的精神品德形成互喻。

“比德”作为儒家传统思想的重要内容，对中国传统文化的发生发展具有极其重要的影响作用。中国古代儒家思想代表人物孔子从仁学立场出发，提出“乐山”“乐水”说，并以水论君子之德。《论语·雍也》有载：“知者乐水，仁者乐山。知者动，仁者静。知者乐，仁者寿。”其中，孔子传世名言“智者乐水，仁者乐山”，以水的源远流长、奔腾不息的动态特征，比喻君子博学深造和不断进取；以山的稳重静穆、参天拔地、滋育万物的静的特征，象征君子沉静刚毅和仁爱友善。

《论语·子罕》中“孔子观水”的记载，展开了后世有关儒家“比德”思想的一系列讨论：子在川上曰：“逝者如斯夫！不舍昼夜。”后世，朱熹在《四书集注》里对“子在川上”章作了如下批注：天地之化，往者过，来者续，无一息之停，乃道体之本然也。然其可指而易见者，莫如川流。故于此发以示人，欲学者时时省察，而无毫发之间断也。程子曰：“此道体也。天运而不已，日往则月来，寒往则暑来，水流而不息，物生而不穷，皆与道为体，运乎昼夜，未尝已也。是以君子法之，自强不息。及其至也，纯亦不已焉。”又曰：“自汉以来，儒者皆不识此义。此见圣人之心，纯亦不已也。纯亦不已，乃天德也。有天德，便可语王道，其要只在谨独。”通篇充满勉人进学不已之辞。批注首先指出“逝者如斯”是“天地之化”“道体之本然”。然后突然转出“欲学者时时省察，而无毫发之间断也”。语气由本体论突然转向工夫论，要学者效法天道之“无一息之停”，并引证程子“此道体也……运乎昼夜，未尝已也。是以君子法之，自强不息”，批判汉儒解成“伤逝”是“不识此义”。

8.1.1.2 乐水悟道

汉代刘向《说苑·杂言》有云：“孔子曰：夫水者，君子比德焉……”先秦儒家在观水悟道的同时，试图寻找水与人类道德精神的内在联系，尤为注重通过水的特性对人的道德品格的比附，并由此推衍出儒家立身处世的道理和准则，形成了“以水比德”的观念。先秦儒家通过对水的观察和体悟，发现水实有与人相似的“德”“义”“道”“勇”“法”“正”“察”“善”“志”等品德。

孔子为何特别指出智者乐水？对此，后世儒家学者多有自己的见解。如刘向《说苑·杂言》有载：“夫智者何以乐水也？曰：泉源溃溃，不释昼夜，其似力者。循理而行，不遗小间，其似持平者。动而之下，其似有礼者。赴千仞之壑而不疑，其似勇者。障防而清，其似知命者。不清以入，鲜洁而出，其似善化者。众人取平品类，以正万物，得之则生，失之则死，其似有德者。淑淑渊渊，深不可测，其似圣者。通润天地之间，国家以成。是知之所以乐水也。”孔子将水的知天命、识礼节、善教化、勇敢、坚强、公平等特质与智者应具备的品性一一对应，认为智者的品性与水性相近。何晏《论语集解》注曰：“知者乐运其才知以治世，如水流而不知已。”注“知者动”为“日进故动。”这种解释，取水之流动不止，认为君子效法水的特性，运用智慧以治世，自强不息，积极进取，乐而不知老之将至。朱熹《四书章句集注》有云：

“乐，喜好也。智者达于事理，而周流无滞，有似于水，故乐水；仁者安于义理，而厚重不迁，有似于山，故乐山。动静以体言，乐寿以效言也。动而不括故乐，静而有常故寿。”这个解释说明智者如水一般灵动，明于事理；水具有川流不息的特点，而智者捷于应对，敏于事功，智者的品性与水性相近，故不由得喜而乐之。

除此之外，孔子“智者乐水”的内涵，还有智者以水悟道的深刻含义。智者之所以为智者，在于智者以认识事物的内在规律，不断发现自然和人生之道为乐。智者之所以乐水，就在于水中含有至上之道而值得智者乐之。

孔子所认为的“动”，是知者与水之间的一个最大的相似点，或者说，“知者”的“动”是孔子从自然之水可流动性中抽绎出来的特征，创造性地运用于人类社会中的知者。孔子强调知者“动”，或许在他看来，流水之为物，能随其所至而变化，水随物赋形，如知者达于事理，正所谓“水缘理而行，周流无滞，知者似之，故乐水”。

8.1.1.3 心性修养

孔子《论语》中的“水”是人生的、审美的，充满了人文气息。“智者乐水，仁者乐山”所流露出的与自然合而为一的闲逸情致，已有后世士大夫的清姿。北宋理学家、教育家程颐自述:“昔受学于周茂叔，每令寻颜子、仲尼乐处，所乐何事。”孔子乐水不仅仅在于悟道，还在于水性给予人逍遥洒脱的精神享受。《论语・先进》载:“(曾子)曰:(莫)暮春者，春服既成，冠者五六人，童子六七人，浴乎沂，风乎舞雩，咏而归。夫子喟然叹曰:‘吾与点也!’”表面上看，孔子的学生曾点表明自己的志向:在一个初春，穿上好看的衣服，同朋友一起，在沂水里沐浴唱歌。对于曾点的“娱乐”心态，一向以天下为己任的孔子偏偏赞成他的想法，这就引出了儒家政治哲学的独特视角。在儒家看来，曾子“风乎舞雩，咏而归”不是个人的娱乐，而是一种对传统礼制的阐发和维护，类似宗教仪式的活动。这种宗教仪式般的活动是治理国家、协调秩序的基石。同时，“礼之道，和为贵”，礼作为儒家治国的终极标准，并不是死板的、强制的，而应当是如水般自然的。由此可见，自我修养并不是枯燥、乏味的“差事”，而是一种愉悦的使人获得巨大快乐和高深智慧的道德修养锤炼过程。这是儒学关于自我和德性培养实践学说的核心，并在根本上影响了后期儒家和道家传统对心性修养的理解和实践。

孔子“智者乐水”思想的境界、操守和追求，凝聚了中华水文化的核心精华，同时也蕴藏着社会主义核心价值观的丰富内涵：水，专注，坚韧，刚毅，百折不挠，锲而不舍，至恒至远，昭示着我们在培育和践行社会主义核心价值观的征程上，要坚定理想信念。水，公平，公正，不偏不倚，追求中正、中和、稳定和谐，这与社会主义核心价值观追求公正公平、自由平等、民主法治的基本内容一脉相承。

8.1.2 盈科而进——以水论为学

8.1-3
盈科而进——以水论为学

相比其他各派，儒家尤其善于借水阐述何以为学的问题。孔子有“逝者如斯夫，不舍昼夜”之叹，勉励世人珍惜光阴、勤于进学。孟子不仅继承了这一思想，而且阐释了“有源之水”的重要性，提出“观水有术”“盈科而进”的为学思想。

8.1.2.1 水之就下

《孟子·尽心上》曰：“孔子登东山而小鲁，登泰山而小天下，故观于海者难为水，游于圣人之门者难为言。观水有术，必观其澜。日月有明，容光必照焉。流水之为物也，不盈科不行；君子之志于道也，不成章不达。”君子当以道为志，不达目的誓不罢休，这是一种孜孜不倦的精神。水的根本精神是不舍昼夜的，那人的精神则应当是自强不息的，人当如水一般“不舍昼夜，盈科而后进”，水成为人的理想意象，人成为水的现实化身。

孟子全面体察水的各类存在形态，融入理性的逻辑分析与归纳，提出“观水有术，必观其澜”的观水要旨，主张人应该观水而智、循序渐进。最终得出“不盈科不行”的结论。孟子认为，流水不把坑洼填满是不会向前流动，君子立志于道，不到一定的程度不能通达。人应该像流水一样，立志高远、胸襟开阔、循序渐进、根基稳固，渐臻人生通达境界。

《孟子·离娄下》借“源泉混混，不舍昼夜，盈科而后进”，揭示水的最根本属性，阐释水蕴涵崇高远大的人生理想、坚不可摧的执着信念、锲而不舍的奋斗精神、循序渐进的实践方法等四大人格化特征。又载：“（徐子曰）仲尼亟称于水曰：‘水哉，水哉！’何取于水也？”徐子请教孟子为何孔子赞水，答曰：“源泉混混，不舍昼夜，盈科而后进，放乎四海。有本者如是，是之取尔。苟为无本，七八月之间雨集，沟浍皆盈，其涸也可立而待也。故声闻过情，君子耻之。”孔子善于以水明理，以水喻德，如著名的“仁者乐山，智者乐水”“逝者如斯夫”等著述。然而，从徐子的问题可以看出，孔子对于“水”的喜爱还远不止如此。孟子以为：孔子喜欢水，喜欢的是有源头的泉水，只有有源之水才能奔流不息，无本之水则时令一过就会干涸，如七八月间的雨，纵使骤然暴发可填满沟壑，但却瞬息干涸。

孟子借水性阐明：君子为人为学之道，正如水“不舍昼夜，盈科而进”的特质，既有不竭之本，又能坚持不懈、锲而不舍，渐臻道德学问的完美境界。

8.1.2.2 水象道德

孔子、孟子、老子、庄子、墨子等诸家巧妙运用水象，使水象和其阐发的概念之间逐渐形成互喻，赋予水诸多优秀品质。水象道德，是把“水”的意象和理想中的人格，以及至高无上的“道”“德”联系在一起。

孟子对“水之就下”的特性为何如此欣赏？美国著名汉学家艾兰教授解释说：“水往低处流的特点使修渠引水成为可能，并且使之能够沿着预设的通道或河床流动。对于古代中国人来说，没有生命却能自发运动，这是水最迷人的一个特性。在中国早期哲学思想中，水之就下的自然秉性亦成为它最重要的表征。”

孔子和孟子作为先秦儒家的代表人物，都通过“水之就下”阐释重要的哲学问题。同时，先秦诸子中利用水的源和流阐释哲学思想的例子也还有很多。如《墨子·修身》《荀子·君道》等，将研究阐释的哲学问题比作水的源和流。与之相比，孟子对源和流的运用则要复杂一些。孟子认为：有源之水日夜奔腾不息，流经层峦叠嶂，终于融入大海。而人对天性中“善”的践行，就如“源泉”一样“盈科而后进”，要克服很多困难，才能最终将德行发扬光大。

《孟子》中的水象道德的成分比较多。除《离娄下》关于“盈科而后进”的著名论述，亦有如《告子上》《公孙丑上》等，均以“水之就下”的自然特性阐发性善说、仁政理念以及德教思想。

8.1.2.3 为学本质

荀子发展了孟子的为学思想，并留下了传世名篇《荀子·劝学》，曰：“学不可以已……冰，水为之，而寒于水。”“不积细流，无以成江海”，以水变冰、细流积江海这一量变到质变的哲学思辨，劝勉世人：只有用锲而不舍的精神努力学习，才能不断丰富和提高自己的知识和才能。

后世，明代著名心学大师王阳明先生的“为学”论述，继承了孟子关于水的哲学思想，认为：学者进德修业，也必须循序渐进、渐积而前；先求充实，然后才能通达。王阳明《传习录》有载“为学须有本原，须从本原用力，渐渐‘盈科而进’”，以回答世人“知识没有长进，怎么办”的问题。强调做学问的两个方面：本原与过程，立志与修炼。

王阳明先生认为：学问若想有所长进，应具备两种精神。一是立志高远。志存高远最基本是人性修炼，人性乃本原。二是循序渐进，学会修炼和等待。浅陋的后儒见到圣人无所不知，无所不能，就想一蹴而就，世上哪会有这样简单的道理呢？

王阳明关于“为学”最重要的思想，是在为学的本原上用功，时时刻刻在“未发之中”中庸之道上“存心养性”，最忌“缘木求鱼”和“急功近利”。这里的“为学”，是为往圣继绝学、致良知的大学问。王阳明认为“心即理”，本原在于人的内心。对王阳明来说，“心即理”“圣人之道，吾性自足，向之求理于事物者误也”，所表达的哲学思想就是从本原处用力，“盈科而进”。

8.1.3 水满则溢——以水明理

8.1–4

水满则溢——以水明理

战国时期著名的思想家、政治家荀子，是儒家思想集大成者。主要体现他哲学思想的论著《荀子》一书，以其理论的深度和逻辑力量，把我国古代朴素唯物主义思想发展到一个新的高度。为了阐发自己的思想观念，荀子常常把大千世界中的“水”作为人类探索自然世界的利器。《荀子》赋予水深刻的哲学内涵，或以水论述国家兴衰，或以水阐明君臣、君民关系，或以水比德君子，或以水诠释人生哲理，将自然之水抽象、升华为具有道德象征意义的水。

8.1.3.1 挹水悟道

先秦诸子善以水明理，一方面水乃农耕社会中生产、生活至关重要的物质；另一方面水的存在形态变化多端，水体风貌多姿多彩，水的运动变化莫测。“以水明理”，既通俗易懂，又可借水性领悟人性、德行、治国、为学等哲学道理。

图8.2 孔子观欹器图轴
（明代，孔子博物馆馆藏）

在《荀子·宥坐》篇中，荀子借孔子之口阐述关于学习、修身等问题的哲学思想，如孔子师徒关于“宥坐之器”的对话：孔子观于鲁桓公之庙，有欹器焉。子曰：“此为何器？”答：“此盖为宥坐之器。”子曰：“吾闻宥坐之器者，虚则欹，中则正，满则覆。”顾谓弟子曰：“注水焉。”弟子挹水而注之，子曰：“吁，恶有满而不覆者哉？”先哲从“水满则溢，月圆则缺”这一常见自然现象，生发出深刻的人生哲理：满招损，谦受益。弟子子路请教有无保持“满”的办法，子曰：“聪明圣知，守之以愚；功被天下，守之以让；勇力抚世，守之以怯；富有四海，守之以谦。此所谓挹而损之之道也。”（《荀子·宥坐》）（图 8.2）

欹器在注水过程中会呈现不同的状态。空着的时候，欹器是倾斜的，即“虚则

欹”。注水少许，重心较低，处于稳定平衡状态，即“中则正”。继续注水，重心随之升高，至注水临界平衡状态，欹器动摇。再注水，欹器倾覆，即“满则覆”。

荀子以“挹水悟道”，警示世人：智高不显锋芒，居功而不自傲，勇武而示怯懦，富有而不夸耀，谦虚谨慎，戒骄戒躁，才能保持长盛不衰。这与老子的“盛德若不足”是一个道理。德满之人，始终意识自身不足，方能立于不败之地。

8.1.3.2 “宥坐之器”

荀子关于孔子观“宥坐之器”的著述，对后世产生了巨大影响。欹器，从周朝的庙堂到汉代的朝堂，一直都是帝王的宥坐之器，历经春秋、战国、秦、汉、晋、隋、唐、宋，直至清代，先哲们从中不断悟出深刻的治国与做人哲理。它的警示教育作用，至今仍闪烁着真理的光芒。

《晋书·杜预传》载:“周庙欹器，至汉东京犹在御座。汉末丧乱，不复存，形制遂绝。”中国西晋时期著名的政治家、军事家杜预（222—285年）曾研制出久已失传的欹器，呈献给武帝。

继西晋杜预以后，南北朝时期著名的数学家、天文学家和机械制造家祖冲之也制作过欹器。相传，齐武帝的儿子竟陵王萧子良十分喜好古玩，但苦于找不到欹器的实物，祖冲之特意制造欹器赠予，希望王上铭记欹器的特殊寓意。

北朝时期，西魏文帝大统四年（538年），建成宣光殿、清徽殿，西魏文帝制造了两件欹器：一曰仙人欹器，造型为两个仙人共持1钵，同处1盘，钵盘之上有山，山有香气。一仙人持金瓶以水灌山，水出于瓶而注入欹器中，烟雾自山中缭绕而出；一曰水芝欹器，造型为两朵莲花同处1盘，相距尺余，下垂器上，以水浇花，水从花间流入欹器，周围雕铸凫、雁、蟾蜍等为装饰物。两盘各放置在1个底座上，钵圆而座方，器形似觥而方。西魏文帝将2个欹器放在清徽殿前，以警百官为政为人。

之后，隋代的耿询、唐代的马待封和李皋都分别制造过欹器，宋代仁宗皇帝也曾命人效法古人炮制欹器。两宋灭亡后，欹器又再次失传，直到清代中期才又出现。彼时，光绪皇帝的父亲醇亲王爱新觉罗·奕譞，每每在几案上摆放“欹器”，镌刻“满招损，谦受益”作为座右器，并以“恭谨敬慎”作为待人处世准则，警惕自己“满招损”，告诫子孙“骄招祸”。

8.1.3.3 戒盈戒满

荀子以水满则溢的例子阐明了“满招损，谦受益”的人生道理。欹器所赋予的深刻德育功能，传承千年，被后世不断生发并奉为座右铭，如：满招损，谦受益，戒盈戒满；中正平和、适可而止、过犹不及；慎独自律、谨小慎微、好自为之；一着不慎，满盘皆输；且勿得志便猖狂，等等。

荀子借“宥坐之器”以水明理，与当前我国廉政建设中倡导清正廉洁、戒贪防贿、正身为民、顾全大局等一脉相承。2014 年，第十八届中央纪律检查委员会第三次全体会议指出：一个人什么时候容易犯错误？就是以为自己万物皆备、一切顺利的时候，得心应手了就容易随心所欲，随心所欲而又不能做到不逾矩，就要出问题了。月盈则亏，水满则溢。一个人不管当到多大干部都要有组织纪律性，职位越高组织纪律性应该越强，防微杜渐才能不出问题，以此告诫党员领导干部应该如何从政做人的道理。

此外，荀子伟大之处，还在于他将“水则载舟，水则覆舟”的政治主张提到了前所未有的高度。《荀子 · 王制》载：“选贤良，举笃敬，兴孝弟，收孤寡，补贫穷，如是则庶人安政矣。庶人安政，然后君子安位。《传》曰：‘君者、舟也，庶人者、水也；水则载舟，水则覆舟。此之谓也。’”荀子这一观点影响深远，成为中国几千年政治文化中颠覆不破的执政真理——仁政爱民。

课后习题 8.1

课后习题 8.1 答案

早在 2005 年 6 月 21 日，《光明日报》发表《弘扬“红船精神”走在时代前列》通稿，指出：“‘红船精神’昭示我们，党和人民的关系就好比舟和水的关系，‘水可载舟，亦可覆舟’。革命战争年代，正是在‘红船精神’引领下，我们党从民族大义和人民群众的根本利益出发，充分发动并紧紧依靠人民群众夺取了政权，从此成为在全国掌握政权并长期执政的执政党。”通稿所总结的“红船精神”与儒家所强调的仁政爱民思想正相契合。它强调“水可载舟，亦可覆舟”，鞭策共产党人牢记立党为公、执政为民的本质要求和全心全意为人民服务的根本宗旨。它号召中国共产党人载着红船的意愿，以立党为公、忠诚为民的奉献精神，努力维护好、实现好、发展好最广大人民的根本利益，继承中华民族优秀传统文化中的民本主义思想精髓，始终保持党同人民群众的血肉联系，这也是马克思主义政党与生俱来的政治品质和最高从政道德，是衡量党的先进性的根本标尺。

8.2 道家以水悟道德教理念

❶ 老子“上善若水”思想精髓。

❷ 庄子“积厚负大舟”思想精髓。

学习思考

❶ 道家“上善若水”水哲学思想的核心内涵与时代价值。

❷ 青年大学生如何理解“积厚负大舟”？尝试描绘你不一样的人生憧憬。

春秋战国时期是中国历史变革最为激烈的时期，意识形态领域百家争鸣、群雄崛起，理性精神成为贯穿春秋战国时期的典型脉络。其中，儒家讲入世，道家讲出世，儒道互补从实践理性和精神理性两个方面构筑理性基石。

以老庄为代表的道家哲学思想崇尚水的品质、喜爱水的形态，带有十分显著的水性特点。老子将“道”作为哲学的最高境界，发现“水”最接近于“道”，故以水阐述“不争”的人生哲学，将水作为理想人格的喻体及理想人格的最终追求。

8.2.1 水善利万物而不争——以水论善性

8.2-1

水善利万物而不争——以水论善性

诸子教育思想亦常借水的形状、性质和特点，阐明为人处世的道理，以此规谏帝王、教化国民、教育学生。如《荀子·宥坐》，通过水满而覆，给予世人“谦受益、满招损”的警示，并指出唯有允执其中、恪守中庸，才是为人处世之正道。又有《论语·雍也》“知者乐水，仁者乐山”之名言，揭示“知者达于事理，而周流无滞，有似于水，故乐水”的道理。墨子《修身》以水之源流清浊为喻，强调人应该注重修身，要本末兼顾、雄而必修，曰“本不固者末必几，雄而不修者其后必惰，原浊者流不清，行不信者名必耗”。庄子《逍遥游》借“北冥”与水中鲲、鹏，表达理想的精神追求和人生态度，警示世人只有摆脱功名利禄的束缚，才能达到超越现实的逍遥境界。而老子所谓“上善若水”，将水德比拟为人格修养的最高境界，教化世人学习效法。

8.2.1.1 上善品格

无论作为五行之一的水、佛家眼中的水或儒家眼中的水，都具有滋养万物生命的德行，自居处下，包容万象。道家对此做了更为具体的阐发。老子《道德经》曰：“上善若水，水善利万物而不争，处众人之所恶，故几于道。居善地，心善渊，与善仁，言善信，政善治，事善能，动善时，夫唯不争，故无尤。”

最高尚的善犹如水一样，泽被万物而不争名利，愿处他人厌弃的低洼之所，这种品德和气魄最接近于大道精神。人若能如水一般与人无争、海纳百川，即达到善的彼岸。老子以水比喻“上善”者的品格，如《河上公注》曰：“上善之人，如水之性。”亦有元代杰出的理学家、经学家、教育家吴澄释曰：“上善，谓第一等至极之善，有道者之善也。”老子赞扬水包容万象、有容乃大的品质，认为每个人都应该唤醒与生俱来却又深藏于心的“道”，成为具有良知与正义的人。

老子（图 8.3）认为：水无所不包，它滋润万物却甘处卑下，无私付出而不求回报，水的善性正是圣人最高品德之所在。由此，老子以水性喻人性，认为人的最高品德就如同水的所有善性，并将水的善性分为七类，即“居善地，心善渊，与善仁，言善信，政善治，事善能，动善时”，强调做人需谦卑处下、沉静宽容、仁爱友善、诚实守信、公正无私、人尽所长、因时而动。

图8.3　老子骑牛铜像（宋代，兰州博物馆）

道家所论之“道”，是其哲学体系中最鲜明独特而又核心的范畴。“道”在商周文献中已经出现，兼具自然性与原始崇拜性的特征。将“道”从哲学上进行本体论建构并与人类社会规范性、伦理性的“德”相联系和贯通，贡献较大者莫过于儒、道两家。与儒家文化推崇刚健、进取、有为的生命历程有所差异，立足荆楚文化的道家哲学独辟蹊径，以灵变、柔弱乃至隐晦的方式，展示了自身内在的独有精神气质，确立了与儒家“君子人格”相比对的、自然而然的、无为的人生哲学与德育智慧。

8.2.1.2　不争之德

儒家从血亲、家族、集团等社会关系出发，将“修身”之德定义为“仁”。“仁”所代表的是积极进取、刚健有为、仁爱和谐的德性主张。道家则独辟蹊径地从自然体验的角度出发，把“德”界定为从滋养万物的“水”中所凝练的柔弱、谦卑、包容、广博、不争等，并以“无为”概括之。

“不争”是坦然处世的胸怀，也是洞悉社会人生的大智慧、大品格。故老子曰：“夫唯不争，故无尤。”宋代范应元注：“水之为物……天定而靡不通，故润万物者莫润乎水，乃善利也……上善之人，则微妙玄通，常善利於人物而不争，故善亦如水；众人好高而恶下，水独处下，上善之人常谦下也。由此之德，故近于道。”

“不争”的妥协不代表懦弱或无条件退让。在利益纠葛中，可能会出现冲突或者互相的不认可，无法达成一致的想法。“不争”品行的适度妥协与让步，是把整体利

益放在首位，顾全整体。老子相信如水般谦下，遇事顺其自然，不争名夺利，不妄自尊大，不自以为是，以不争之德实现人生目标，定会得到更好的回馈。

水的特性在于“利他”而“不争”，与老子所处社会中“利己”与“相争”形成鲜明的对比，老子对当时贵族或皇室之间为了争夺名利、满足自身私欲现象，予以极力批判。老子《道德经》载曰：“大邦者下流，天下之牝，天下之交也。”老子以水喻政，说明大国要以宽容和谦逊的态度对待小国，又载：“江海之所以能为百谷王者，以其善下之，故能为百谷王。是以圣人欲上民，必以言下之；欲先民，必以身后之。是以圣人处上而民不重，处前而民不害。是以天下乐推而不厌。以其不争，故天下莫能与之争。”认为江海之所以能够容纳百川，百川之所以能够汇入江海，在于江海“处下”。人也一样，具有恭谦品德的人方能礼贤下士，得道多助，成就伟业。故老子宣扬寡欲静心、知足常乐的思想，教育世人适可而止，不为己甚，做到不争与利他。

道家认为水最能够体现“道”的本质面貌和规律性特征，“水”性可以表征“道”对万物的无私情怀和哺育。“水”虽然蕴含无坚不摧的巨大能力，但仍然谦卑、柔弱、处下不争，“道”亦如是。作为智者，应该从自然界的“水”中获取“道”的真谛，涵养“水”性“大德”。若水之上善，不仅是利他之善，也是善能之善。“不争”不是不作为，而是“生而不有、为而不持”的无私。“无为而治”不是对责任的推卸，而是对生存主体自由意志的尊重与实现。道家由“水”而阐发的德性最终可归结为“无为”。“无为”是道家德性智慧的总结，“为无为，则无不治”。“无为”最终达到的是类似于儒家“从心所欲而不逾矩”的“无不为”境界。

8.2.1.3 *柔弱胜刚强*

道家对于“水”的论述，共同的主题就是顺水之道。《老子》曰：“天下莫柔弱于水，而攻坚强者莫之能胜，以其无以易之。弱之胜强，柔之胜刚，天下莫不知，莫能行。”老子认为看似柔弱无形的水蕴含着无穷的能量，这种能量刀枪不入、滴水穿石，所谓“天下之至柔，驰骋天下之至坚。无有入无间”。老子认为刚强者并不具有掌控世界、主宰人类的权利，百般兼容的“柔者”却拥有强悍的生命力，故“坚强者死之徒，柔弱者生之徒”。

水最柔弱也最坚强。水之柔弱，随遇而安，顺势而动，随形就势，可虚可实，可聚可散，可动可静，可升可降，可曲可直，可容亦可载，虚静而柔顺。水之刚强，蚀铁穿石，排山倒海，无声无言，包容而坚韧。水具有任何事物都不能使之改变的最柔弱也是最坚强的德行，坚持始终，一往无前。《淮南子译注》中，刘安对水“柔”的看法与老子相似，曰："天下之物，莫柔弱于水，然后大不可极，深不可测，修极于无穷，远沦于无涯。"

道家哲学发端于自然体验的德性养成主张，同儒家德育理论一样具有深刻的智慧和教化作用。在道德修养方面，儒家讲究"精进利身"，不断追求进取、精益求精，以利于身心修养；佛家追求"圣洁无身"，身外无一物，寻求自身内心的神圣宁静；而老子注重"处下""不争"，认为：惟有处下才能得道，才能得天下。并由水"处下""不争"思想，进一步宣扬"无为而无不为"的德教理念。

水，孕育了老子"不争""利他"的独特人生态度和德行思考。老子之"水"是人格化的水，它有性格、气度、情感，有力量、神韵、魅力，宛如理想中的圣人，以绵绵不尽的智慧推动世事苍生滚滚向前。美善合一的"上善若水"是老子理想人格的基本特点，作为中华传统文化的精髓，"上善若水"所倡导的"不争""利他"对构建社会主义和谐社会具有不可或缺的意义。

汲取先哲智慧，涵养自然精神。《摆脱贫困》一书中，对水以柔克刚、以弱制强的人格教化力量与事物辩证原理作了深刻剖析，对于以水喻人，他写道："一滴水，既小且弱，对付顽石，肯定粉身碎骨。它在牺牲的瞬间，虽然未能看见自身的价值和成果，但其价值和成果体现在无数水滴前仆后继的粉身碎骨之中，体现在终于穿石的成功之中。在整个历史发展进程，在一个经济落后地区发展进程，都应该不追慕自身的显赫，应寻求一点一滴的进取，甘于成为总体成功的铺垫。当每一个工作者都成为这样的'水滴'，这样的牺牲者时，我们何愁于不能造就某种历史的成功契机？！对于以水喻事，他写道："我以为'水滴'敢字当头、义无反顾的精神弥足珍贵。我们正在从事的经济建设工作，必然会面临各种错综复杂的局面，是迎难而上，还是畏难而逃，这就看我们有没有一股唯物主义者的勇气了。战战兢兢，如临深渊，如履薄冰，那就什么也别想做，什么也做不成。但仅有勇气还是不够。一滴滴水对准一块石头，目标一致，矢志不移，日复一日，年复一年地滴下去——这才造就出滴水穿石的神奇！"在书中，他语重心长地指出："根本改变贫困、落后面貌，需要广大人民群众发扬'滴水穿石'般的韧劲和默默奉献的艰苦创业精神，进行长期不懈的努力，才能实现。"

8.2.2 积厚负大舟——以水论成才

庄子（图 8.4）（约公元前 369—公元前 286），名周，战国中期宋国（今河南省商丘县）人。他是继老子之后道家哲学最主要的代表。庄子文化思想著述，主要保存在《庄子》一书中。庄子和老子一样，善于以水明理、喻道、论德等。如《庄子·天地》

云："夫道，覆载万物者也，洋洋乎大哉！""夫道，渊乎其居也，漻乎其清也。"能够覆载万物且无边无际正是水的特征，幽深宁寂、明澈清澄的渊海亦如万物归宗的"道"一样。又有《庄子·田方子》载："夫水之于汋也，无为而才自然矣。至人之于德也，不修而物不能离焉，若天之自高，地之自厚，日月之自明，夫何修焉！"水之"不争"与"德"之"无为"又一次紧密地联系在一起，水激涌而出，不借助任何外力而自然流淌是水的本性。道德修养高尚的人，就像水一样自然滋养万物而万物又不得不受他的影响，正如天自然高，地自然厚，太阳与月亮自然光明，哪里需要刻意地追求什么呢？庄子与老子所不同的是，老子以水论"道"，大多直抒胸臆。庄子则常通过水的寓言故事，阐发深刻、抽象的哲学道理。如《庄子·应帝王》篇中有一个寓言故事，讲巫师季咸为壶子观相，每次都看到不同的情形，季咸逃走，壶子解释："吾与之虚而委蛇，不知其谁何，因以为弟靡，因以为波流，故逃也。"季咸之所以无法在观相时得出准确结论，是因为壶子能够依照水的特性，随物赋形，变换神色，使季咸无所适从。

图8.4　庄子（元代华祖立纸本设色，上海博物馆馆藏）

无论是道家学派创始人老子，还是道家学派代表人物庄子，均以"道"作为哲学的最高范畴。庄子之"道"源自老子，但老子是寻其渊而溯其源，庄子则扬其波又助其澜。庄子之"道"不是对"道"作形而上学的本体论方面的探索，而重在体道，在体道中感悟人生哲学的境界。庄子的代表作，如《逍遥游》《大宗师》《秋水》等，论道的重要特点都是以水的寓言故事体悟"道"的深刻内涵。

8.2-2

积厚负大舟——以水论成才

8.2.2.1　精神"逍遥"

在道家观念中，观道是人生最大的乐趣，观道除了要有虚静的心境外，还要有"游心于物之初"的自由的精神。人虽有肉体的拖累，但是精神和灵魂可以超脱现实，在天地之间自由翱翔，即所谓的"游心"。《庄子》开篇《逍遥游》即描画了悠然自得、不受任何束缚追求绝对精神自由的画面。"穷发之北有冥海者，天池也。有鱼焉，其广数千里，未有知其修者，其名曰鲲。"《庄子·天地》篇中叙述了这样一个寓言：谆芒向东到大海去，在海滨遇到苑风，苑风问谆芒去大海做什么，谆芒回答道："夫大壑之为物也，注焉而不满，酌焉而不竭，吾将游焉。"谆芒以为，大海作为广大无边的物象，百川注入但不会满溢，无限舀取而不会枯竭，因此要到大海里游乐。这里“游”的前提是有大海作为可以自由游弋的广阔空间，在哲学层面，它指向于形而上的精神自由。“游”的最高境界是把握和领悟“道”之上，超越现实、超越功利的精神愉悦与享受。《庄子·天地》曰：“致命尽情，天地乐而万事销亡，万物复情，此之谓混冥。”所谓“混冥”，正是追求自由的最理想状态。

“逍遥游”是庄子人生哲学的最高理想，其主旨在于超越现实世界的局限性，达到精神无拘无束、自由快适的境界。庄子以“鱼与水相忘于江湖”，展开他人生逍遥游的哲学深思：“泉涸，鱼相与处于陆，相呴以湿，相濡以沫，不如相忘于江湖。……鱼相造乎水，人相造乎道。相造乎水者，穿池而养给；相造乎道者，无事而生定。故曰：鱼相忘乎江湖，人相忘乎道术。”（《庄子·大宗师》）江湖是无限、至大、意足的象征，庄子以鱼在水中畅游比况人在“道”中。江湖浩瀚，鱼在其中悠哉游哉，彼此相忘，恩断情绝。一旦泉源断绝，河湖干涸，鱼儿们在陆地上共度危难，共图生存，只好吐沫相濡，呵气相湿，互相亲附，但比之在江湖中逍遥自在的生活，真是天壤之别。“鱼相忘乎江湖”，就超越了失水的局限性。比之于人，只有彻底超越功名利禄等等羁绊，从“有待”上升为“无待”，才能达到做人的最高境界。

8.2.2.2 进取似水

《逍遥游》云：“夫水之积也不厚，则其负大舟也无力，覆杯于坳堂之上，则芥为之舟；置杯焉则胶，水浅而舟大也。风之积也不厚，则其负大翼也无力。”冥海不深则无以养大鱼，水积不厚则无以浮大舟，风积不厚则无以展大翼。鲲如果不在大海之中深蓄厚养，必不能化而为鹏；大鹏图南，若无九万里厚积的风，借助于雄劲的风势，“则其负大翼也无力”。庄子盛赞“水之积厚”，认为唯有“积厚”，才能肩负起“载大舟”的重任。

庄子以为：没有积厚之水，大舟只能徒自倾覆沉沦；没有扶摇鼓荡，大鹏也无从超然横越南北。大鹏必须积累丰厚，才可能飞到九万里高空的天池（南冥）。要想成为悟道有德之圣人，则应不懈进取，涵养道德。庄子以水为喻，以求使人领悟努力进取的重要性。

凡大成之人，都需要积学、积才、积势、积气，磨砺意志品质，积蓄知识力量，才可能肩负起“载大舟”的重任，造就大鹏图南“扶摇直上九万里”的壮举。积厚是大成的必要条件，有远大理想，也必须勤学、苦炼、磨砺，厚积而薄发。反之，空怀“图南”之志，庸庸碌碌，万事蹉跎。庄子以水与大舟、风与大翼，暗喻有志之士必深蓄厚养才可大用，必坚贞持久方可成就光明未来。大气磅礴、志存高远、积厚持久的鲲

鹏精神，是庄子对中华文化精神的重大贡献，并成为中华文化精神不可或缺的重要组成部分。进入新时代，重温庄子以水悟道，“积厚”说更具广阔的时代意义与使命感内涵。

8.2.2.3 *成长启迪*

《庄子》除直接提到“观水”“涉水”“水生”“秋水”等外，还有间接涉及“江湖”“大海”“壕梁”“鱼”“污泥”“渊泉”等与水相关的论述，以水阐释自然法则、人生境界及成功成才之道。

《庄子》首篇《逍遥游》有这样的描述：“北冥有鱼，其名为鲲。鲲之大，不知其几千里也。化而为鸟，其名为鹏。鹏之背，不知其几千里也；怒而飞，其翼若垂天之云。是鸟也，海运则将徙于南冥。南冥者，天池也。”一条鱼有几千里那么大，这条鱼畅游其中的北冥又该有多大呢？而这样大的北冥也只是水的一部分，因为在这之外还有更大的南冥。

《逍遥游》篇中的北冥、天池以及巨鲲、大鹏等，都是庄子哲学中至大的象征——由巨鲲潜藏的北冥，到大鹏展翅高空而飞往的天池，拉开了无穷开放的空间，创造出广阔无边的大世界。至大的事物，如浩渺的大海，有广阔无穷的挥洒空间，这种“大”更接近于庄子之“道”超越现实局限、恣意逍遥的特性。

课后习题 8.2

课后习题 8.2 答案

庄子在《秋水》篇中讲到，河伯自以为天下之水自己的最大，别的都不能和自己相媲美。但当他看到一望无际的北海时，不由得望洋兴叹。这里，庄子以一望无边的大海表现至大的物象，表达人所应追求和向往的高远精神世界以及“道”的博大深远。

《秋水》篇中，还有一则著名的“井中之龟”的故事，同样表达了庄子对无限之“道”的深刻认识。大意是有井中之龟，以为自己“擅一壑之水”，拥有无穷美和快乐，他请来东海之鳖共赏自己的惬意生活，但“东海之鳖左足未入，而右膝已絷矣”，只好“逡巡而却”。于是海龟将大海的壮观告诉井龟：“夫千里之远，不足以举其大；千仞之高，不足以极其深。禹之时，十年九潦，而水弗为加益；汤之时，八年七旱，而崖不为加损。夫不为顷久推移，不以多少进退者，此亦东海之大乐也。”于是“陷阱之龟闻之，适适然惊，规规然自失也”。

庄子借河伯与井中之龟局限于小而未见于大，自然也会见笑于大方之家的故事，论说了“小”“大”与“道”的关系，其中，“水”即“大海”，代表着他所崇尚的博大和无限。

庄子善于以水悟道，那些生动而又奇妙的水的寓言故事，打开了认识庄子之

"道"的感性之门，也给予我们人生观、世界观、价值观以莫大的启示，尤其是《逍遥游》《秋水》等篇，启迪世人拓宽视野，提升精神境界，从更高的层面认识外界事物和人生价值。

8.3 墨家、法家以水论修养

本节重点

❶ 墨子"兼爱犹水"思想精髓。

❷ 管子"水具材也"思想精髓。

学习思考

❶ 万物并育而不相害，道并行而不相悖。深刻体悟"兼爱""非攻""天下一家"，与推动构建人类命运共同体理念的一脉相承关系。

❷ "水者，万物之本原也"。2000多年前的法家水哲学思想，对促进人水和谐共生、个人品性修养仍具有意义非凡的新时代价值。

人性论不仅是先秦诸子常常探讨的哲学论题，更是教育论题，它阐明人是否能教、何以能教等问题，是诸子教育思想大厦的理论基石。以水阐性，是诸子常用的思维逻辑和论证方式。如孟子曰："性犹湍水也，决诸东方则东流，决诸西方则西流。人性之无分于善不善也，犹水之无分于东西也。"（《孟子·告子上》）以决堤之水的流向为据，认为人性无所谓善恶，正像水无分东西一样。"人性之善也，犹水之就下也。人无有不善，水无有不下。今夫水，搏而跃之，可使过颡；激而行之，可使在山，是岂水之性哉？其势则然也。人之可使为不善，其性亦犹是也。"（《孟子·告子上》）孟子对性善论作了生动、形象、直观的论述，认为人有善端，但需要顺"性"而因势利导。而荀子的"性恶说"以为："人心譬如槃水，正错而勿动，则湛浊在下，而清明在上，则足以见须眉而察理矣。微风过之，湛浊动乎下，清明乱于上，则不可以得大形之正也。心亦如是矣。"（《解蔽》）荀子借用盘中之水的"清"与"浊"，阐明了人性中的善恶关系和人性改造的方法，主张以礼义之道、清纯思想等，教育引导、培养塑造人的善性。墨子《修身》以水之源流清浊为喻，强调人应该注重修身，要本末兼顾、雄而必修，曰"本不固者末必几，雄而不修者其后必惰，原浊者流不清，行不信者名必耗"。又有著名论著《墨子·兼爱下》指出"人之于就兼相爱、交相利也，譬

之犹火之就上、水之就下也，不可防止于天下”，认为相互友爱、相交获利乃是无法阻止的人世潮流。而管子曰：“水者，何也？万物之本原，诸生之宗室也。”《管子·水地》从水之本原说、以水喻德、以水喻人性以及水利思想等多方面，阐述个人德行修养和治国理政重要哲学论题。

8.3.1 兼爱犹水——以水论大爱

墨子（约公元前468—公元前376），名翟，是先秦墨家的创始人，主张人与人之间平等的相爱（“兼爱”），反对侵略战争（“非攻”），推崇节约、反对铺张浪费（“节用”），重视继承前人的文化财富（“明鬼”），掌握自然规律（“天志”）等。墨子思想作为春秋战国时期百家争鸣中的重大思想成果，后世对于墨子思想的理解也大多通过对《墨子》的研读和发掘而来。《墨子》包含了经济、社会、文化、教育、工农生产、科技以及军事等诸方面内容，堪称“济民之书”。

8.3.1.1 “兼相爱”

墨子主张治国从源，他以当时社会存在为基础，提出兼爱、非攻、尚贤等十大主张，而其中最为根本的是“兼爱”思想。

8.3-1 兼爱犹水——以水论大爱

同先秦诸子一样，墨子也善用水的特性和功能阐发哲学思考，以水明理，为自己的思想观点寻找论据和说服力。“兼爱”是墨子学说的核心。墨子认为，造成家、国、天下动荡不安的根源，在于人人不相爱，彼此相互憎恶、残杀。要改变这样的局面只有实行“兼相爱、交相利”，才能达到天下大治。《墨子·兼爱下》指出：“苟有上说之者，劝之以赏誉，威之以刑罚，我以为人之于就兼相爱交相利也，譬之犹火之就上，水之就下也，不可防止于天下。”墨子认为“兼爱”不但有利于天下，而且容易做到。之所以不能施行，是因为执政者不喜欢。只要执政者大力倡导推行“兼爱”之道，人与人之间平等相爱的态势，就如同火向上窜、水往低处流一样势不可挡。

墨子思想认为，社会秩序并非一个简单的系统，而是包括了人伦关系、君臣纲常以及人与人之间的相互关系，因此墨子将其思想划分为父子、君臣、人人三个方面对社会秩序所存在的不公进行阐述，并进一步提出用“兼相爱”的思想改变不相爱的现实，以建立和谐社会。

对于君臣关系而言，墨子思想强调：国君欲图天下太平盛世，必须将爱臣子和爱自己作为同等重要的事物看待。在实现自我、体恤臣子和关顾百姓利益之间形成平衡，才能实现统治秩序的公正。在墨子的论著中，多处盛赞大禹治水为民造福的业绩和精神。墨家以大禹为至上楷模，并力行效法。《兼爱》曰：“兼相爱，交相利，此圣王之法，天下之治道。”墨子在《兼爱》中大量援引大禹治水的事迹，说明“兼爱”的主张取法于大禹等“圣王”的政治实践。并通过记述大禹疏导九州，消除水患，惠及百姓的“兼爱”事迹，说明古代大禹等“圣王”是“兼爱”的倡导者，以增强论证的说服力。

就人与人之间的利益关系而言，墨子认为人存私利是正常的，每个人都会先考虑自己，但是不可损害他人利益，需要将“兼相爱”“交相利”作为交往条件，才能实现社会公正。《墨子·兼爱中》明确提出“利人者，人必从而利之”，强调人人之间的利益关系是社会公正的重要影响因素。

8.3.1.2　备水防攻

墨子哲学思想中，非攻思想也占据主要部分。他不主张战争，并将战争与正义二者紧密联系起来分析战争不应当存在的原因。他一方面反对战争，强调攻战对于本国和他国都是不义的行为；另一方面则是反对不义战争，而不是所有的战争。正如《墨子·非攻下》中所载“今天下之诸侯，将犹多皆免攻伐并兼，则是有誉义之名而不察其实也。”同时，对于攻打国家而言，《墨子·兼爱中》亦载“今若国之与国之相攻……此则天下之害也”，战争对于本国和攻打国家的人民都是与公正相悖的。

墨子既是思想家，又是政治活动家，一生奔波于各诸侯国之中，宣扬“非攻”。墨子阻止诸侯间的攻伐，反对战争，并不一味依靠说教。他深知诸侯争霸，有些战争很难避免，故主张以防御战争反对侵略战争，实现“武装和平”。

墨子时代，滔滔江河、滚滚激流已成为诸侯以水代兵、进行兼并战争的工具。《战国策·西周策》载，春秋战国时期，各诸侯国利用水以邻为壑，破坏对方的生活和生产，如“东周欲为稻，西周不下水”。针对当时水攻战例普遍出现的情况，墨子率众弟子在深入研究分析和实地考察测量的基础上，创造了积极防御的军事学说，这些学说主要载于《墨子》中的《备城门》《备水》等多篇专门的军事著述中。

为了“兴天下之利，除天下之害”，墨子认为必须制止攻伐战争，而提倡“非攻”。墨子及弟子经常奔走于各诸侯国之间，为制止战争、实现“非攻”作出各种努力。《墨子》中记载了“止齐伐鲁”“止鲁阳文君攻郑”和“止楚攻宋”等，墨子通过游说成功制止战争的事例，显示出超人的智慧和胆识。

8.3.1.3　天下一家

墨子专注于济世救民，其学说的基本内容包括尚贤、尚同、兼爱、非攻、节用、节葬、天志、明鬼、非乐、非命等，皆为救世之术，与大禹治水，为民造福的精神一脉相承。同时，墨家以大禹亲操橐耜、栉风沐雨为榜样，身体力行，“日夜不休以苦

为极”，“摩顶放踵而利天下”，以身殉道，死不旋踵。正如有学者所言：“如果说墨家学派带有某种宗教神秘性，那么他们所信奉的最高精神教主，就是大禹。”

墨家以大禹为榜样，躬行效法。其著名学说“兼爱犹水”传承千年，与当代社会主义核心价值观、人类命运共同体构建一脉相承。追溯历史，中华民族一贯追求和睦、爱好和平、倡导和谐、“亲仁善邻”、“协和万邦”，数千年文明造就了独树一帜的“仁”“爱”“和”等中华优秀传统文化。孔子曰“泛爱众，能亲仁”“有朋自远方来，不亦乐乎”；老子主张“见素抱朴”“道法自然”；孟子提出“亲亲而仁民，仁民而爱物”；孙子云“百战百胜，非善之善也；不战而屈人之兵，善之善者也”；墨子践行“兼相爱，交相利”。这些优秀传统文化，是中华文明得以传承和繁荣的精神支柱，也是构建人类命运共同体的思想渊源。我国领导人在联合国阐述构建人类命运共同体的基本原则时，提出伙伴关系要“平等相待、互商互谅”，文明交流要“和而不同、兼收并蓄”，生态体系要“尊崇自然、绿色发展”，正是对和平、仁爱、天下一家等优秀传统文化创新性发展。

8.3.1.4 时代价值

墨子认为国家建设的目的在于实现人民的利益，国与国之间，人与人之间应该互敬互爱，互不侵犯，以实现互利共赢，实现仁义与利益的统一。新时代，中国关于“一带一路”倡议通观全球，立足国内，惠及沿线沿路国家，惠及千秋万代。它从倡议的起步到政策的稳步支持推进，再到各国合作共赢，与墨子以民为本、兼相爱、交相利、非攻、义利统一等优秀传统伦理思想一脉相承。

在过去百年间，中国马克思主义者和赞成马克思主义哲学的学者，曾对墨家思想进行深入发掘、阐释和积极汲取，从中发现中国古代社会主义思想的起源和辩证唯物论在中国的萌芽，构成了马克思主义哲学中国化的重要内容。著名马克思主义史学家吕振羽先生，早在1947年出版的《中国政治思想史》中指出：“墨子的思想，给中国民族留下了唯物论、社会主义和民主主义思想的传统，值得批判地继承。墨子信徒那种对信仰的坚定性、对团体的严格纪律性，以及‘自苦为极’不惜牺牲自己一切为革命斗争的实践精神，以后都将长留在中国农民阶级和中国民族的血液中，是中国民族的优良传统。”在这一时期，把墨子作为中国古代社会主义思想源头来加以高扬的中国哲学史著作，还有范寿康著《中国哲学史通论》和张岱年著《中国哲学大纲》两书。范寿康和张岱年都是当时在国立大学哲学系任教的赞成马克思主义哲学的学者。他们的这两部书，在对墨子思想进行阐发时，尤其重视兼爱思想之于中国古代社会主义思想的意义。

“非攻”的最终目标是保障本国人民和他国人民的根本利益，从而带动国家发展，带领人民走向富强。从中华人民共和国成立初期的和平共处五项原则、改革开放时期的和平与发展主题、新时期的公平正义国际关系均与墨子的“非攻”思想相统一。

现今国家与国家之间的冲突形式更加多样性，除了传统武力上的交战外，文化话语权的交锋、经济贸易战等形式更是没有硝烟的战场。因此，不管是政治、经济还是文化领域，我们都要传承和发扬中华文明中的包容因素，尊重差异的同时加强文明间对话。未来，我国仍将作为积极推动“人类命运共同体”建设的参与者，促进国际秩序公平正义化。

8.3.2 水具材也——以水喻人

水具材也——以水喻人

法家是战国时期的重要学派之一，因主张以法治国，“不别亲疏，不殊贵贱，一断于法”，故称之为法家。春秋时期，管仲、子产等为法家先驱。战国初期，李悝、商鞅、申不害、慎到等开创了法家学派。至战国末期，韩非综合商鞅的“法”、慎到的“势”和申不害的“术”，以集法家思想学说之大成。法家代表人物管仲，是我国春秋初期齐国著名的政治家、改革家。早在2600多年前，管仲就水与政治、经济、文化等关系，从不同的角度揭示了水的多重象征意义，主要观点见于《管子》一书。作为一代名相，他在齐国的政治、经济、军事等领域实行了一系列卓有成效的改革，终于辅佐齐桓公“九合诸侯，一匡天下”（《史记·管晏列传》），成就霸业。

《管子》的德治思想包含层次分明的体系，其核心乃礼义廉耻之“四维”。礼、义、廉、耻是儒家惯用的伦理术语，指人所特有的伦理德性。相较而言，儒家更强调道德的自觉。与儒家所不同的是，《管子》解释礼义廉耻，曰“礼不逾节，义不自进，廉不蔽恶，耻不从枉”，更强调道德的社会规范性，重视和谐兴邦，注重选拔人才、教化育人。

8.3.2.1 水之品性

水在自然界中具有丰富的形态，随顺而流，由高就低，无常形，无成势，清澈见底，澄明如镜。《管子》是先秦诸子中最早将自然之水的品性和功用比附于“道”或君子之德的著作之一。《管子》盛赞水是“具材”（材、美兼备），是“神”，教化世人取法于水。

《管子·水地》载：“水者，地之血气，如筋脉之通流者也。故曰：水具材也。何以知其然也？曰：夫水淖弱以清，视之黑而白，精也。量之不可概，至满而止，正

也。唯无不流，至平而止，义也。人皆赴高，已独赴下，卑也。卑也者，道之室，王者之器也，而以水为都居。”水是既具备材，又具备美。水柔软而清澈，能洗涤污秽，这是水的仁德。水看起来暗沉，其实透明，这是水的诚实。计量水不必用器具，流满就停止了，这是水的公平。人往高处走，水向低处流，这是水的谦卑。谦卑是道之所在，是王者一统天下应具备的品质。管子将水的自然特性延伸到人的道德领域，认为：水不仅孕育万物，还兼具仁德、诚实、正直、公平、谦卑等多种美德，故人应该效法于水的美德，修身养性。

8.3.2.2 水之人格

《管子》通过盛赞水，教化世人效法水的“仁德”“诚实”“道义”“谦卑”等优良品德，以达到至善至美境界。老子“上善若水”和儒家“以水比于君子之德”的观念实与《管子》一脉相承。同时，管子也寄希望君主像水一样具备多种美德。《管子·水地》曰：“是以圣人之化世也，其解在水。故水一则人心正，水清则民心易，人心正则欲不污，民心易则无邪。是以圣人之治于世也，不人告也，不户说也，其枢在水。”认为治国之圣人若要教化世人，正确的方法就是向水学习，像水一样内心纯净，以使民心端正；像水一样安守清静，以使民心平静，民心若端正平静，就不会被欲望玷污性情，就没有邪念，因此，圣人的治国方略不在于游说，而是要像水一样，以纯善之德浸染民众，使之从善如流。

俗话说，一方水土养一方人。对此，《管子》有深刻的认识。《水地篇》曰：“水者何也，万物之本原，诸生之宗室也，美恶贤不肖愚俊之所生也。”认为水不但是孕育生命万物的根基，也是产生美与丑、贤良与不肖、愚蠢与俊秀的基础条件。为了充分论证自己的上述观点，管子通过对战国时期各诸侯国的河流和水质情况与国民的体貌、性情、道德等对照，“夫齐之水，道躁而复，故其民贪粗而好勇；楚之水，淖弱而清，故其民轻果而贼；越之水，浊重而洎，故其民愚疾而垢；秦之水，泔冣而稽，淤滞而杂，故其民贪戾罔而好事；（齐）晋之水，枯旱而运，淤滞而杂，故其民谄谀葆诈，巧佞而好利；燕之水，萃下而弱，沈滞而杂，故其民愚戆而好贞，轻疾而易死；宋之水，轻劲而清，故其民闲易而好正”。提出：一方水土养一方人，地域不同，人的品性也不同。因此，圣人若想改变民性，治理国家，只要能改变水质就可以了。“是以圣人之化世也，其解在水。故水一则民心正，水清则民心易；一则欲不污，民心易则行无邪。是以圣人之治于世也，不人告也，不户说也，其枢在水。”无独有偶，在《淮南子·地形训》《汉书·地理志》《世说新语·言语》等典籍中，都有与《管子》类似的论述，将水人格化。

事实上，人们生活的环境因地理、气候的关系，造成了水的多寡和分布不均。同时，水也给不同环境中的居民带来不同的福祉和灾难。在客观条件的制约下，必然造成不同生活环境下生产和生活方式的差异，也必然导致多姿多彩的文化习俗、价值观念。如我国古代逐渐形成的邹鲁文化、齐文化、荆楚文化、吴越文化以及世界上出现的内陆农业文化、海洋文化，等等，都有力地说明：水环境对居民习性和文化类型影响巨大。

8.3.2.3 以水育德

在诸子百家中，老子倡导世人像水一样浑朴无欲；孔子倡导世人像水一样成为道德的典范，孟子倡导世人像水一样发掘内心善良之天性，荀子倡导世人像水一样去浊存清、去恶扬善，墨子倡导世人像水一样固本清源、加强修养。

管子不仅认为水是人的生命之源，而且人的性格、习俗、伦理、品德等与水密切相关。管仲还具体以齐国、越国、晋国、宋国等国为例，具体说明因水性不同而形成人性格上的差异。管子以水论人，又以人说水，将人与水融为一体。他一方面认为人的美与恶、贤与不肖、愚蠢和美俊均因水而形成的，另一方面又把水人格化，认为水的个性体现着人的不同性格。《管子·白心》有云："济于舟者，和于水矣；义于人者，祥其神矣。"管子认为，恪守正义者，连鬼神都会保佑他。在水的诸多品德中，管子最为推崇水的谦卑，并视之为道德之所在。《管子》阐述的德教思想，对后世的思想家、哲学家，以及传统文化传承都产生了深远的影响。

课后习题 8.3

课后习题 8.3 答案

"德"在《管子》一书中反复出现，有爱民无私之德，礼、义、廉、耻之德，爱国、诚信、敬业、友爱之德，等等。《管子·正》曰："爱之、生之、养之、成之，利民不得，天下亲之，曰德。"又载"爱民无私曰德"，把爱民定义在无私的高度。《管子》认为"国有四维，一维绝则倾，二维绝则危，三维绝则覆，四维绝则灭"。把"四维"比作维系国家存在的四条巨绳，指出："四维张则君令行……四维不张，国乃灭亡。"把礼义廉耻作为彼时整个社会的核心价值观——守国之度、治国之本，笃行"谨小礼，行小义，修小廉，饰小耻，禁微邪"（《管子·权修》）。而民间广为流传的管鲍之交，可称为友善之交的典范。管仲与鲍叔牙二人从小就是好朋友，长大后一起当兵、从政、经商，鲍叔牙在管仲穷困潦倒时给予全力帮助。后公子纠与公子小白争位，公子小白在鲍叔牙辅佐下取得了君位，管仲因公子纠夺权失败困于鲁国。《管子·小匡》记载：齐桓公命鲍叔牙为相，鲍叔牙坚辞不受，并列举管仲治国才能，力劝齐桓公不计前嫌，任管仲为相。管仲为相后，鲍叔牙全力协助理政治国，创立了"九合诸侯，一匡天下"的旷世伟业。后世，孔子对管仲的爱国思想和民族精神高度

评价称："管仲相桓公，霸诸侯，一匡天下，民到于今受其赐。微管仲，吾其被发左衽矣。"（《论语·宪问》）

管仲的"水"为"万物之本原"，其一切皆出于水的朴素唯物主义思想，是我国古代哲学史上第一个较完整的朴素唯物主义一元论形态。《管子》被称为齐文化的代表作和百科全书，它不仅重经济、重政治、重军事，而且重视道德修养。它对道德的论证，往往与强国、霸业联系起来，其重视程度不逊于儒家。

国无德不兴，人无德不立。对立德的重要性，齐国之相管仲做出精辟阐述：四维不张，国乃灭亡。春秋战国时期，虽然诸子百家水哲学思想见仁见智，但不约而同都把"以水育德"作为核心主旨，认为德是做人、做事、做学问的基础，立德是树人修君子品行的第一要务。诸子"立德树人"教化民众的水思想水哲学，为中华万世传承。

参考文献

[1] 张沛.体道、言志、比德——儒家"水"意象诠释[J].新西部，2020(11)：86-87.

[2] 曹兰胜."观物比德"[N].度北京日报，2020-03-09(015).

[3] 沈高洁.感悟中国山水文化中的"比德"审美情怀[J].开封教育学院学报，2019，39(9)：254-255.

[4] 尤煌杰.儒家比德思想的省察[J].吉林师范大学学报(人文社会科学版)，2019，47(4)：39-46.

[5] 裴文文.论先秦比德思维[D].黄石：湖北师范大学，2019.

[6] 马正应.从山水比德到乐天的生命境界[J].贵阳学院学报(社会科学版)，2018，13(5)：50-53.

[7] 段立超.早期儒家对山川的"理解方式"——以"比德说"为中心[J].北华大学学报(社会科学版)，2018，19(5)：43-47.

[8] 王涛.试论先秦美学的"比德"说[D].合肥：安徽大学，2017.

[9] 闫海燕.乐水乐山：孔子对"比德"的增值[J].江苏师范大学学报(哲学社会科学版)，2017，43(1)：66-72.

[10] 徐伯黎.荀子：水则载舟　水则覆舟[N].检察日报，2016-05-24(008).

[11] 赵诗华.论荀子比德思想的演进和发展[J].黄山学院学报，2014，16(6)：30-32.

[12] 杨建坡."水则载舟，水则覆舟"——对"腐"与"廉"的再认识[J].考试周刊，2013(83)：192-193.

[13] 杨和为.孔子水论考[J].六盘水师范学院学报，2012，24(5)：1-6.

[14] 李红有.先秦诸子论水[J].水利发展研究，2006(10)：54-59.

[15] 习近平.摆脱贫困[M].福州：福建人民出版社，1992.

[16] 王孝明.老子、庄子思想中"道"的异质性研究[J].开封文化艺术职业学院学报，2020，40(12)：19-20.

[17] 高晓成.论庄子世界观、价值观与人生观的内在逻辑[J].暨南学报(哲学社会科学版)，2020，42(12)：12-24.

[18] 卢彦东．“弱鸟先飞”和“滴水穿石”——读《习近平在宁德》有感［J］．新长征（党建版），2020（12）：6-7.
[19] 施凤堂．《摆脱贫困》指航向　脱贫致富奔小康——学习《习近平在福建》采访实录的体会［J］．厦门特区党校学报，2020（5）：14-17.
[20] 宁纪轩．滴水穿石　久久为功——习近平同志带领闽东人民摆脱贫困［J］．中国纪检监察，2020（19）：42-43.
[21] 南俊琪．老庄散文中的“水”意象研究［J］．文教资料，2020（27）：34-36.
[22] 邱君玲．《道德经》“上善若水”探微［J］．汉字文化，2020（14）：27-29.
[23] 李健．道家哲学的精神气质与德育旨向［J］．文化学刊，2020（4）：67-69.
[24] 郝思斯．上善若水［J］．党员之友（新疆），2020（2）：56-57.
[25] 高应洁．庄子“以道观物”哲学思想研究［J］．学理论，2019（9）：50-51.
[26] 孙英起．老子思想中的理想人格及其现实意义［D］．长春：吉林大学，2019.
[27] 李世美，罗梅芳．“上善若水”与“为而不争”的哲学思想及其对为人师表的启示［J］．池州学院学报，2019，33（2）：130-132.
[28] 李迎春．从“上善若水”读出的道家哲学［J］．科教文汇（中旬刊），2019（4）：40-41.
[29] 吴进安．老子“上善若水”观念的诠释［J］．吉林师范大学学报（人文社会科学版），2019，47（2）：23-30.
[30] 翟志娟，吴松．上善若水——论先秦儒道两家对水德的推崇［J］．襄阳职业技术学院学报，2015，14（2）：54-56，60.
[31] 雷红霞．“上善若水”——论老子的人生智慧［J］．文教资料，2011（15）：98-99.
[32] 蒋振华，冯美霞．浅论《庄子》寓言中的水意象［J］．中国文学研究，2009（2）：47-49.
[33] 郭天恩．庄子“逍遥游”的美学思想探赜［J］．现代交际，2021（1）：221-223.
[34] 周瑶．美学视域下的儒道互补与先秦理性精神［J］．名作欣赏，2021（6）：155-156.
[35] 吕振羽．中国政治思想史［M］．郑州：河南人民出版社，2016：191.
[36] 中共中央宣传部．习近平总书记系列重要讲话读本（2016年版）［M］．北京：学习出版社，2016：191.
[37] 张冬冬，孟杰．墨子政治伦理思想及当代价值［J］．锦州医科大学学报（社会科学版），2021，19（1）：106-108.
[38] 李维武．马克思主义哲学中国化视域中的墨学研究——朱传棨著《墨家思想研究》序［J］．马克思主义哲学研究，2020（2）：313-320.
[39] 杨晨曦．墨子思想的现代意义［J］．作家天地，2021（1）：179-181.
[40] 崔华滨，贝淡宁．墨子和孟子的战争伦理思想比较［J］．文史哲，2021（1）：96-104，66-167.
[41] 解启扬，夏昕．墨子的人性论与政治［J］．职大学报，2020（6）：38-42.
[42] 华见．墨家“非攻”思想及其对文明冲突论的反思［J］．职大学报，2020（6）：43-46.
[43] 李雪林．论《管子·水地》篇尚水思想的三个维度［J］．开封教育学院学报，2019，39（7）：23-24.
[44] 高风娇．先秦儒道散文中的水意象研究［D］．桂林：广西师范大学，2016.
[45] 牛翔．《管子》的自然观［D］．郑州：郑州大学，2015.
[46] 刘雅杰．先秦文学水意象的原生态与次生态［J］．沈阳师范大学学报（社会科学版），2006（4）：73-76.

［47］ 张连伟.《管子·水地》与古代水文化［J］.华夏文化，2005（2）：55-57.
［48］ 李云峰.试论《管子·水地》中水本原思想及其历史地位［J］.武汉水利电力大学学报（社会科学版），2000（3）：60-62.
［49］ 王博.《管子·水地》篇思想探源［J］.管子学刊，1991（3）：8-10.